零基础学 Java 程序设计

祝明慧　编著

电子工业出版社

Publishing House of Electronics Industry

北京·BEIJING

内 容 简 介

本书由浅入深，全面、系统、深入地介绍了 Java 开发技术，并提供了大量示例，供读者实战演练。另外，为了加深读者对知识点的理解，本书每章配备了大量习题。除此之外，编者还专门为本书录制了大量配套教学视频，以帮助读者更好地学习本书内容。

本书共分为 4 篇。第 1 篇介绍了第一个 Java 程序、数据、基本数据处理、执行顺序、选择执行、循环执行及方法；第 2 篇介绍了类和对象、继承、抽象类和接口、Java 类的体系及错误处理；第 3 篇介绍了数组和字符串、文件、线程、图形用户界面、Applet 程序设计、集合和泛型及枚举；第 4 篇介绍了一个制作计算器的综合实例。

本书的知识面广，从基本语法到高级语法及案例应用，几乎涉及 Java 开发的所有重要知识。本书适合所有想全面学习 Java 开发技术的人员阅读，也适合各种使用 Java 进行开发的工程技术人员使用。对于经常使用 Java 做开发的人员，本书是一本不可多得的案头必备参考书。

图书在版编目（CIP）数据

零基础学 Java 程序设计 / 祝明慧编著. —北京：电子工业出版社，2021.11

ISBN 978-7-121-42230-0

Ⅰ. ①零… Ⅱ. ①祝… Ⅲ. ①JAVA 语言—程序设计 Ⅳ. ①TP312.8

中国版本图书馆 CIP 数据核字（2021）第 210142 号

责任编辑：雷洪勤 文字编辑：张 彬
印　　刷：三河市鑫金马印装有限公司
装　　订：三河市鑫金马印装有限公司
出版发行：电子工业出版社
　　　　　北京市海淀区万寿路 173 信箱　邮编　100036
开　　本：787×1 092　1/16　印张：28　字数：716.8 千字
版　　次：2021 年 11 月第 1 版
印　　次：2022 年 9 月第 2 次印刷
定　　价：89.80 元

凡所购买电子工业出版社图书有缺损问题，请向购买书店调换。若书店售缺，请与本社发行部联系，联系及邮购电话：（010）88254888，88258888。

质量投诉请发邮件至 zlts@phei.com.cn，盗版侵权举报请发邮件至 dbqq@phei.com.cn。

本书咨询联系方式：leihq@phei.com.cn。

前　　言

Java 语言从 1995 年推出以来已经经历了 20 多年。在这期间，Java 以高效开发的特点经久不衰，是目前最流行的开发语言之一。Java 不仅可以开发传统的桌面应用程序，还可以开发网络应用程序，以及安卓等操作系统的应用程序。

编者结合自己多年的 Java 开发经验和心得体会，花费了一年多的时间写作本书。希望各位读者能在本书的引领下跨入 Java 开发大门，并成为一名开发高手。本书结合大量多媒体教学视频，全面、系统、深入地介绍了 Java 开发技术，并以大量示例贯穿全书的讲解之中，最后还详细介绍了计算器的开发案例。学习完本书后，读者应该具备独立进行 Java 开发的能力。

本书特色

1. 配备大量多媒体语音教学视频，学习效果好

编者专门录制了大量配套多媒体语音教学视频，以便读者更加轻松、直观地学习本书内容，提高学习效率。读者购买本书后，可以登录华信教育资源网（网址为 www.hxedu.com.cn）下载对应的视频和代码源文件。

2. 内容全面、系统、深入

本书内容涵盖 Java 语言开发应用的常见领域，从基础语法讲起，逐步过渡到面对对象、高级语法等内容。为了方便读者整体学习所有内容，本书最后介绍了一个桌面应用程序的开发过程。

3. 提供大量习题

对于非在职读者，学习 Java 语言的一个大问题是，缺少练习和自我验证的机会。这容易导致读者一边学习后面的章节，一边忘记前面的内容。因此，全书提供了 200 多道习题，供大家练习和自我测试，相关参考答案请登录华信教育资源网下载。

4. 贯穿大量示例和技巧

为了方便读者彻底掌握 Java 各个语法的应用，全书添加了 200 多个示例。针对学习和开发中经常遇到的问题，本书还穿插了近 200 个注意事项和使用技巧。这些都可以帮助读者更快速地掌握书中的内容。

5. 符合不同读者需求

本书充分考虑 Java 自学人员及参加计算机等级考试的读者的需求。在内容体系上，本书详细讲解程序的本质，以适合入门读者阅读；在知识点覆盖上，完全覆盖计算机等级考试大

纲的要求，并介绍考试专用开发环境 NetBeans 的使用。

本书内容及体系结构

第 1 篇　基础语法篇（第 1~7 章）

本篇主要内容包括：第一个 Java 程序、数据、基本数据处理、执行顺序、选择执行、循环执行、方法等。通过对本篇的学习，读者可以使用 Java 开发环境编写简单的程序。

第 2 篇　面向对象篇（第 8~12 章）

本篇主要内容包括：类和对象、继承、抽象类和接口、Java 类的体系、错误处理等。通过对本篇的学习，读者可以掌握 Java 面向对象的编程方式，以及在遇到错误时的处理方法。

第 3 篇　高级语法篇（第 13~19 章）

本篇主要内容包括：数组和字符串、文件、线程、图形用户界面、Applet 程序设计、集合和泛型、枚举等。通过对本篇的学习，读者可以掌握 Java 中常用的高级技术。

第 4 篇　案例应用篇（第 20 章）

本篇为一个综合性开发案例：计算器。通过对本篇的学习，读者可以掌握桌面应用程序的开发方式和流程。

学习建议

- ❏ 坚持编程：编程需要进行大量的练习。如同学习英语一样，只有不断练习，才能掌握英语的使用。
- ❏ 多看：需要多看一些好的编程。和写作文一样，多看才可以掌握好的编程结构。
- ❏ 多想：在编程的时候，要多想使用哪种编程结构才适合，或是看到好的编程代码时多想为什么要这样写。

本书读者对象

- ❏ Java 初学者；
- ❏ 想全面学习 Java 开发技术的人员；
- ❏ 利用 Java 做开发的工程技术人员；
- ❏ Java 开发爱好者；
- ❏ 参加计算机等级考试的人员；
- ❏ 社会培训班学员；
- ❏ 需要一本案头必备手册的程序员。

编　者

目　　录

第 3 篇　高级语法篇

第1篇　基础语法篇

第 1 章　第一个 Java 程序

　　Java 是由美国太阳微系统公司 [Sun Microsystems，简称 Sun 公司，已被甲骨文（Oracle）公司收购] 于 1995 年 5 月推出的面向对象编程语言，现已成为主流语言，广泛应用于各个领域，如手机应用开发、网站开发、桌面应用程序开发等。本章将通过编写第一个 Java 程序为读者详解什么是 Java、如何构建 Java 开发环境等内容。

1.1　人与人的交互——语言

　　语言是人与人之间的一种交流方式，人们彼此的交往离不开语言。如图 1.1 所示，该图是一段问路及指路的对话，这段对话就是语言。

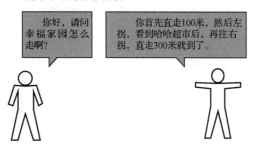

图 1.1　人与人的交互

1.2　计算机使用的语言——机器码

　　人与人的交互采用的是语言，而计算机直接使用的语言被称为机器码。机器码是用于指挥计算机应做的操作和操作数地址的一组二进制数。二进制数其实就是由 0 和 1 组成的一组数据，如图 1.2 所示。

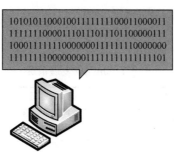

图 1.2　计算机使用的语言

1.3 人与计算机的交互——编程语言

上文介绍了人与人的交互、计算机使用的语言，那么怎么将人与计算机联系起来呢？人与计算机之间该如何交互呢？此时就需要使用编程语言。可以简单地将编程语言理解为一种人与计算机都能识别的语言。编程语言分为 3 种，分别为机器语言、汇编语言和高级语言。

1. 机器语言

机器语言又称机器码，在上文中已介绍过了。

2. 汇编语言

汇编语言主要是以缩写英文作为标志位和指令进行编写的。运用汇编语言进行编写的一般都是较为简单的小程序。汇编语言在执行方面较为便利，但在程序方面较为冗长，所以具有较高的出错率。

3. 高级语言

高级语言是多种编程语言结合之后的总称，其可以对多条指令进行整合，变为单条指令完成输送，其在操作细节、指令、中间过程等方面都得到了适当的简化，所以，整个程序较为简便，具有较强的操作性，而这种编码方式的简化，使得计算机编程对于相关工作人员的专业水平要求不断放宽。常见的高级编程语言有 Java、C 等，如图 1.3 所示。

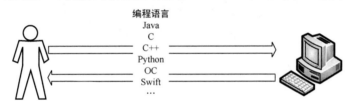

图 1.3　人与计算机的交互

1.4　什么是 Java

本节将对 Java 的发展史、特点、用途等进行讲解。

1.4.1　Java 的发展史

从 1995 年 5 月推出 Java 语言到现在已经经历了 20 多年，在此期间，Java 的发展情况如表 1.1 所示。

表 1.1　Java 的发展情况

时　　间	事　　件
1995 年 5 月	Java 被推出
1996 年 1 月	Java 1.0 版本发布，主要体现语言本身的特性，类与接口的数量仅有 211 个
1997 年 2 月	Java 1.1 版本发布，增加内部类，类与接口的数量增加到 477 个

续表

时　　间	事　　件
1998 年 12 月	Java 1.2 版本发布，没有增加特性，类与接口的数量增加到 1524 个
2000 年 5 月	Java 1.3 版本发布，同样没有增加特性，类与接口的数量增加到 1840 个
2002 年 2 月	Java 1.4 版本发布，增加断言机制，类与接口的数量增加到 2723 个
2004 年 9 月	Java 5（不再沿用 Java 1.5，而变更为 Java 5）版本发布，增加泛型类型、for each 循环、可变参数、自动装箱、元数据、枚举、静态导入等特性，类与接口的数量增加到 3279 个
2006 年 12 月	Java 6 版本发布，没有增加特性，类与接口的数量增加到 3793 个
2011 年 7 月	Java 7 版本发布，增加基于字符串的 switch、变形操作符、二进制字面量等特性，并改进异常处理，接口数量增加到 4024 个
2014 年 3 月	Java 8 版本发布，可以为接口（interface）的方法添加方法体（称为默认方法），这些方法会被隐式地添加到实现这个接口的类中；提供两个控制进程的方法，一个是 isAlive()，另一个是 destroyForcibly()；引入日期/时间应用程序接口（date time API）
2017 年 9 月	Java 9 版本发布，引入模块系统；提供 Javadoc，支持在 API 文档中进行搜索，输出兼容 HTML5 标准；在 List、Set、Map 接口中，静态工厂方法可以创建这些集合的不可变实例；改进 API 来控制和管理操作系统进程；改进 Optional 类；内置一个轻量级的 JSON API
2018 年 3 月	Java 10 版本发布
2018 年 9 月	Java 11 版本发布，引入两个属性：一个是 NestMembers 属性，用于标识其他已知的静态 nest 成员；另一个是每个 nest 成员都包含的 NestHost 属性，用于标识出它的 nest 宿主类；支持 TLS 1.3 协议
2019 年 3 月	Java 12 版本发布，switch 不仅可以作为语句，而且可以作为表达式；G1 可及时归还不使用的内存；移除多余的 ARM64 实现；改进 G1 的可中断 Mixed GC；增加 JVM（Java 虚拟机）常量 API
2019 年 9 月	Java 13 版本发布，原始字符串是该版本的一个特性，但它放弃文本块，采用一种不同的方法来表示字符串而不转义换行字符和引号
2020 年 3 月	Java 14 版本发布，增加 instanceof 的模式匹配、打包工具（Incubator）、G1 的非统一内存访问（NUMA）分配优化、飞行记录器（JFR）事件流；移除 Pack200 Tools 和 API；使用外部存储器 API；引入友好的空指针异常处理；弃用 Solaris 和 SPARC 端口
2020 年 9 月	Java 15 版本发布，删除 Nashorn JavaScript 引擎；重新实现 Legacy DatagramSocket API；重新实现 DatagramSocket API；移除 Solaris 和 SPARC 端口
2021 年 3 月	Java 16 版本发布，提升 Java 在 CPU 向量计算中的性能，这是对大规模的张量计算的支持，提升了 Java 在人工智能（AI）领域的能力；允许在 JDK 中的 C++ 源代码中使用 C++14 的特性；提供 UNIX 域套接字对 ServerSocketChannel 和 SocketChannel 的支持；Hotspot 对类元数据的处理有了很大改进；占用空间减少了，可以更快地将未使用的内存回收到操作系统中

1.4.2　Java 的特点

　　Sun 公司在 1995 年推出 Java 的同时发布了一条关于 Java 的白皮书，这样描述 Java：Java 是一种简单的（Simple）、面向对象的（Object Oriented）、分布式的（Distributed）、健壮的（Robust）、安全的（Secure）、体系结构中立的（Architecture Neutral）、可移植的（Portable）、解释型的（Interpreted）、高性能的（High Performance）、多线程的（Multi Threaded）和动态的（Dynamic）语言。下面依次对这些特点进行讲解。

1. Java 是简单的

Java 的语法与 C 和 C++等语言的语法很接近，使得大多数程序员很容易学习和使用。Java 舍弃了 C++中很少使用的、很难理解的那些特性，如操作符重载、多继承、自动的强制类型转换。而且，Java 语言不使用指针，而是引用，并提供了自动分配和回收内存空间功能，使得程序员不必为内存管理而担忧。

2. Java 是面向对象的

Java 提供类、对象、接口、继承、包等面向对象的特性。为了简便起见，Java 只支持类之间的单继承，但支持接口之间的多继承，并支持类与接口之间的实现机制（关键字为 implements）。使用 Java 开发程序，需要采用面向对象的思想设计程序和编写代码。

3. Java 是分布式的

Java 支持因特网（Internet）应用的开发。在基本的 Java 应用编程接口中，有一个网络应用编程接口（java net），它提供了用于网络应用编程的类库，包括 URL、URLConnection、Socket、ServerSocket 等。Java 的远程方法激活（RMI）机制也是开发分布式应用的重要手段。

4. Java 是健壮的

Java 的强类型机制、异常处理机制、垃圾的自动收集机制等是 Java 程序健壮的重要保证，Java 的安全检查机制使得 Java 更具健壮性。对指针的丢弃是 Java 的明智选择。

5. Java 是安全的

Java 通常被用在网络环境中，为此，Java 提供了一个安全机制以防恶意代码的攻击。除了具有的许多安全特性以外，Java 对通过网络下载的类提供一个安全防范机制（ClassLoader 类），如分配不同的名称空间以防替代本地的同名类或进行字节代码检查，并提供安全管理机制（SecurityManager 类）为 Java 应用设置安全哨兵。

6. Java 是体系结构中立的

Java 程序（后缀为 java 的文件）在 Java 平台上被编译为体系结构中立的字节码格式（后缀为 class 的文件），然后可以在实现这个 Java 平台的任何系统中运行。这种途径适合异构的网络环境和软件的分发。

7. Java 是可移植的

Java 程序具有与体系结构无关的特性，Java 的类库也提供了针对不同平台的接口，所有这些类库也可以被移植。

8. Java 是解释型的

前已述及，Java 程序在 Java 平台上被编译为字节码格式，然后可以在实现这个 Java 平台的任何系统中运行。在运行时，Java 平台中的 Java 解释器对这些字节码进行解释执行，执行过程中需要的类在连接阶段被载入运行环境中。

9. Java 是高性能的

Java 编译后的字节码是在解释器中运行的，所以它的速度较多数交互式运行程序提高了很多。

10. Java 是多线程的

Java 是多线程语言，能处理不同任务，使得进行具有线程的程序设计很容易。Java 的 lang 包提供一个 Thread 类，支持开始线程、运行线程、停止线程和检查线程状态的方法。

11. Java 是动态的

Java 适用于动态变化的环境。Java 程序需要的类可以动态地被载入运行环境中，也可以通过网络来载入所需要的类。这有利于软件的升级。另外，Java 中的类有一个运行时刻的表示，能进行运行时刻的类型检查。

1.4.3　Java 的用途

那么，Java 的用途是什么呢？这就是本小节将要讲解的内容。

1. 编写 Android 系统

当下流行的移动端系统有 Android、iOS 等。其中，Android 就是使用 Java 语言编写的原生应用程序（App）。

2. 编写普通软件

一般编程语言都可以编写普通软件，Java 也不例外。普通软件包括 QQ、微信、浏览器等。

3. 开发金融服务业的服务器程序

Java 在金融服务业的应用也是非常广泛的，很多第三方交易系统、银行等金融机构都选择使用 Java 开发服务器程序，因为 Java 是比较安全的。

4. 编写网站

Java 可以用来编写网站，现在很多大型网站都是用动态网页技术（Java Server Pages，JSP）编写的。

5. 应用于嵌入式领域

Java 在嵌入式领域的发展空间很大，只需 130KB 就能够使用 Java。

6. 应用于大数据技术

Hadoop 及其他大数据处理技术，很多都用 Java。

1.5　构建 Java 开发环境

在做编程开发时需要用到软硬件、对应的系统、应用程序工具等，这个整体就是开发环境。本节将讲解如何构建 Java 开发环境。

1.5.1　下载和安装 JDK

JDK（Java Development Kit）是 Java 的软件开发工具包，是整个 Java 的核心，不仅操作

简单，而且有着实用、稳定、安全、高效的特色功能。本小节将讲解如何下载和安装 JDK。

1. 下载 JDK

以下是下载 JDK 的具体操作步骤。

（1）在浏览器中打开 JDK 的下载网页，如图 1.4 所示。

图 1.4　JDK 的下载网页

（2）单击 JDK Download 链接，跳转到新的网页，如图 1.5 所示。

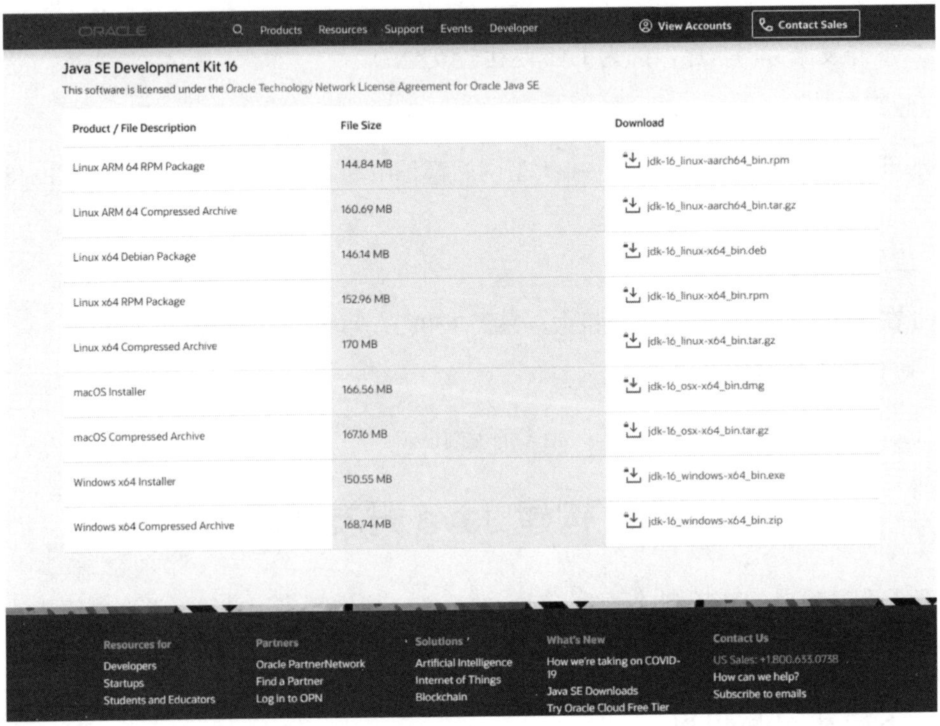

图 1.5　JDK 16 的下载网页

注意：此网页中提供了 3 个平台的 JDK 版本，分别为 Linux、macOS 及 Windows 版本。可以根据自己的系统进行选择。

（3）单击某一 JDK 链接后，会弹出"下载"对话框，如图 1.6 所示。

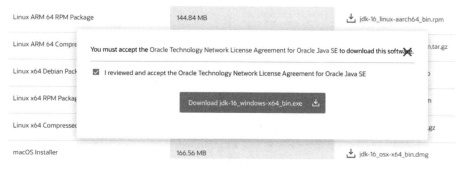

图 1.6　"下载"对话框

（4）选中"I reviewed and accept the Oracle Technology Network License Agreement for Oracle Java SE"复选框，单击"Download jdk-16_windows-x64_bin.exe"按钮，JDK 文件就会被下载。

2. 安装 JDK

下载 JDK 后，就可以进行安装了，以下是在 Windows 操作系统下安装 jdk-16.exe 的操作步骤。

（1）双击 jdk-16.exe 文件图标，弹出"Java(TM) SE Development Kit 16(64-bit)-安装程序"对话框，如图 1.7 所示。

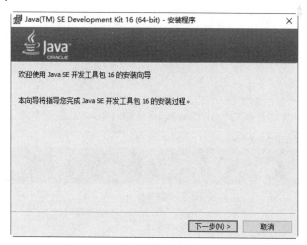

图 1.7　"Java(TM) SE Development Kit 16(64-bit)-安装程序"对话框

（2）单击"下一步"按钮，弹出"Java(TM) SE Development Kit 16(64-bit)-目标文件夹"对话框，如图 1.8 所示。

（3）单击"下一步"按钮，弹出"Java(TM) SE Development Kit 16(64-bit)-进度"对话框，如图 1.9 所示。

（4）一段时间后，会弹出"Java(TM) SE Development Kit 16(64-bit)-完成"对话框，如图 1.10 所示。单击"关闭"按钮，此时 JDK 就安装完成了。

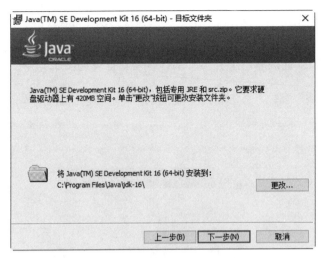

图 1.8 "Java(TM) SE Development Kit 16(64-bit)-目标文件夹"对话框

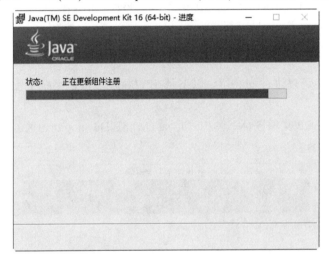

图 1.9 "Java(TM) SE Development Kit 16(64-bit)-进度"对话框

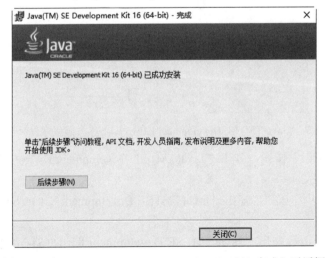

图 1.10 "Java(TM) SE Development Kit 16(64-bit)-完成"对话框

1.5.2 配置环境变量

配置 Java 环境变量最好是在正确安装了 JDK 之后，配置步骤如下。

（1）右击 Windows 10 左下角的"开始"按钮，在弹出的菜单中选择"系统"命令，如图 1.11 所示。

图 1.11 "系统"命令

（2）弹出"设置"窗口，如图 1.12 所示。

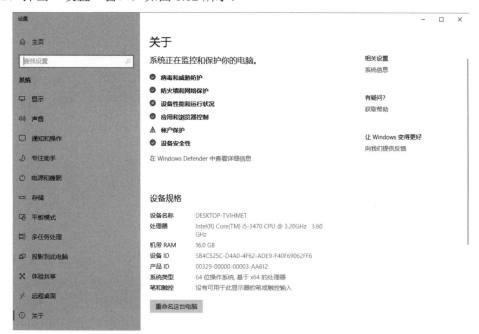

图 1.12 "设置"窗口

（3）单击"系统信息"按钮链接，弹出"系统"窗口，如图 1.13 所示。

图 1.13 "系统"窗口

（4）单击"高级系统设置"按钮，弹出"系统属性"对话框，如图 1.14 所示。

图 1.14 "系统属性"对话框

（5）单击"环境变量"按钮，弹出"环境变量"对话框，如图 1.15 所示。

图 1.15　"环境变量"对话框

（6）单击"系统变量"标签下的"新建"按钮，弹出"新建系统变量"对话框，如图 1.16 所示，将"变量名"设置为 JAVA_HOME，将"变量值"设置为 C:\Program Files\Java\jdk-16（该路径是安装 JDK 文件的位置）。填写完毕后，单击"确定"按钮。

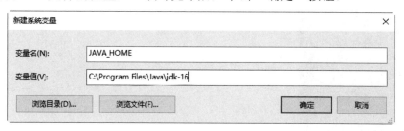

图 1.16　新建系统变量 JAVA_HOME

（7）回到"环境变量"对话框，继续单击"系统变量"标签下的"新建"按钮，在弹出的"新建系统变量"对话框中新建 CLASSPATH 变量，如图 1.17 所示，"变量名"为 CLASSPATH，"变量值"为.;%JAVA_HOME%\lib\dt.jar;%JAVA_HOME%\lib\tools.jar;。填写完毕后，单击"确定"按钮。

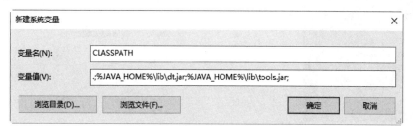

图 1.17　新建系统变量 CLASSPATH

（8）再次回到"环境变量"对话框，选中 Path 变量后，单击"编辑"按钮，在弹出的"编辑环境变量"对话框中单击"新建"按钮，在其文本框中输入%JAVA_HOME%\bin。再次单击"新建"按钮，在其文本框中输入%JAVA_HOME%\jre\bin，如图 1.18 所示。输入完毕后，单击"确定"按钮，回到"环境变量"对话框。此时环境变量就配置好了。

图 1.18　"编辑环境变量"对话框

注意：在完成了 JDK 的安装和 Java 环境变量的配置后，需要进行验证。右击 Windows 标志按钮，在弹出的快捷菜单中选择"运行"命令，如图 1.19 所示。随后会弹出"运行"对话框，在该对话框的文本框中输入 cmd，如图 1.20 所示，单击"确定"按钮。

图 1.19　"运行"命令　　　　　　　　　　　图 1.20　"运行"对话框

随后在弹出的"命令提示符"窗口中输入命令 java -version，然后按回车键，就会得到如图 1.21 所示的结果。看到这样的结果就算是正确安装了 JDK，不过依然不能确定所有的环境变量配置都正确，这需要在应用时才知道。

图 1.21　"命令提示符"窗口

1.5.3　Eclipse

Eclipse 是 Java 开发工具之一，是 Java 程序员常用的、比较喜爱的开发工具，具有强大的编辑和调试功能。本小节将讲解该工具的下载和安装。

1. 下载 Eclipse

（1）在浏览器中打开 Eclipse 的官网，如图 1.22 所示。

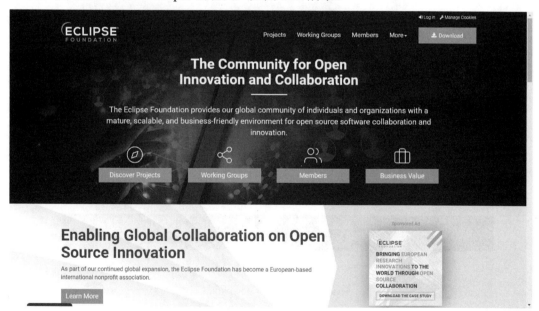

图 1.22　Eclipse 的官网

（2）单击 Download 按钮，进入 Eclipse 的下载网页，如图 1.23 所示。

（3）单击 Download x86_64 按钮，进入 Eclipse x86_64 版本的下载网页，如图 1.24 所示。

（4）单击 Download 按钮，实现对 Eclipse x86_64 版本的下载，并且会进入 Thank you for your download！网页，如图 1.25 所示。下载完成后，会得到一个 eclipse-inst-jre-win64.exe 文件。

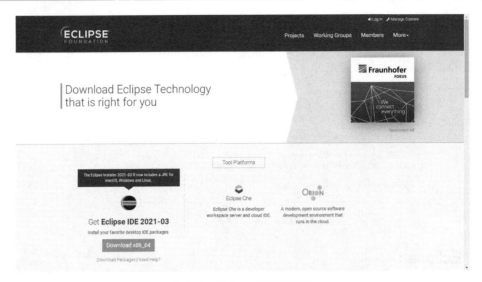

图 1.23　Eclipse 的下载网页

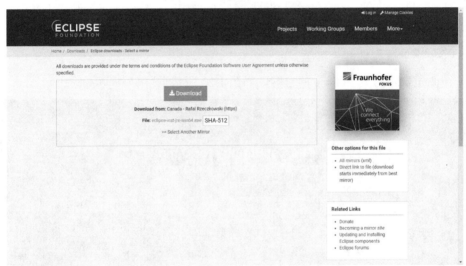

图 1.24　Eclipse x86_64 版本的下载网页

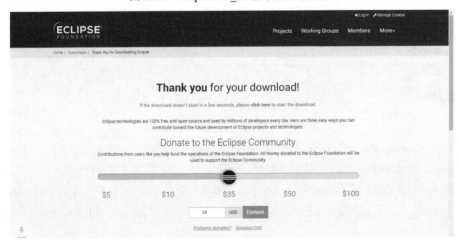

图 1.25　Thank you for your download！网页

2．安装 Eclipse

下载完成后，就可以实现对 Eclipse 的安装了。具体操作步骤如下。

（1）双击 eclipse-inst-jre-win64.exe 文件图标，弹出 eclipseinstaller 图标界面，如图 1.26 所示。

图 1.26　eclipseinstaller 图标界面

（2）一段时间后，会弹出"选择版本"对话框，如图 1.27 所示。

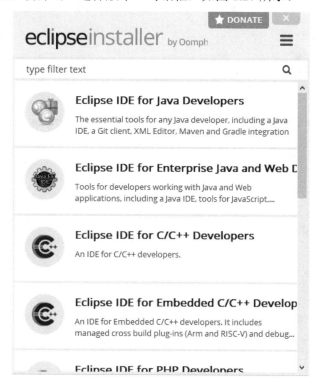

图 1.27　"选择版本"对话框

（3）选择 Eclipse IDE for Java Developers 版本后，弹出 eclipseinstaller Eclipse IDE for Java Developers 对话框，如图 1.28 所示。

图 1.28　eclipseinstaller Eclipse IDE for Java Developers 对话框

（4）单击 INSTALL 按钮，弹出 Eclipse Foundation Software User Agreement 窗口，如图 1.29 所示。

图 1.29　Eclipse Foundation Software User Agreement 窗口

（5）单击 Accept Now 按钮，退出 Eclipse Foundation Software User Agreement 窗口，返回 eclipseinstaller Eclipse IDE for Java Developers 对话框，此时实现对 Eclipse 的安装，如图 1.30 所示。

图 1.30　实现安装

（6）安装完成后，INSTALLING 按钮会变为 LAUNCH 按钮，如图 1.31 所示。此时 Eclipse 就安装完成了。

图 1.31　完成安装

1.5.4 计算机等级考试中的工具 NetBeans IDE 2007

为了向考生提供更好的学习平台，教育部考试中心将 NetBeans IDE 引入全国计算机等级考试（NCRE）二级的 Java 考试中，Sun 公司为此专门定制了"NetBeans IDE 中国教育考试版（2007）"（以下简称 NetBeans IDE 2007）。下载该工具，需要在浏览器中打开 NetBeans IDE 2007 的下载网页，如图 1.32 所示。在该网页中单击"软件下载"右侧的"点击下载"按钮，实现对该工具的下载。下载完成后会得到一个压缩包。

图 1.32　NetBeans IDE 2007 的下载网页

1.6　编　写　程　序

环境构建完成后，就可以开始编写程序。本节将使用 3 种方式编写 Java 程序，分别为使用记事本、使用 Eclipse 及使用 NetBeans IDE 2007。

1.6.1　使用记事本

以下是使用记事本编写 Java 程序的具体操作步骤。
（1）打开记事本，在记事本中输入以下代码：

```
public class Test{
    public static void main(String[] args){
        System.out.println("Hello World!");
    }
}
```

（2）输入完代码后将该文件保存为 Test.java 文件，如图 1.33 所示。在本书中将 Test.java 文件保存在了 C:\Users\admin\Desktop\JavaCode 目录中，读者可以选择与本书相同的目录。

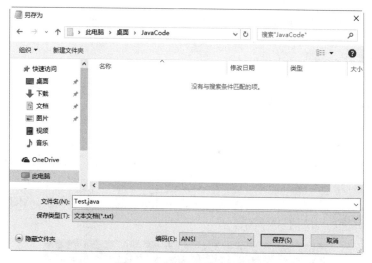

图 1.33　保存 Test.java 文件

（3）打开"命令提示符"窗口，输入命令 cd，按回车键，进入 java 目录，如图 1.34 所示。

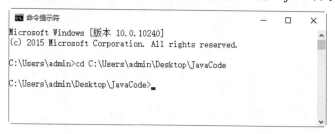

图 1.34　进入 java 目录

（4）输入命令 javac Test.java，按回车键，如图 1.35 所示。

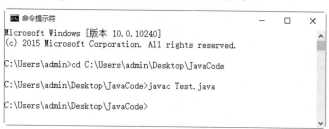

图 1.35　编译 HelloWorld!

（5）输入命令 java Test，按回车键，结果会显示"Hello World!"字样，如图 1.36 所示。

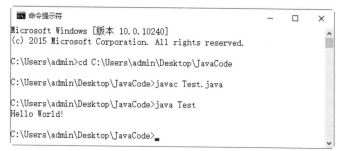

图 1.36　运行 HelloWorld!

这样，一个简单的输出 HelloWorld！的程序就完成了。

1.6.2 使用 Eclipse

本小节将讲解如何使用 Eclipse 编写 Java 程序。

1. 启动 Eclipse

在使用 Eclipse 编写代码之前，首先需要启动 Eclipse。以下是启动 Eclipse 的具体操作步骤。

（1）双击 Eclipse 工具图标，或者在刚安装 Eclipse 的界面中单击 LAUNCH 按钮，弹出 eclipse IDE 图标界面，如图 1.37 所示。

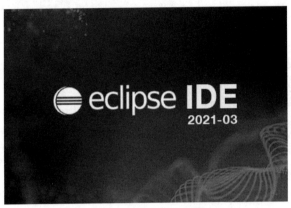

图 1.37　eclipse IDE 图标界面

（2）一段时间后，会弹出 Eclipse IDE Launcher 对话框，如图 1.38 所示。在此对话框中需要选择工作空间。这里的工作空间是指一个保存所有 Java 项目的目录，目录中会保存该工作空间的一些配置信息。

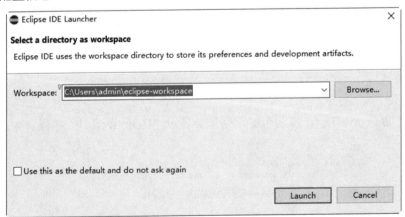

图 1.38　Eclipse IDE Launcher 对话框

（3）选择工作空间后，单击 Launch 按钮，等待进入 Eclipse 主界面，如图 1.39 所示。

（4）在等待过程中，Eclipse 会加载所有需要的插件。随后，会进入 Eclipse 的 Welcome 界面，如图 1.40 所示。单击 Welcome 后面的小叉号，关闭 Welcome 界面，会显示 Donate 界面，单击

Donate 后面的小叉号，关闭 Donate 界面，就可以进入通常的编辑界面了，如图 1.41 所示。

注意： Welcome 界面和 Donate 界面在首次启动 Eclipse 时出现，如果关闭后，在后续启动 Eclipse 时就不会再出现了。

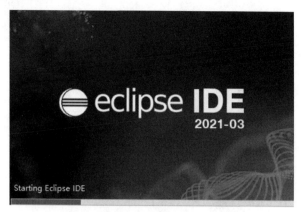

图 1.39　等待进入 Eclipse 主界面

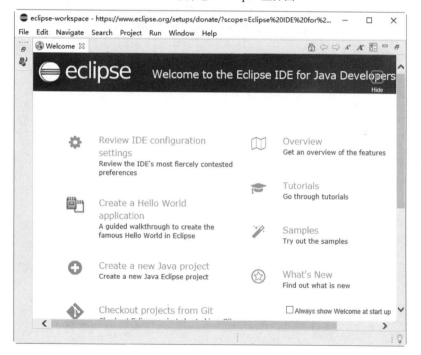

图 1.40　Welcome 界面

2. 创建项目

为了方便程序员管理开发中使用的各种文件，Eclipse 要求程序员在编写代码之前创建一个项目。项目又被称为工程。可以将项目理解为文件夹，在该文件夹中存放的是一个程序的代码文件、资源文件等。以下是在 Eclipse 中创建项目的具体操作步骤。

（1）在菜单栏中选择 File|New|Java Project 命令，弹出 New Java Project—Create a Java Project 窗口，如图 1.42 所示。在此对话框的 Project name 文本框中输入项目的名称，本书为 Test。

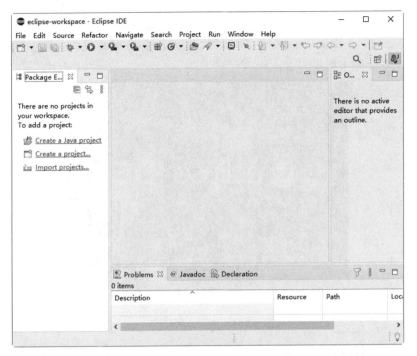

图 1.41　编辑界面

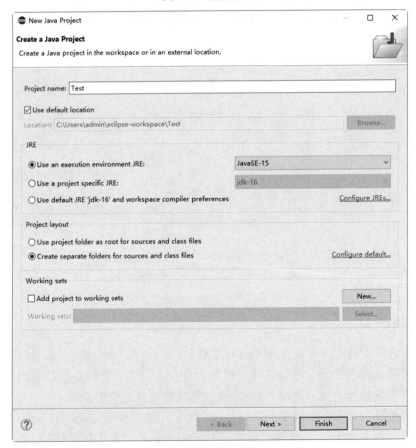

图 1.42　New Java Project—Create a Java Project 窗口

（2）单击 Next 按钮，弹出 New Java Project—Java Settings 对话框，如图 1.43 所示。在此对话框中取消选中默认选中的 Create module-info.java file 复选框。

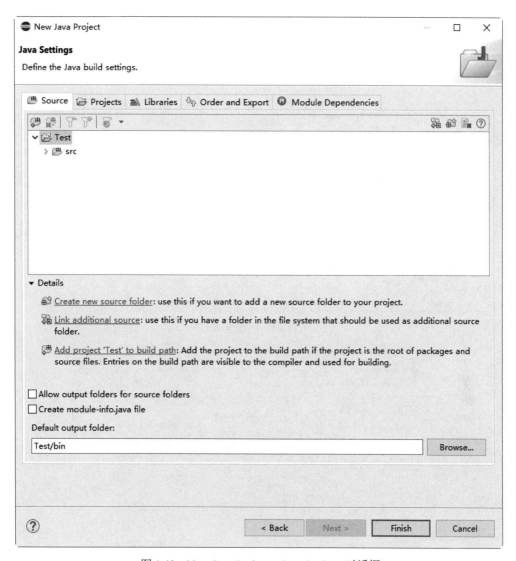

图 1.43　New Java Project—Java Settings 对话框

（3）单击 Finish 按钮，一个名为 Test 的项目就创建好了。

3. 编写代码

项目创建好之后就可以编写代码了。以下是具体的操作步骤。

（1）在 Package Explorer 面板中可以看到已创建的 Test 项目，在项目下的 src 文件夹上右击，弹出快捷菜单，在快捷菜单中选择 New|Class 命令，如图 1.44 所示。

（2）弹出 New Java Class 窗口，如图 1.45 所示。在此窗口的 Name 文本框中输入类的名称，本书为 Test。

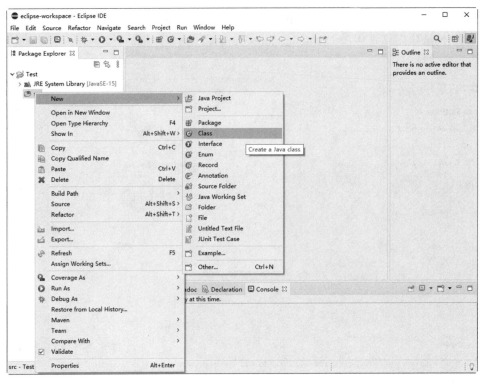

图 1.44　快捷菜单

图 1.45　New Java Class 窗口

（3）单击 Finish 按钮后，Test.java 文件就创建好了。该文件在 src 文件夹的（default package）文件夹中，如图 1.46 所示。

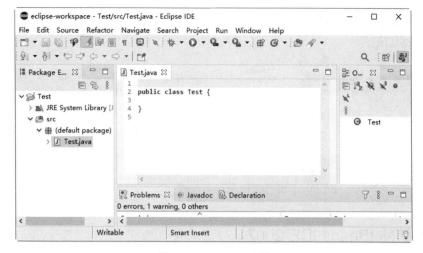

图 1.46　Test.java 文件

（4）在 Test.java 文件中编写代码，该代码是 1.6.1 小节中的代码，如图 1.47 所示。

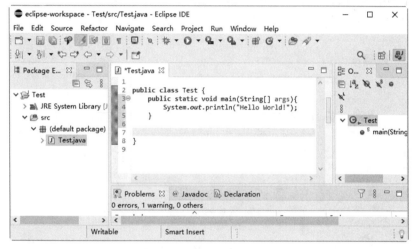

图 1.47　Test.java 文件代码

（5）单击工具栏中的 ⏵ 按钮，会弹出 Save and Launch 窗口，如图 1.48 所示。

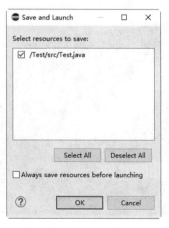

图 1.48　Save and Launch 窗口

（6）单击 OK 按钮，此时会运行 Test.java 文件中的代码，运行结果会在 Console 面板中显示，如图 1.49 所示。

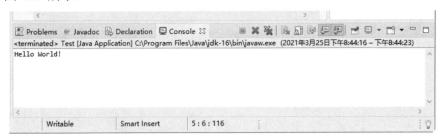

图 1.49　Console 面板

1.6.3　使用 NetBeans IDE 2007

以下是使用 NetBeans IDE 2007 编写 Java 程序的具体操作步骤。

（1）将下载的 NetBeans IDE 2007 压缩包直接解压到 C 盘，或者将解压后的内容直接复制后粘贴到 C 盘，如图 1.50 所示。

图 1.50　NetBeans IDE 2007

（2）双击 nbncre.exe 图标，弹出 NetBeans IDE 2007 图标界面，如图 1.51 所示。

图 1.51　NetBeans IDE 2007 图标界面

（3）一段时间后，进入 NetBeans IDE 2007 界面，如图 1.52 所示。

图 1.52　NetBeans IDE 2007 界面

（4）单击"文件"|"新建项目"命令，弹出"新建项目"对话框，如图 1.53 所示。

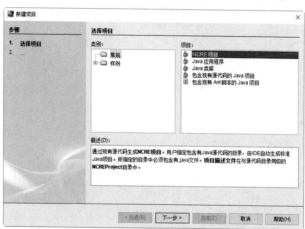

图 1.53　"新建项目"对话框

（5）单击"下一步"按钮，弹出"新建 NCRE 项目"对话框，如图 1.54 所示。

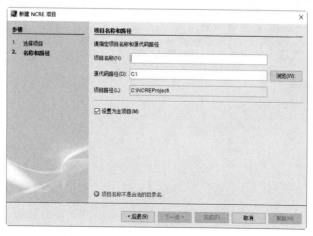

图 1.54　"新建 NCRE 项目"对话框

（6）单击"源代码路径"后面的"浏览"按钮，弹出"请选择项目路径"对话框，如图 1.55 所示，选择含有 Java 源代码文件的文件夹，单击"打开"按钮，返回"新建 NCRE 项目"对话框，如图 1.56 所示。

图 1.55 "请选择项目路径"对话框

图 1.56 "新建 NCRE 项目"对话框

（7）单击"完成"按钮，此时项目就创建完成了，如图 1.57 所示。在此项目中会看到 test.java 文件，此文件就是在"请选择项目路径"对话框中选择的。

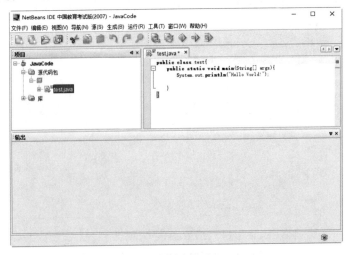

图 1.57 创建的项目

（8）单击工具栏中的 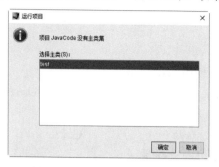 按钮，弹出"运行项目"对话框，如图 1.58 所示，单击"确定"按钮，运行 test.java 程序，运行结果会在"输出"窗口显示，如图 1.59 所示。

图 1.58　"运行项目"对话框

图 1.59　"输出"窗口

1.7　小　　结

通过对本章的学习，读者需要知道以下内容。

❑ 1995 年 5 月 Sun 公司推出了 Java。截至 2021 年 3 月，共有 16 个版本，较新的是 Java 16。

❑ Java 具有简单、面向对象、分布式、健壮、安全、体系结构中立、可移植、解释型、高性能、多线程和动态的特点。

❑ Java 的开发环境需要使用到 JDK、Eclipse、NetBeans IDE 2007 等工具。

❑ 使用记事本编写代码需要用到两个命令：一个是 javac 命令，另一个是 java 命令。

❑ 使用 Eclipse 编写代码时，首先需要启动该工具，然后创建项目，最后编写代码。在编写代码时，需要先创建一个 Java 文件。

❑ 使用 NetBeans IDE 2007 编写代码时，首先需要将 NetBeans IDE 2007 压缩包直接解压到 C 盘，然后双击 nbncre.exe 图标，进入 NetBeans IDE 2007 界面，其次是创建 NCRE 项目，最后编写代码。

1.8　习　　题

一、填空题

1. Java 是由_____公司于 1995 年 5 月推出的_____编程语言。

2. JDK 的英文名称为_____。

3．JDK 是整个_____的核心，不仅操作简单，而且有着实用、稳定、_____、_____的特色功能。

4．编程语言分为 3 种，分别为_____、_____和_____。

二、选择题

1．JDK 编译 Java 程序时使用的命令是（　　）。

  A．java   B．javac   C．appletviewer D．javadoc

2．2021 年 3 月，（　　）版本被发布。

  A．Java 7   B．Java 9   C．Java 12   D．Java 16

3．在 Java 二级考试中使用的软件是（　　）。

  A．NetBeans IDE 中国教育考试版（2007）

  B．Android Studio

  C．记事本

  D．Eclipse

4．输入以下（　　）命令可以查看 Java 的版本。

  A．java –v   B．java–version   C．java   D．javac

5．"NetBeans IDE 中国教育考试版（2007）"软件是（　　）公司开发的。

  A．苹果   B．Sun   C．微软   D．华为

三、简答题

1．简述 Java 语言的特点。

2．简述 Java 语言的用途（至少 3 个）。

四、操作题

1．使用记事本工具输出字符串 I Love Java。

2．在 Eclipse 中创建一个 MyJava 项目。

第2章 数　据

数据是计算机运行的根本。因为计算机中的内容都是由各种数据组成的，如文本文件、图片等。程序员编写的程序其实就是对这些数据进行各种处理。所以，在编写代码之前，首先需要找出所需要的数据，并进行表示。本章将讲解如何分析数据，并使用 Java 语言描述数据。

2.1　数据在哪里

在生活中，人们时时刻刻都在与数据打交道。只要细心观察和分析，就会找到需要的数据。本节将讲解数据存在的形式、如何寻找数据及数据的分类。

2.1.1　数据的形式

数据无处不在，形式多样。为了让读者更好地理解这些形式，根据认知难易程度，将其分为以下 3 种。

1. 直观形式

直观形式的数据就是可以看到的，如文件形式数据，下载的电影、歌曲及电视剧都是这类形式。它们会以文件的形式被存储到计算机中。使用时，它们会被读取，然后进行播放，如图 2.1 所示。

图 2.1　文件形式数据

2. 非直观形式

非直观形式的数据是看不到但仍然能感觉到的数据，如网络数据。手机向服务器发送请求，然后服务器将数据发送到手机，手机进行各种处理，最后显示出来。虽然没有看到具体的文件，但是所消耗的流量能清楚地显示出传输了多少数据。

3. "不存在"的数据形式

有一种数据非常隐蔽，往往让人感受不到，以为真的"不存在"数据传输。例如，使用遥控器控制电视的开关，只有进行深入了解，才会知道原来是通过红外线等方式发送了数据。

2.1.2　如何寻找数据

在知道了数据的形式之后，再来看如何寻找数据。只有明确编程要处理的数据，才能写出正确的代码。下面将讲解常见的 3 种寻找数据的方式。

1. 寻找显而易见的数据

对于编程要解决的很多问题，很多数据是显而易见的。例如，要写一个程序解决买鸡蛋的问题。500 克鸡蛋 4.2 元，10 元能买多少克鸡蛋？从问题本身，就可以直接看到想要的数据，如表 2.1 所示。

表 2.1　显而易见的数据

鸡 蛋 单 价	购 买 金 额	要解决的问题
4.2 元/500 克	10 元	能买多少克鸡蛋

2. 寻找隐藏的数据

编程要解决的问题并不是每次都很简单，很多问题涉及各种生活常识。例如，100 元人民币能兑换多少美元。在解决这个问题的时候，汇率就是一个隐藏的数据。为了解决这类问题，程序员需要具备一定的生活常识。

3. 寻找"不存在"的数据

更复杂的问题往往会涉及某些"不存在"的数据。因为这类数据大都涉及各种专业知识，程序员很少会接触到。例如，支持遥控的各种家电都有对应的遥控指令。普通用户很难知道其对应的接口和使用方式。为了解决这类问题，程序员必须研究相关的专业，从而找到这类"不存在"的数据。

2.1.3　数据的分类

在找到数据后，根据程序中使用方式的不同，还要对数据进行分类。分类标准有以下两种。

1. 根据数据的值是否已知

根据数据的值是否已知，可将数据分为已知值数据和未知值数据。这两类数据在程序中使用方式不同，所以需要提前进行整理。下面将依次讲解这两个类型。

（1）已知值数据（字面量/直接数）：就是已经知道具有值的数据。例如，前面买鸡蛋问题中的鸡蛋单价为 4.2 元。

（2）未知值数据（变量指代）：就是数据存在，但是不确定具体的值。例如，买鸡蛋问题中提出的最终能买多少克鸡蛋。

2. 根据数据的值的类型

根据数据的值的类型，可将数据分为数值、文本和状态 3 类。在 Java 中，类型不同，书写和处理方式也不同。下面将依次讲解这 3 个类型。

（1）数值（整数、小数）类型：由数字构成，往往需要进行加、减、乘、除之类的运算。根据数据是否包含小数点，可以分为整数和小数。例如，在买鸡蛋问题中，4.2 和 10 都是数值类型的数据，4.2 是小数，10 是整数。

（2）文本类型：一般不进行计算，而用来描述各种问题。例如，有一个叫"比尔"的人，他的职位为"科长"。其中，"比尔"和"科长"都是文本数据，用来描述一个人。

（3）状态（是/否、真/假、开/关）类型：介于数值类型和文本类型之间。它可以用来描述问题，也可以用来专门进行某种计算。例如，事情是否正确，100 元钱的真与假，电灯的开与关。这些数据可以根据情况，改变为相反的值。

2.2 整   数

整数是简单的、常用的数据形式。例如，日常所写的 32、100 都是整数。Java 对整数的表达有各种详尽的规定和要求。本节将详细讲解 Java 语言中整数的表示及整数类型。

2.2.1 进制表示

进制是一种计数方式。它决定了数字的书写方式及进位方式。由于计算机和人类在计数方式上存在很大差异，所以 Java 语言支持多种进制的表达形式。下面将依次讲解这些进制。

1. 二进制

二进制是计算机默认的计数方式。计算机处理的数据都会转化为二进制。为了方便程序员处理底层相关的一些数据，Java 语言支持二进制整数的表示方法。在 Java 语言中，每个二进制数都由 0B/0b 开始，后面的每位为 0 或 1。形式如图 2.2 所示。

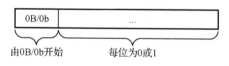

图 2.2 二进制的构成形式

助记：0B/0b 中的 B/b 是二进制的英文单词 Binary/binary 的首字母，其发音为['baɪnəri]。

【示例 2-1】 下面将在代码中使用二进制。代码如下：

```java
public class test{
    public static void main(String[] args){
        System.out.printf("对应的十进制值：%d", 0b1001);
    }
}
```

运行结果如下：

对应的十进制值：9

注意：二进制的书写方式只在 Java 7 及其之后的版本中支持。

2. 八进制

在测量长度时，人们常使用单位米。如果要测量一个城市到另一个城市之间的距离，使用米这个单位来计算就太小了，此时就需要使用千米进行计算。对于二进制也一样，当值太大的时候，用二进制表示的话，数值位数就太多了。这时，就需要使用八进制。八进制是将 3 位二进制合并转化为 1 位。在 Java 语言中，每个八进制数都由 0 开始，后面的每位为 0～7。构成形式如图 2.3 所示。

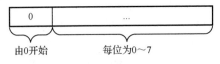

图 2.3　八进制的构成形式

【示例 2-2】下面将在代码中表示一个八进制数 010。代码如下：

```java
public class test{
    public static void main(String[] args){
        System.out.printf("八进制值为%o", 010);
    }
}
```

运行结果如下：

八进制值为 10

注意：%o 是 printf 的格式符，用来显示八进制数。

助记：o 是八进制的英文单词 octal 的首字母，其发音为['ɒktl]。

注意：如果想为八进制数输出前缀，可在%后面添加#标记，如以下代码：

```java
public class test{
    public static void main(String[] args){
        System.out.printf("八进制值为%#o", 010);
    }
}
```

运行结果如下：

八进制值为 010

米和千米之间可以进行相互转化。在计算机中也不例外，八进制和二进制也可以进行相互转化。下面将依次讲解两者的转化方式。

（1）八进制转化为二进制：转化规则是将八进制的 1 位转化为二进制的 3 位，运算顺序是从低位向高位依次进行。以八进制数 57 为例，具体转化方式如图 2.4 所示。

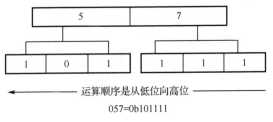

057=0b101111

图 2.4　八进制向二进制转化

（2）二进制转化为八进制：转化规则是将每 3 位二进制转化为 1 位八进制，运算顺序是从低位向高位依次进行。以二进制数 101111 为例，具体转化方式如图 2.5 所示。

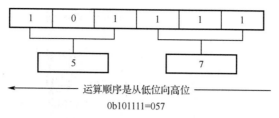

运算顺序是从低位向高位

0b101111=057

图 2.5 二进制向八进制转化

注意：不是所有的二进制数的位数都是 3 的倍数。如果遇到这种情况，需要使用 0 进行补充。以二进制数 1111 为例，转化方式如图 2.6 所示。

高位不足3位，补0

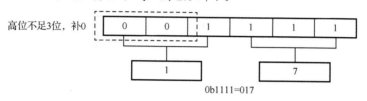

0b1111=017

图 2.6 二进制向八进制转化（补 0）

助记：为了快速进行二进制和八进制之间的转化，需要熟记如表 2.2 所示的转化关系。

表 2.2 二进制和八进制之间的转化关系

二 进 制	八 进 制
0	00
1	01
10	02
11	03
100	04
101	05
110	06
111	07
1000	010
1001	011
1010	012
1011	013
1100	014
1101	015
1110	016
1111	017

3. 十六进制

当要计算地球到太阳之间的距离时，使用千米这样的单位就有点小了，此时需要使用到光年。在计算机中也一样，在处理更大的数据时，八进制也会显得有点小。这时就需要使用十六进制。十六进制是将 4 位二进制合并为 1 位。在 Java 语言中，每个十六进制数都由 0X/0x

开始，后面的每位为 0～9 或 A～F。构成形式如图 2.7 所示。

由0X/0x开始　　　每位为0～9或A～F

图 2.7　十六进制的构成形式

助记：0X/0x 中的 X/x 是十六进制的英文单词 hexadecimal 的第三个字符，其发音为 [ˌheksəˈdesɪml]。

【示例 2-3】 下面将在代码中书写十六进制数 0xA。代码如下：

```java
public class test{
    public static void main(String[] args){
        System.out.printf("十六进制值为%x", 0xA);
    }
}
```

运行结果如下：

十六进制值为 a

注意：%x 是 printf 的格式符，用来显示十六进制数值。

注意：如果想为十六进制数输出前缀，可在%后面添加#标记。

八进制和二进制可以相互转化，十六进制与二进制也不例外。下面将讲解十六进制和二进制之间的转化。

（1）十六进制转化为二进制：转化规则是将十六进制的 1 位转化成二进制的 4 位，运算顺序是从低位向高位依次进行。以十六进制数 F3 为例，具体转化方式如图 2.8 所示。

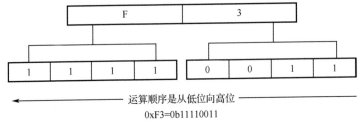

运算顺序是从低位向高位

0xF3=0b11110011

图 2.8　十六进制向二进制转化

（2）二进制转化为十六进制：转化规则是将二进制的 4 位转化成十六进制的 1 位，运算顺序是从低位向高位依次进行。以二进制数 11110011 为例，具体转化方式如图 2.9 所示。

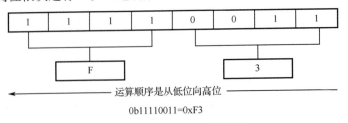

运算顺序是从低位向高位

0b11110011=0xF3

图 2.9　二进制向十六进制转化

注意：类似于二进制转化为八进制，并不是所有的二进制数的位数都是 4 的倍数。如果遇到这种情况，也需要使用 0 进行补充。以二进制数 1110011 为例，转化方式如图 2.10 所示。

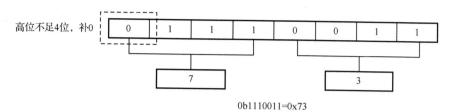

0b1110011=0x73

图 2.10 二进制向十六进制转化（补 0）

助记：为了快速进行二进制和十六进制之间的转化，需要熟记如表 2.3 所示的转化关系。

表 2.3 二进制和十六进制之间的转化关系

二 进 制	十 六 进 制
0	0x0
1	0x1
10	0x2
11	0x3
100	0x4
101	0x5
110	0x6
111	0x7
1000	0x8
1001	0x9
1010	0xA
1011	0xB
1100	0xC
1101	0xD
1110	0xE
1111	0xF

4．十进制

前面讲解的二进制、八进制及十六进制都是贴近于计算机处理的进制类型。对人类来说，十进制才是最容易使用的形式。Java 语言也支持十进制的表示方式。在 Java 语言中，每个十进制整数都由 0～9 构成。由于八进制整数由 0 开始，所以十进制整数不能由 0 开始。

【示例 2-4】下面将在代码中展示一个十进制数 13。代码如下：

```
public class test{
    public static void main(String[] args){
        System.out.printf("十进制值为%d", 13);
    }
}
```

运行结果如下：

十进制值为 13

注意：%d 是 printf 的格式符，用来显示十进制数值。

助记：d 是十进制的英文单词 decimal 的首字母，其发音为['desɪml]。

助记：为了快速进行二进制和十进制之间的转化，需要熟记如表 2.4 所示的转化关系。

表 2.4　二进制和十进制之间的转化关系

二　进　制	十　进　制
1	1
10	2
11	3
100	4
101	5
110	6
111	7
1000	8
1001	9
1010	10
1011	11
1100	12
1101	13
1110	14
1111	15

5. 书写方式

在阅读位数过多的数字时，为了方便阅读，可以使用特殊符号将其分隔。例如，书写电话号码时会使用空格分隔，如 139 **** 5613。这种方式对于计算机中的进制也不例外。当进制位数太多时，为了方便读取，使用_将其分隔，如 0b1010_0101_1011。

2.2.2　整数类型

在 Java 中表示整数后，Java 会将整数保存。由于存储方式不同，反过来又会影响整数的表示方式。Java 语言提供了整型、短整型、字节型和长整型 4 种类型用来保存整数。下面将依次讲解这几种类型。

1. 整型（int）

在 Java 语言中，整数的默认保存类型为整型。该类型占用 4 字节，如图 2.11 所示。其中，每个方格表示 1 字节。

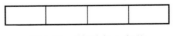

图 2.11　整型占 4 字节

助记：int 是整型的英文单词 integer 的缩写，其发音为['ɪntɪdʒə(r)]。

查看计算机中整型占用的字节数，可以执行以下代码：

```
public class test{
    public static void main(String[] args){
        System.out.printf("整型占用字节为%d",java.lang.Integer.SIZE/8);
    }
}
```

运行结果如下：

整型占用字节为 4

其中，java.lang.Integer.SIZE 获取的是位数，所以需要除以 8，才能获取字节数。

整型的范围为-2^{31}～$2^{31}-1$，即-2147483648～2147483647，如图 2.12 所示。

图 2.12　整型的范围

查看计算机中整型的范围，可以执行以下代码：

```
public class test{
    public static void main(String[] args){
        System.out.printf("int 最大值为%d\n",java.lang.Integer.MAX_VALUE);        //最大值
        System.out.printf("int 最小值为%d",java.lang.Integer.MIN_VALUE);          //最小值
    }
}
```

运行结果如下：

int 最大值为 2147483647
int 最小值为-2147483648

注意：\n 是用来实现换行的。

注意：使用整型存储整数时，这个整数不可以超出整型的范围，即-2^{31}～$2^{31}-1$，否则程序会出现错误，如以下代码：

```
public class test{
    public static void main(String[] args){
        System.out.printf("整数为%d",2147483650);
    }
}
```

由于 2147483650 超出了整型的范围，所以会输出以下错误信息：

过大的整数：2147483650

2. 短整型（short）

如果要表示的整数值比较小，仍然使用整型来表示，就会浪费空间。为了节省空间，Java 语言提供了短整型。它比整型占用的空间要小，只使用 2 字节，如图 2.13 所示。

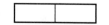

图 2.13　短整型占 2 字节

助记：short 是一个英文单词，本身意思就是短，其发音为[ʃɔ:t]。

查看计算机中短整型占用的字节数，可以执行以下代码：

```
public class test{
    public static void main(String[] args){
        System.out.printf("短整型占用字节为%d",java.lang.Short.SIZE/8);
    }
}
```

运行结果如下：

短整型占用字节为2

其中，java.lang.Short.SIZE 获取的是位数，所以需要除以 8，才能获取字节数。

短整型的范围为$-2^{15}\sim2^{15}-1$，即$-32768\sim32767$，如图 2.14 所示。

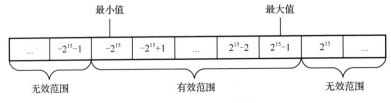

图 2.14　短整型的范围

查看计算机中短整型的范围，可以执行以下代码：

```
public class test{
    public static void main(String[] args){
        System.out.printf("short 最大值为%d\n",java.lang.Short.MAX_VALUE);     //最大值
        System.out.printf("short 最小值为%d",java.lang.Short.MIN_VALUE);       //最小值
    }
}
```

运行结果如下：

short 最大值为32767
short 最小值为-32768

注意： 使用短整型存储整数时，这个整数不可以超出短整型的范围，即$-2^{15}\sim2^{15}-1$，否则程序会出现"过大的整数"这一错误。

3. 字节型（byte）

如果要表达的整数值非常小，使用短整型仍然会造成空间浪费。这时，可以使用 Java 语言提供的字节型。它只占 1 字节，如图 2.15 所示。

图 2.15　字节型占 1 字节

助记： byte 是一个英文单词，本身意思就是字节，其发音为[baɪt]。

查看计算机中字节型占用的字节数，可以执行以下代码：

```
public class test{
    public static void main(String[] args){
        System.out.printf("字节型占用字节为%d",java.lang.Byte.SIZE/8);
    }
}
```

运行结果如下：

字节型占用字节为 1

其中，java.lang.Byte.SIZE 获取的是位数，所以需要除以 8，才能获取字节数。

字节的范围为-128～127，如图 2.16 所示。

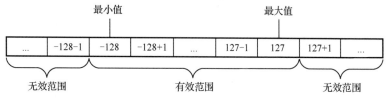

图 2.16 字节型的范围

查看计算机中字节型的范围，可以执行以下代码：

```
public class test{
    public static void main(String[] args){
        System.out.printf("byte 最大值为%d\n",java.lang.Byte.MAX_VALUE);       //最大值
        System.out.printf("byte 最小值为%d",java.lang.Byte.MIN_VALUE);         //最小值
    }
}
```

运行结果如下：

byte 最大值为 127
byte 最小值为-128

注意：使用字节型存储整数时，这个整数不可以超出字节型的范围，即-128～127，否则程序会输出"过大的整数"这一错误信息。

4. 长整型（long）

如果要表示的整数非常大，超过整型可以表示的范围，就需要使用 Java 语言提供的长整型。该类型占 8 字节，如图 2.17 所示。

图 2.17 长整型占 8 字节

助记：long 是一个英文单词，本身意思就是长，其发音为[lɒŋ]。

查看计算机中长整型占用的字节数，可以执行以下代码：

```
public class test{
    public static void main(String[] args){
        System.out.printf("长整型占用字节为%d",java.lang.Long.SIZE/8);
    }
}
```

运行结果如下：

长整型占用字节为 8

其中，java.lang.Long.SIZE 获取的是位数，所以需要除以 8，才能获取字节数。

长整型的范围为 -2^{63}～$2^{63}-1$，即-9223372036854775808～9223372036854775807，如图 2.18 所示。

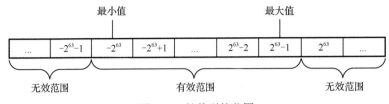

图 2.18 长整型的范围

查看计算机中长整型的范围，可以执行以下代码：

```
public class test{
    public static void main(String[] args){
        System.out.printf("long 最大值为%d\n",java.lang.Long.MAX_VALUE);        //最大值
        System.out.printf("long 最小值为%d",java.lang.Long.MIN_VALUE);          //最小值
    }
}
```

运行结果如下：

long 最大值为 9223372036854775807
long 最小值为-9223372036854775808

注意：使用长整型存储整数时，这个整数不可以超出长整型的范围，即$-2^{63}\sim2^{63}-1$，否则程序会输出"过大的整数"这一错误信息。

由于整数默认使用整型进行存储，所以要使用长整型存储整数时，必须在数字后面加 1 或 L。如果不加，很可能会导致这个值丢失，或提示错误信息，如以下代码：

```
public class test{
    public static void main(String[] args){
        System.out.printf("%d",9223372036854775807);
    }
}
```

此时会输出以下错误信息：

过大的整数：9223372036854775807

对于整型、短整型、字节型及长整型来说，它们都是用来存储整数的，只是存储的字节数和范围不同。需要对比并掌握其所占用的空间和表示的数值范围，如图 2.19 所示。

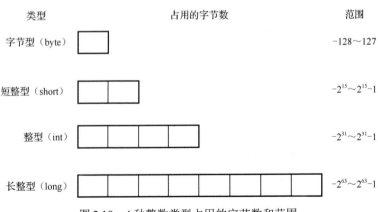

图 2.19 4 种整数类型占用的字节数和范围

2.3 小 数

除了整数，还有小数。使用小数可以表示一些更为精确的数据，如黄金分割点 0.618、圆周率 3.1415926535。在 Java 语言中，小数也可以称之为实型常量。本节将讲解 Java 小数的表示形式及小数类型。

2.3.1 表示形式

由于程序员的使用习惯不同，所以 Java 语言中小数的表示形式有两种，分别为小数表示和指数表示。下面将依次讲解这两种表示形式。

1. 小数表示

小数表示法是日常生活中比较常用的方式。例如，500 克鸡蛋 4.2 元，视力为 1.5。其中，4.2 和 1.5 都是以小数形式进行表示的。在 Java 语言中，小数表示法包含整数部分、小数点及小数部分，如图 2.20 所示。

整数部分	小数点	小数部分

图 2.20 小数表示

其中，整数部分和小数部分都是数字，小数点必须存在。

2. 指数表示

指数表示法又被称为科学计数法，它是针对数字比较大或比较小来说的（小数位比较多）。例如，0.00000000000000000002，读、写都很不方便。使用指数表示，可以免去写这么多重复的 0，将其表示为 2×10^{-20}。在计算机中，10 的幂一般用 E 或 e 表示。在 Java 语言中，指数表示法包含数字、E/e 及指数，如图 2.21 所示。

数字	E/e	指数

图 2.21 指数表示

其中，指数是一个整数，E/e 前面的数字必须存在。

注意： 在计算机中，整数和小数的存储是完全不同的。整数的值是确定的，而小数的值则是近似的。例如，对于 3.14159265358979323846264338327 这个小数来说，计算机只能"近似地"将其表示出来，而不能完全精确地表示出来，如以下代码：

```
public class test{
    public static void main(String[] args){
        System.out.printf("小数显示为%f",3.14159265358979323846264338327);
    }
}
```

运行结果如下：

小数显示为 3.141593

2.3.2　小数类型

根据对小数精确程度的要求不同，将小数类型分为两种，分别为双精度类型和浮点类型。下面将依次讲解这两种类型。

1. 双精度类型（double）

由于不能精确表示数据，所以小数默认使用相对更精确的双精度表示。双精度类型是默认类型，占 8 字节，如图 2.22 所示。

图 2.22　双精度类型占 8 字节

它的有效范围为 4.9E-324～1.7976931348623157E308，如图 2.23 所示。

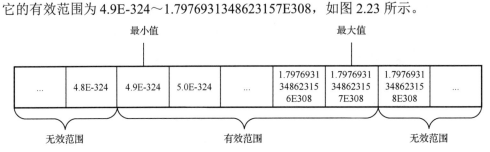

图 2.23　双精度类型的范围

注意：很多时候，在输入 1.7976931348623158E308 后，运行显示，是不会报错的，这是因为小数的不精确性导致的。

助记：double 是一个英文单词，本身意思就是双倍，其发音为[ˈdʌbl]。

注意：有时候，为了强调一个数为双精度类型，可以添加 d 或 D，如 3.14d、0.5D。

【示例 2-5】 下面将使用代码展示双精度类型的数据。代码如下：

```java
public class test{
    public static void main(String[] args){
        System.out.printf("双精度类型的小数输出为%f ",4.9E-5);
    }
}
```

运行结果如下：

双精度类型的小数输出为 0.000049

注意：%f 是 printf 的格式符，用来显示小数。

2. 浮点类型（float）

很多时候不需要特别精确的数据。例如，使用圆周率的时候，只取小数点的后两位即可。这时，就可以使用浮点类型（也被称为单精度类型）。浮点类型占 4 字节，如图 2.24 所示。

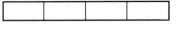

图 2.24　浮点类型占 4 字节

为了区分双精度类型和浮点类型，必须在浮点类型的数据后面添加 f 或 F，否则这个数据还是会按照双精度类型的数据进行处理。

【示例 2-6】下面将使用代码展示浮点类型的数据。代码如下：

```
public class test{
    public static void main(String[] args){
        System.out.printf("浮点类型的小数输出为%f ",0.6f);
    }
}
```

运行结果如下：

浮点类型的小数输出为 0.600000

注意：在计算机中，0.6 是无法按照二进制方式精确表示的，所以输出时会默认输出 6 位有效数字，即 0.600000。其中，小数点前的 0 和小数点不算有效位数。

浮点类型的有效范围为 1.4E-45~3.4028235E38，如图 2.25 所示。

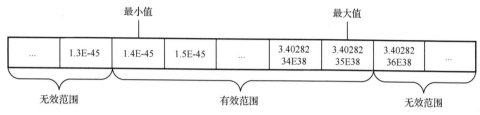

图 2.25　浮点类型的范围

助记：float 是一个英文单词，本身意思就是浮动，其发音为[fləut]。

注意：小数在存储时都会将小数点进行浮动，这样就会省去将一个小数分开保存（整数部分和小数部分）的麻烦。

由于双精度类型和浮点类型的有效范围不容易被记住，所以在使用这两个类型时，可以通过最大值和最小值来查看有效范围。其中，最大值可以使用 MAX_VALUE 获取，最小值可以使用 MIN_VALUE 获取。以下代码用来获取这两个类型的最大值和最小值：

```
public class test{
    public static void main(String[] args){
        System.out.println("Double 最大值为"+java.lang.Double.MAX_VALUE);
        System.out.println("Double 最小值为"+java.lang.Double.MIN_VALUE);
        System.out.println("Float 最大值为"+java.lang.Float.MAX_VALUE);
        System.out.println("Float 最小值为"+java.lang.Float.MIN_VALUE);
    }
}
```

运行结果如下：

Double 最大值为 1.7976931348623157E308
Double 最小值为 4.9E-324
Float 最大值为 3.4028235E38
Float 最小值为 1.4E-45

注意：在 Java 语言中，小数在运行时，会遇到无穷的情况。针对这种情况，Java 语言提供了 NEGATIVE_INFINITY、POSITIVE_INFINITY 和 NaN 3 个特殊值，本书会在后面进行介绍。

综上，双精度类型和浮点类型都是用来表示小数的，但是它们所占用的字节数和有效范围不同，如表 2.5 所示。

表 2.5　小数的类型

类　　型	占用的字节数	有　效　范　围
双精度类型（double）	8	4.9E-324～1.7976931348623157E308
浮点类型（float）	4	1.4E-45～3.4028235E38

2.4　文 本 数 据

文本用来表示除了数字以外的内容。根据文本内容多少，可将文本数据分为单个字符和多个字符两种情况。本节将讲解 Java 语言表示文本数据的方式。

2.4.1　单个字符

1．字符存储

在 Java 语言中，字符的存储类型为字符类型（char）。

助记：char 是字符的英文单词 character 的缩写，其发音为[ˈkærəktə(r)]。

计算机只能直接处理数字，不能处理文本。所以，在存储字符的时候，需要将每个字符转化为数字。在转化过程中，需要建立一套对应的转化关系。这套转化关系被称为编码。例如，常用的 8 位二进制的 ASCII 表就是一种编号。

（1）ASCII 编码：ASCII（American Standard Code for Information Interchange，美国信息交换标准代码）是基于拉丁字母的一套计算机编码系统，主要用于显示现代英语和其他西欧语言。它是现今通用的单字节编码系统，并等同于国际标准 ISO/IEC 646。表 2.6 所示的 ASCII 码值表列出了常用的 ASCII 码值。

表 2.6　ASCII 码值表

ASCII 码值	字　　符	ASCII 码值	字　　符	ASCII 码值	字　　符
48	0	68	D	81	Q
49	1	69	E	82	R
50	2	70	F	83	S
51	3	71	G	84	T
52	4	72	H	85	U
53	5	73	I	86	V
54	6	74	J	87	W
55	7	75	K	88	X
56	8	76	L	89	Y
57	9	77	M	90	Z
65	A	78	N	97	a
66	B	79	O	98	b
67	C	80	P	99	c

续表

ASCII 码值	字　符	ASCII 码值	字　符	ASCII 码值	字　符
100	d	108	l	116	t
101	e	109	m	117	u
102	f	110	n	118	v
103	g	111	o	119	w
104	h	112	p	120	x
105	i	113	q	121	y
106	j	114	r	122	z
107	k	115	s		

（2）Unicode 编码：8 位二进制的 ASCII 编码取值范围为 0～255，能够表示的字符很少。为了表示更多的字符，Java 语言的字符类型采用了 Unicode 编码。Unicode 编码（统一码、万国码、单一码）是计算机科学领域里的一项业界标准，包括字符集、编码方案等。Unicode 是为了解决传统的字符编码方案的局限而产生的，它为每种语言中的每个字符设定了统一且唯一的二进制编码，以满足跨语言、跨平台进行文本转换和处理的要求。

Unicode 编码占用 2 字节，如图 2.26 所示。由于 2 字节整数的范围为 0～65535，因此可以表示 65536 个不同字符。

2. 字符表示

（1）简单形式：在日常生活中，单个字符的使用比较少。例如，在成绩单中，A 表示优秀，B 表示良好。在 Java 语言中，单个字符被称为字符常量。很多时候数字内容表达的并不一定是数值。例如，班级编号的 2-1 中，2 表示年级，1 表示班级。由于计算机能力有限，为了避免这类信息对计算机造成困扰，所以在使用字符时，需要使用单引号引起字符，形式如图 2.27 所示。

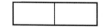

图 2.26　Unicode 编码占 2 字节　　　　图 2.27　单个字符表示形式

注意：单个字符可以是单个字母、数字、字或符号。

【示例 2-7】 下面将使用代码展示单个字符。代码如下：

```java
public class test{
    public static void main(String[] args){
        System.out.printf("字母字符显示为%c\n",'A');
        System.out.printf("数字字符显示为%c\n",'6');
        System.out.printf("字字符显示为%c\n",'好');
        System.out.printf("符号字符显示为%c",'? ');
    }
}
```

运行结果如下：

```
字母字符显示为 A
数字字符显示为 6
字字符显示为好
符号字符显示为?
```

注意：%c 是 printf 的格式符，用来显示字符。

助记：c 是字符的英文单词 character 的首字母。

（2）转义字符形式：如果想输出一个换行符，很多程序员会直接使用以下代码：

```
System.out.printf("字母字符显示为%c\n",'
');
```

使用这个代码，自己都会觉得不习惯；另外，在尝试编辑这行程序时，Java 编译器也会出现错误信息。这是因为 Java 无法分辨这个换行符是一行程序的结束还是一个字符。

为了避免类似问题的出现，Java 使用转义字符来表示换行符这类特殊的字符。在 Java 语言中，转义字符通过反斜杠 "\" 与普通字符的组合，来表示一些特殊的字符。转义字符中至少包含两个字符，第一个字符是转义符号 "\"，第二个字符是需要表示的字符，如 "\n" 就是一个转义字符。

转义字符就是将字符原来的意思转换掉。例如，"\n" 的意思被转换为换行符。Java 编译器在遇到 "\n" 这两个字符时，就会对其进行转义，把这两个字符当成一个换行符。Java 语言提供了多个转义字符，如表 2.7 所示。

表 2.7　转义字符

转 义 字 符	代表的字符	助 记
\b	退格	b 是英文单词 backspace 的首字母，译为退格
\t	制表位	t 是英文单词 tabulator 的首字母，译为制表
\n	换行符	n 是英文单词 newline 的首字母，译为新的一行
\r	回车符	r 是英文单词 return 的首字母，译为返回
\f	换页符	f 是英文单词 formfeed 的首字母，译为换页
\"	双引号（"）	—
\'	单引号（'）	—
\\	反斜杠（\）	—

【示例 2-8】 下面将使用转义字符显示一个单引号。代码如下：

```
public class test{
    public static void main(String[] args){
        System.out.printf("转义字符显示为%c\n",'\'');
    }
}
```

运行结果如下：

转义字符显示为'

由于整数和字符有严格的对应关系，所以 Java 语言提供了八进制表示和十六进制表示。下面将依次讲解这两种表示形式。

（3）八进制形式：采用八进制表示字符可以有两种形式，分别为类似转义字符的形式和直接形式。下面将依次讲解这两种形式。

使用类似转义字符的形式表示字符，需要在单引号中加入反斜杠及八进制，如图 2.28 所示。

图 2.28　采用八进制表示字符

注意：图中的八进制可以是 1～3 位。

【示例 2-9】下面将使用类似转义字符的形式表示字符。代码如下：

```java
public class test{
    public static void main(String[] args){
        System.out.printf("对应字符为%c\n",'\070');
    }
}
```

运行结果如下：

```
对应字符为8
```

直接形式，就是直接使用八进制表示字符，如 065，表示的就是字符 5。

（4）十六进制形式：采用十六进制表示字符，需要在单引号中加入反斜杠、u 及十六进制，如图 2.29 所示。

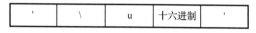

| ' | \ | u | 十六进制 | ' |

图 2.29　采用十六进制表示字符

注意：图中的十六进制必须是 4 位。

【示例 2-10】下面将使用类似转义字符的形式表示字符。代码如下：

```java
public class test{
    public static void main(String[] args){
        System.out.printf("对应字符为%c",'\u597d');
    }
}
```

运行结果如下：

```
对应字符为好
```

总结以上内容，Java 语言共支持 4 种字符表示方式，如表 2.8 所示。

表 2.8　字符表示方式

形　式	表　示　方　式	适　用　情　况
简单形式	使用单引号引起这个字符，如'a'	可以直接使用单引号引起的字符
转义字符形式	通过反斜杠"\"与普通字符的组合，来表示一些特殊的字符，如"\n"表示换行	不能直接书写的字符
八进制形式	需要在单引号中加入反斜杠及八进制，如'\070'	任意字符
十六进制形式	需要在单引号中加入反斜杠、u 及十六进制，如'\u597d'	

2.4.2　多个字符

除了单个字符外，多个字符也经常被使用，如姓名、科目等。在 Java 语言中，由多个字符组成的字符序列被称为字符串（String）。表示字符串时，需要使用双引号将多个字符引起来，如图 2.30 所示。

| " | 若干字符 | " |

图 2.30　字符串的形式

助记：String 是一个英文单词，本身意思就是字符串，其发音为[strɪŋ]。

【示例 2-11】下面将显示一个字符串。代码如下：

```java
public class test{
    public static void main(String[] args){
        System.out.printf("字符串为%s","Hello,Java!");
    }
}
```

运行结果如下：

字符串为 Hello,Java!

注意：%s 是 printf 的格式符，用来显示字符串。

助记：s 是字符串的英文单词 String 的首字母。

2.5 状态数据

生活中总会遇到二选一的情况，如是/否、对/错、开/关、上/下等。这些都是状态数据。Java 语言使用布尔类型（boolean）来存储状态数据。布尔类型的值有两个，分别为 true 和 false。它的标准是程序员指定的，如什么情况是 true，什么情况是 false。

注意：大多数语言，都会让布尔类型的值对应一些值，如 C 语言，当为 true 时，对应的就是非 0 的数字，反之对应的就是 0。在 Java 语言中，这种类型不对应任何值。

助记：boolean 是一个英文单词，其发音为[ˈbuːliən]。该词是以数学家乔治·布尔（George Boole）的名字命名的，以纪念他对符号逻辑的特殊贡献。

2.6 未知的数据

上文提供的数据都是已知数据。在编程时还会遇到大量未知的数据。这些数据往往正是要求解的目标。本节将讲解如何表示未知的数据。

2.6.1 表示方法——变量

对于未知数据，人们都会拟一个名称来指代。在 Java 语言中也一样，对于未知数据需要拟一个名称，这样才能方便地进行描述和指代。这个名称统称为变量。

注意：变量只是一个名称，所以不能用来存储数据，只能用来描述和指代。

2.6.2 命名方式

"老师"就是一个统称。具体称呼某位老师时，需要给出明确的名称，如张老师。在 Java 语言中也一样，变量是一个统称，具体到某个内容时，还需要进行命名，给出一个具体的名称，这样才可以更好地发挥指代作用。在 Java 语言中，每个名称都称为标识符。创建标识符需要遵循特定的规范。本小节将讲解标识符的命名方式。

1. 命名规范

如同人们生活在这个世界中，每个人的姓名都有相应的规则。在 Java 语言中，对任何数据的命名也有自身的规则，即标识符命名规范，如图 2.31 所示。

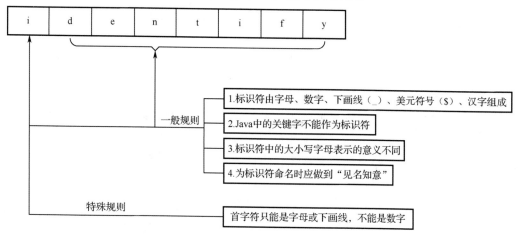

图 2.31 标识符命名规范

【示例 2-12】如图 2.32 所示为一些常见的非法标识符。

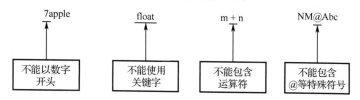

图 2.32 非法标识符

2. 关键字

在标识符命名规范中有明确规定，关键字不能作为标识符。那么什么是关键字呢？关键字又被称为保留字，是 Java 语言自身定义的具有特殊含义和用途的标识符，是保留给 Java 编译器识别用的。Java 关键字有 50 个，如表 2.9 所示。

表 2.9 Java 关键字

序号	关键字	序号	关键字	序号	关键字	序号	关键字	序号	关键字
1	abstract	11	continue	21	for	31	new	41	switch
2	assert	12	default	22	goto	32	package	42	synchronized
3	boolean	13	do	23	if	33	private	43	this
4	break	14	double	24	implements	34	protected	44	throw
5	byte	15	else	25	import	35	public	45	throws
6	case	16	enum	26	instanceof	36	return	46	transient
7	catch	17	extends	27	int	37	short	47	try
8	char	18	final	28	interface	38	static	48	void
9	class	19	finally	29	long	39	strictfp	49	volatile
10	const	20	float	30	native	40	super	50	while

3. 命名建议

命名的标识符要有意义，即"见名知意"，如 teacher、car 等；命名的标识符需要避免歧义，例如，使用汉语拼音作为标识符的 yiyi，既可以理解为"意义"，也可以理解为"异议"，有歧义。

4. 通用命名规范

在命名标识符时，有些程序员喜欢全部用小写字母，有些程序员喜欢用下画线，所以如果要写一个 my name 的标识符，其常用的写法会有 myname 和 my_name。为了增强程序的可读性，应统一命名风格。常见的命名规范有两种，分别为驼峰法和匈牙利法。下面是对这两种方法的介绍。

（1）驼峰法：程序员常用的命名法。当标识符是一个或多个单词时，可以将第一个单词的首字母大写或小写，其他单词的首字母大写。根据第一个单词是否大写，驼峰法可分为大驼峰和小驼峰。

大驼峰是将第一个单词的首字母大写，如 DataBaseUser，常用于类名、命名空间等。

小驼峰正好和大驼峰相反，是将第一个单词的首字母小写，如 myStudentCount，常用于对变量的命名。

（2）匈牙利法：由查尔斯·西蒙尼（Charles Simonyi）发明，也是程序员常用的命名法，一般由一个字符和一个或多个单词组成，这个字符是数据类型的首字母，形式如图 2.33 所示。

图 2.33　匈牙利法

2.6.3　声明变量

为指定的数据确定好名称后，还需要让计算机知道。声明变量就是告诉计算机，用一个名称表示一个数据。声明变量的语法形式如图 2.34 所示。

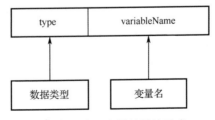

图 2.34　声明变量的语法形式

其中，type 表示数据类型，说明未知数据的形式，决定数据的存储方式，可能的值的范围。表 2.10 总结了在变量中所使用的数据类型。variableName 表示变量名，这里的变量名就是标识符。标识符在不同的地方，叫法也是不同的，如在变量中叫变量名。

表2.10　数据类型

数 据 类 型	存 储 方 式	取 值 范 围
整型（int）	保存整数	$-2^{31} \sim 2^{31}-1$
短整型（short）		$-2^{15} \sim 2^{15}-1$
字节型（byte）		$-128 \sim 127$
长整型（long）		$-2^{63} \sim 2^{63}-1$
双精度类型（double）	保存小数	4.9E-324～1.7976931348623157E308
浮点类型（float）		1.4E-45~3.4028235E38
字符类型（char）	保存字符	—
字符串类型（String）		—

【示例2-13】下面将声明一个整型变量。代码如下：

```
int age;
```

如果声明多个同类型的变量，可以一起声明，不用单个声明，如图2.35所示。

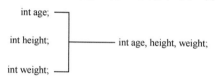

图2.35　多变量声明

2.7　小　结

通过对本章的学习，读者需要知道以下内容。

❑ 数据有3种形式，分别为直观形式、非直观形式及"不存在"的数据形式。

❑ 一般可以使用3种方式寻找数据，分别为显而易见的数据、隐藏的数据及"不存在"的数据。

❑ 数据的分类标准包括数据的值是否已知和数据的值的类型这两类。

❑ 常见的数值进制可以分为二进制、八进制、十六进制及十进制。

❑ Java语言提供4种类型用来保存整数，分别为整型、短整型、字节型和长整型。

❑ 小数类型分为两种，分别为双精度类型和浮点类型。

❑ 字符的存储类型为字符类型（char）。

❑ 由多个字符组成的字符序列被称为字符串（String）。

❑ Java语言使用布尔类型（boolean）来存储状态数据。布尔类型的值有两个，分别为true和false。

❑ 变量其实是给未知数据起的名称。

❑ 在声明变量时需要有数据类型和变量名。

2.8 习　　题

一、填空题

1．0b110001 转化为八进制是_____，025 转化为二进制是_____。

2．0b11000101 转化为十六进制是_____，0x5F 转化为二进制是_____。

3．整型占_____字节。

4．短整型占_____字节。

5．B 对应的 ASCII 码值为_____，b 对应的 ASCII 码值为_____。

6．计算机默认的计数方式是_____。

7．八进制是将_____位二进制合并转化为 1 位。每个八进制数的前缀是_____，后面的每位只能是 0～_____。

8．十六进制是将_____位二进制合并为 1 位。每个十六进制数的前缀是_____或_____，后面的每位为数字_____或字母_____。

9．用来显示字符串的 printf 的格式符是_____。

10．在 Java 语言中，字符的存储类型为_____。

11．用来显示十六进制数值的 printf 的格式符是_____。如果想为十六进制数输出前缀，可在%后面添加_____标记。

12．在 Java 语言中，转义字符通过_____与_____的组合，来表示一些特殊的字符。

13．指数表示法又被称为_____。

14．在 Java 语言中，小数在运行时，会遇到无穷的情况。针对这种情况，Java 语言提供了_____、_____和 NaN 3 个特殊值。

二、选择题

1．下列（　　）是二进制。
    A．013　　　　　　B．0b101F　　　　　C．0b102　　　　　D．101

2．下列（　　）是八进制。
    A．013　　　　　　B．0b101　　　　　C．0AF　　　　　D．0x3

3．下列（　　）是十六进制。
    A．013　　　　　　B．0b101　　　　　C．0AF　　　　　D．0x2F

4．下列（　　）是十进制。
    A．13　　　　　　B．0b101　　　　　C．0AF　　　　　D．0x2F

5．将 0b10101 转化为十进制之后是（　　）。
    A．8　　　　　　B．17　　　　　　C．9　　　　　　D．21

6．将十进制 17 转化为二进制之后是（　　）。
    A．0b1000　　　　B．0b10001　　　　C．0b1001　　　　D．0b11001

7．下列（　　）不在整型的范围内。
    A．0　　　　　　B．−122222　　　　C．−2147483649　　D．2147483647

8．下列（　　）不在短整型的范围内。
    A．0　　　　　　B．−122222　　　　C．−28　　　　　D．22556

9．如果在计算机中输入年龄，合适的存储类型为（　　）。
    A．整型　　　　　B．短整型　　　　　C．长整型　　　　　D．字节型

10．下列（　　）不在字节型的范围内。

    A．0　　　　　　　　B．-500　　　　　　　C．100　　　　　　　D．20

11．下列（　　）不在长整型的范围内。

    A．0　　　　　　　　　　　　　　　　B．9223372036854775807

    C．9223372036854775810　　　　　　D．20

12．下列（　　）不是以小数表示法表示的小数。

    A．123.　　　　　　B．12456　　　　　　C．3.14　　　　　　D．314

13．下列（　　）不是使用指数表示法表示的小数。

    A．2E-3　　　　　　B．E-3　　　　　　　C．0.0005E3　　　　D．-2E-3

14．下列（　　）不在双精度类型的范围内。

    A．0.000000001　　B．4.9E-324　　　　C．4.9E-325　　　　D．4.9E-323

15．下列（　　）不在浮点类型的范围内。

    A．0.000000001f　　　　　　　　　　B．1.4E-46f

    C．1.5E-45f　　　　　　　　　　　　D．3.4028235E38f

16．下列（　　）是在代码中表示的字符。

    A．a　　　　　　　　B．'A'　　　　　　　C．'ABCD'　　　　D．'A

17．'\072'对应的字符是（　　）。

    A．a　　　　　　　　B．?　　　　　　　　C．:　　　　　　　D．!

18．下列（　　）是正确的标识符。

    A．6jhum32　　　　　B．m*n　　　　　　　C．m$n　　　　　　D．int

19．下列（　　）不是转义字符。

    A．\b　　　　　　　　B．\\　　　　　　　C．\r　　　　　　　D．\\'

三、简答题

1．简述将八进制转化为二进制的规则。

2．简述将二进制转化为八进制的规则。

3．什么是大驼峰和小驼峰？

4．什么是关键字？

5．什么是 ASCII？

6．Java 语言支持哪 4 种字符表示方式？

四、编程题

1．以下变量声明代码还可以怎么写？

```
int peopleNumber;
int step;
float leftEyeVision;
int age;
float rightEyeVision;
```

2．使用转义字符输出以下内容：

```
H
    H
        H
```

第 3 章　基本数据处理

数据处理是程序的核心价值。针对不同的数据形式，Java 语言提供了不同的数据处理功能。其中，基本数据处理泛指使用运算符对数据进行简单的运算，如对数值进行加、减、乘、除。本章将详细讲解如何进行数据运算。

3.1　如何进行数据运算

在 Java 语言中，任何东西都有其对应的规范，如数据的表示和存储。Java 语言规定，参与运算的数据必须确实存在，然后按照特定的语法进行书写，最后由计算机进行处理。本节将详细讲解这个运算过程。

3.1.1　指定变量值

变量用来表示未知或变化的数据。声明变量只是告诉计算机使用某个变量名表示一个数据。如果要使用该变量，还需要将变量名和对应的数据进行关联，即为变量指定值。在 Java 语言中，为变量指定值有两种方式，分别为外部输入值和代码赋值。下面将依次讲解这两种方式。

1. 外部输入值

外部输入值是一种动态地指定值的方式。例如，程序运行时，可以通过键盘输入某个值，将该值指定给变量。此功能需要使用 Scanner 类。根据获取的数值类型不同，使用的方法也不同，如表 3.1 所示。

表 3.1　获取数值的方法

方　　法	功　　能
nextInt()	接收输入的整型数值，并返回
nextShort()	接收输入的短整型数值，并返回
nextByte()	接收输入的字节型数值，并返回
nextLong()	接收输入的长整型数值，并返回
nextDouble()	接收输入的双精度类型小数，并返回
nextFloat()	接收输入的浮点类型小数，并返回
nextLine()	接收输入的字符串，并返回

注意： 这种输入值的方式一般适用于具体值未知的情况。例如，公司将有一个新员工入职，暂时不知道他的名字。那么，可以声明一个变量 name，然后使用输入值的方式指定值。

【示例 3-1】下面将通过输入值的方式为变量 name 指定值。代码如下：

```
import java.util.Scanner;
public class test{
    public static void main(String[] args){
        Scanner scanner=new Scanner(System.in);
        System.out.println("输入一个名字");
        String name=scanner.nextLine();
        System.out.printf("变量的值为%s",name);
    }
}
```

运行程序，会看到如图 3.1 所示的结果。在"输入"文本框中输入字符串 Tom，按回车键后，首先会返回输入的字符串，然后输出程序指定的内容，最后的结果如图 3.2 所示。

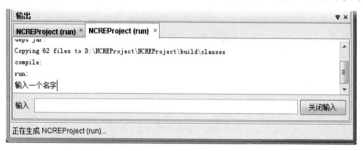

图 3.1　运行结果（输入值前）

图 3.2　运行结果（输入值后）

2. 代码赋值

在 Java 语言中，除了可以外部输入值以外，还可以通过代码直接指定一个值，这种方式就是赋值。在赋值时，为变量赋的这个数值是固定值，需要使用赋值运算符（=）。赋值的基本形式如下：

```
变量=值
```

【示例 3-2】下面将通过赋值的方式为变量 age 指定值。代码如下：

```
public class test{
    public static void main(String[] args){
        int age;
        age=18;
        System.out.printf("变量的值为%d",age);
    }
}
```

运行结果如下：

```
变量的值为 18
```

变量的声明和赋值可以合并在一起，如以下代码：

```
int age;
age=18;
```

可以改为以下代码：

```
int age=18;
```

3. 操作数

在代码 age=18 中，age 和 18 都被称为操作数。等号（=）是 Java 语言中的一个运算符。根据运算符的特性，操作数可以有一个或多个。根据操作数个数的不同，运算符分为一元运算符（单目运算符）、二元运算符（双目运算符）和三元运算符（三目运算符）。它们的详细说明如表 3.2 所示。

表 3.2　运算符说明

运算符类型	说　　明
一元运算符	对 1 个操作数进行操作。一元运算符分为一元前缀运算符和一元后缀运算符。其中，一元前缀运算符出现在操作数的前面（如-b），一元后缀运算符出现在操作数的后面（如 b--）
二元运算符	对 2 个操作数进行操作，并且是中缀（在两个操作数之间）
三元运算符	对 3 个操作数进行操作

注意：指定元或目就是指定操作数的个数。

4. 连续赋值

在赋值时，如果两个或多个变量的值都是相同的值，可以一起进行赋值。代码如下：

```
public class test{
    public static void main(String[] args){
        int a,b,c;
        a=b=c=10;
        System.out.printf("a 变量的值为%d\n",a);
        System.out.printf("b 变量的值为%d\n",b);
        System.out.printf("c 变量的值为%d",c);
    }
}
```

运行结果如下：

```
a 变量的值为 10
b 变量的值为 10
c 变量的值为 10
```

5. 为常量指定值

在 Java 中还有一种特殊的变量，被称为常量，也可以称为 final 变量。常量需要使用 final 关键字进行声明，其语法形式如下：

```
final 数据类型 常量名;
```

为常量指定值也可以有两种方式，分别为外部输入值和代码赋值。外部输入值和代码赋值都和上文中提到的使用方式一样。

【示例 3-3】下面将常量 age 赋值为 13，使用代码赋值。代码如下：

```
public class test{
    public static void main(String[] args){
        final int age=13;
        System.out.printf("age 为%d",age);
    }
}
```

运行结果如下：

age 为 13

注意：常量在整个程序运行过程中只能被赋值一次，否则会出现错误，如以下代码：

```
public class test{
    public static void main(String[] args){
        final int age=13;
        age=15;
        System.out.printf("age 为%d",age);
    }
}
```

在此代码中，为常量进行了两次赋值，所以会输出以下错误信息：

无法为最终变量 age 指定值

3.1.2　表达式

在代码 age=18 中，两个操作数（age 和 18）与等号（=）构成一个表达式。由于它使用了赋值运算符（=），所以被称为赋值表达式。在 Java 语言中，只要是数据与运算符组成的合法序列都被称为表达式。

1.　最简单的表达式

在 Java 语言中，最简单的表达式就是常量和变量。

注意：如果在不指定值的情况下，把一个变量当成表达式来使用，会输出以下错误信息：

可能尚未初始化变量 age

2.　表达式的值

表达式的值就是进行表达式运算后的值。虽然很多时候，表达式的值和操作数的值刚好相等，但不要把操作数的值作为表达式的值。例如，赋值表达式的值就是赋值操作数的值。该值和左右两侧操作数的值相同，但意义不同，如以下代码：

```
public class test{
    public static void main(String[] args){
        int step;
        System.out.printf("表达式的值为%d", step=1000);
    }
}
```

运行结果如下：

表达式的值为 1000

3. 表达式的类型

表达式的类型就是进行运算后值的类型。表达式的类型会影响到最终结果中值的存储。

3.1.3　多个表达式

在 Java 语言中，逗号运算符（,）可以用来对多个表达式进行分隔，如当同类型的多个变量同时进行声明和赋值时。其语法形式如下：

> 表达式 1,表达式 2,表达式 3

其中，每个表达式都是独立的，即"表达式 1""表达式 2""表达式 3"都是独立的，它们会依次执行。

3.2　数 值 处 理

现实生活中，人们经常接触数值处理问题。例如，500 克土豆 1.5 元，5 千克土豆应付多少钱。Java 语言支持各种数值处理方式，如算术运算、增量/减量运算等。本节将讲解各种数值处理操作。

3.2.1　算术运算

算术运算是基本的数值处理方式，如加法、减法、乘法、除法。为了完成这类运算，Java语言提供了加法、减法、乘法、除法、取余 5 种运算符。它们被统称为算术运算符。其名称及功能如表 3.3 所示。

表 3.3　算术运算符的名称及功能

运 算 符	名 称	功 能
+	加法运算符	两个数相加
−	减法运算符	两个数相减
*	乘法运算符	两个数相乘
/	除法运算符	两个数相除
%	取余运算符	求余数

1. 算术运算表达式

使用算术运算符连接起来的表达式称为算术运算表达式。其语法形式如下：

> 操作数 算数运算符 操作数

所有的算术运算表达式都需要两个操作数。因此，其中的"算术运算符"是二元运算符（双目运算符）。如果"操作数"是小数，表达式的类型为双精度类型；如果是整数，则对应的是整数类型。

2. 加、减、乘法运算

在 Java 语言中，数值可以分为整数和小数。其整数的加、减、乘法运算和日常生活中的运算方式是一样的。

【**示例 3-4**】下面将使用算术运算符+、−、*分别获取两个数的和、差、积。代码如下：

```java
public class test{
    public static void main(String[] args){
        System.out.printf("10 + 2 = %d\n",10 + 2);
        System.out.printf("10 − 2 = %d\n",10 − 2);
        System.out.printf("10 * 2 = %d\n",10 * 2);
    }
}
```

运行结果如下：

```
10 + 2 = 12
10 − 2 = 8
10 * 2 = 20
```

其小数的加、减、乘法运算和日常生活中的运算方式也是一样的。

在进行运算时，需要注意数值范围，尤其是乘法运算。一旦超出范围后，得到的结果就不是预期的结果了，如以下代码：

```java
public class test{
    public static void main(String[] args){
        System.out.printf("500000 * 500000 = %d\n",500000 * 500000);
    }
}
```

运行结果如下：

```
500000 * 500000 = 891896832
```

在此代码中，两个整型数值相乘得到的结果超出了整型的范围。此时，将会得到一个错误的结果。

3. 除法运算

在除法运算中，如果操作数是整数，将按照数学中的整除方式进行运算。

【**示例 3-5**】下面将计算 50 除以 6。代码如下：

```java
public class test{
    public static void main(String[] args){
        System.out.printf("50 / 6 = %d\n",50 / 6);
    }
}
```

运行结果如下：

```
50 / 6 = 8
```

由于整数除法是整除运算，所以要获取小数，必须把整数写为小数。

在 Java 语言中，小数的除法运算和日常生活中的除法运算方式是一样的。

【**示例 3-6**】下面将计算 50.0/6.0。代码如下：

```java
public class test{
    public static void main(String[] args){
        System.out.printf("50.0 / 6.0 = %f\n",50.0 / 6.0);
    }
}
```

运行结果如下：

```
50.0 / 6.0 = 8.333333
```

进行小数运算后，输出时会涉及精度问题。这时，程序员可以根据需求，对输出的小数点后的精确位数进行指定。这时，需要使用 printf() 中的 %f 占位符。在这个占位符中，可以指定输出小数总的位数及小数点后的精确位数。如果位数不够，将使用空格表示，形式如图 3.3 所示。

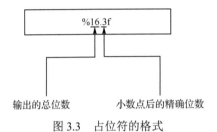

图 3.3　占位符的格式

注意： 程序员可以只指定输出的总位数，也可以只指定小数点后的精确位数。

【**示例 3-7**】下面将进行除法运算，数值总的输出位数为 4，小数点后为 2 位。代码如下：

```java
public class test{
    public static void main(String[] args){
        System.out.printf("10.0 / 3.3 = %4.2f ",10.0 / 3.3);
    }
}
```

运行结果如下：

```
10.0 / 3.3 = 3.03
```

在数学运算中，除数不能为 0。但是在 Java 语言中，除数可以是 0。针对这种情况，Java 语言提供了 3 个特殊值，分别为 NEGATIVE_INFINITY、POSITIVE_INFINITY 和 NaN，如表 3.4 所示。

表 3.4　特殊值

值	介　　绍
NEGATIVE_INFINITY	正无穷大，正数除以 0
POSITIVE_INFINITY	负无穷大，负数除以 0
NaN	非值，0.0 除以 0

【**示例 3-8**】下面将分别使用 10.2、-10.2 和 0.0 除以 0。代码如下：

```java
public class test{
    public static void main(String[] args){
        System.out.printf("10.2/0 = %f\n",10.2/0);
        System.out.printf("-10.2/0 = %f\n",-10.2/0);
        System.out.printf("0.0/0 = %f ",0.0/0);
    }
}
```

运行结果如下：

```
10.2/0 = Infinity
-10.2/0 = -Infinity
0.0/0 = NaN
```

注意： 在表 3.4 中显示的是书写时的值，而示例 3-8 的运行结果是输出的值。它们的对应关系如下：NEGATIVE_INFINITY 对应 Infinity；POSITIVE_INFINITY 对应 -Infinity；NaN 对应 NaN。

4. 取余运算

取余运算用来计算两个数值在整除过程中的余数。Java 语言使用取余运算符（%）实现取余运算。当两个操作数是正整数时，取余运算和日常生活中的运算方式是一样的。

【示例 3-9】 下面将计算两个数整除后的余数。代码如下：

```
public class test{
    public static void main(String[] args){
        System.out.printf("17 %% 5 = %d",17 % 5);
    }
}
```

运行结果如下：

```
17 % 5 = 2
```

注意：在此代码的输出字符串中，使用两个%来表示一个取余运算符。这是因为如果是一个%的话，计算机会当成输出格式处理，所以会输出以下错误信息：

```
Exception in thread "main" java.util.UnknownFormatConversionException: Conversion = ' '
    at java.util.Formatter.checkText(Formatter.java:2502)
    at java.util.Formatter.parse(Formatter.java:2466)
    at java.util.Formatter.format(Formatter.java:2413)
    at java.io.PrintStream.format(PrintStream.java:920)
    at java.io.PrintStream.printf(PrintStream.java:821)
    at test.main(test.java:4)
```

如果操作数存在负数，Java 语言会首先按照正值计算余数，然后将第一个操作数的符号添加给余数。

【示例 3-10】 下面将实现负数的取余操作。代码如下：

```
public class test{
    public static void main(String[] args){
        System.out.printf("10 %% -6 = %d\n",10 % -6);
        System.out.printf("-10 %% 6 = %d\n",-10 % 6);
        System.out.printf("-10 %% -6 = %d",-10 % -6);
    }
}
```

运行结果如下：

```
10 % -6 = 4
-10 % 6 = -4
-10 % -6 = -4
```

在 Java 语言中，不仅可以对整数进行取余，还可以对小数进行取余。当两个操作数是小数时，取余运算后的结果也是小数。

【示例 3-11】 下面将实现 3.7 被 1.2 取余。代码如下：

```
public class test{
    public static void main(String[] args){
        System.out.printf("3.7 %% 1.2 = %.2f\n",3.7 % 1.2);
    }
}
```

运行结果如下：

3.7 % 1.2 = 0.10

小数的正/负号问题，和整数的正/负号是一样的。

3.2.2 扩展赋值运算

在算术运算中，经常需要对一个变量的值进行某个运算，然后重新赋值给该变量，如以下代码：

x=x+3

对于这类数据处理，Java 语言提供了扩展赋值运算符，可以对算术运算和赋值运算进行整合。与算术运算符对应的扩展赋值运算符有 5 个，如表 3.5 所示。

表 3.5　扩展赋值运算符

运 算 符	名 称	用 法	说 明	等 效 形 式
+=	加法赋值运算符	a+=b	a+b 的值放在 a 中	a=a+b
-=	减法赋值运算符	a-=b	a-b 的值放在 a 中	a=a-b
*=	乘法赋值运算符	a*=b	a*b 的值放在 a 中	a=a*b
/=	除法赋值运算符	a/=b	a/b 的值放在 a 中	a=a/b
%=	取余赋值运算符	a%=b	a%b 的值放在 a 中	a=a%b

【示例 3-12】下面将使用扩展赋值运算符实现运算。代码如下：

```java
public class test{
    public static void main(String[] args){
        int a,b,c,d,e;
        a=b=c=d=e=10;
        System.out.printf("a += 3  为%d\n",a += 3);
        System.out.printf("b -= 3  为%d\n",b -= 3);
        System.out.printf("c *= 3  为%d\n",c *= 3);
        System.out.printf("d /= 3  为%d\n",d /= 3);
        System.out.printf("e %%= 3  为%d",e %= 3);
    }
}
```

运行结果如下：

a += 3 为 13
b -= 3 为 7
c *= 3 为 30
d /= 3 为 3
e %= 3 为 1

3.2.3 增量/减量运算

在编程中，常常会遇到加 1 或减 1 的情况，这时很多程序员会使用以下代码。

a=a+1;
b=a

或者使用简化形式：

```
a+=1;
b=a
```

为了简化这种操作，Java 语言提供了增量/减量运算符。增量/减量运算符有两个，分别为 ++和--。这两个运算符的操作数必须是变量，并且适用于整数和小数类型。下面将详细讲解这两个运算符。

1. 增量运算符

增量运算符的作用是对操作数加 1。使用增量运算符构建的表达式被称为增量运算表达式。根据增量运算符在表达式中位置的不同，增量运算表达式又分为前缀增量表达式和后缀增量表达式。下面将详细介绍这两个表达式。

（1）前缀增量表达式的语法形式如下：

```
++操作数
```

注意：在前缀增量表达式中，++被称为前缀增量运算符。

在运算时，先对操作数进行加 1 运算，运算后的结果作为该表达式的结果。表达式类型和操作数类型一致。

（2）后缀增量表达式的语法形式如下：

```
操作数++
```

注意：在后缀增量表达式中，++被称为后缀增量运算符。

在运算时，会先获取操作数的值，将该值作为表达式的结果，然后对操作数进行加 1 运算。表达式类型和操作数类型一致。

【示例 3-13】下面将使用增量运算符实现运算。代码如下：

```java
public class test{
    public static void main(String[] args){
        int i=0;
        System.out.printf("i++为%d\n",i++);
        System.out.printf("i 为%d\n",i);
        System.out.printf("++i 为%d\n",++i);
        System.out.printf("i 为%d",i);
    }
}
```

运行结果如下：

```
i++为 0
i 为 1
++i 为 2
i 为 2
```

2. 减量运算符

减量运算符的作用是对操作数减 1。使用减量运算符构建的表达式被称为减量运算表达式。根据减量运算符在表达式中位置的不同，减量运算表达式又分为前缀减量表达式和后缀减量表达式。下面将详细介绍这两个表达式。

（1）前缀减量表达式的语法形式如下：

```
--操作数
```

注意：在前缀减量表达式中，--被称为前缀减量运算符。

在运算时，先对操作数进行减 1 运算，运算后的结果作为该表达式的结果。表达式类型和操作数类型一致。

（2）后缀减量表达式的语法形式如下：

操作数--

注意：在后缀减量表达式中，--被称为后缀减量运算符。

在运算时，会先获取操作数的值，将该值作为表达式的结果，然后对操作数进行减 1 运算。表达式类型和操作数类型一致。

【示例 3-14】下面将使用减量运算符实现运算。代码如下：

```java
public class test{
    public static void main(String[] args){
        int i=5;
        System.out.printf("i--为%d\n",i--);
        System.out.printf("i 为%d\n",i);
        System.out.printf("--i 为%d\n",--i);
        System.out.printf("i 为%d",i);
    }
}
```

运行结果如下：

```
i--为 5
i 为 4
--i 为 3
i 为 3
```

注意：--出现在左边与出现在右边的结果是不一样的：出现在左边时，先递减后赋值；出现在右边时，先赋值后递减。

注意：在增量/减量表达式中，可以看到增量/减量运算符使用了一个操作数，因此增量/减量运算符是一元运算符（单目运算符）。

在使用增量/减量运算符时，应避免在一个表达式中出现同一变量两次或多次进行该类运算，如以下代码：

```java
public class test{
    public static void main(String[] args){
        int a=0;
        System.out.printf("结果为%d",a++a++);
    }
}
```

运行程序，会输出错误信息，如图 3.4 所示。

图 3.4　错误信息

3.2.4　正/负运算

根据正负，数值分为正数和负数。正/负运算可以修改数值的正负属性。Java 语言提供了正/负运算符+和−。使用正/负运算符构建的表达式被称为正/负运算表达式，其形式如图 3.5 所示。

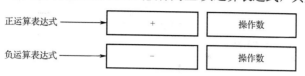

图 3.5　正/负运算表达式的形式

正/负运算表达式只使用一个操作数。因此，正/负运算符都是一元运算符（单目运算符）。

【示例 3-15】下面将实现正/负运算。代码如下：

```
public class test{
    public static void main(String[] args){
        System.out.printf("正 5 使用负运算符：%d\n",− 5);
        System.out.printf("负 5 使用负运算符：%d\n", −−5);
        System.out.printf("正 5 使用正运算符：%d\n", + 5);
        System.out.printf("负 5 使用正运算符：%d\n", +−5);
    }
}
```

运行结果如下：

```
正 5 使用负运算符：−5
负 5 使用负运算符：5
正 5 使用正运算符：5
负 5 使用正运算符：−5
```

3.2.5　数据类型转换

在算术运算和扩展赋值运算中，每个运算符都使用了两个操作数。讲解的时候，都是使用相同数据类型的数值进行讲解的。如果两个操作数的数据类型不同，就需要对操作数进行类型转换，之后才能运算。根据转换方式的不同，数据类型转换分为自动转换和手动转换两种。下面依次讲解这两种方式。

1. 自动转换

自动转换是 Java 语言直接支持的转换方式。对于支持自动转换的数据类型，Java 语言会按照特定的规则直接进行转换，然后进行运算。要实现自动转换，必须满足以下两个条件：转换前的数据类型与转换后的数据类型兼容；转换后的数据类型的取值范围比转换前的数据类型的取值范围大。

不同数据类型的常见转换如表 3.6 所示。

表 3.6　数据类型转换

低　精　度	高　精　度
byte	short、int、long、float、double
short	int、long、float、double

续表

低 精 度	高 精 度
char	int、long、float、double
int	long、float、double
float	double

直观的自动转换方向图如图 3.6 所示。

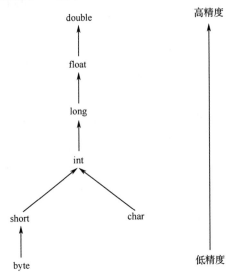

图 3.6　自动转换方向图

注意：对于直接出现在程序中的整数字面量，Java 会按照 int 类型进行处理；对于小数字面量，Java 会按照 double 类型进行处理。

【**示例 3-16**】下面将实现自动转换。代码如下：

```java
public class test{
    public static void main(String[] args){
        System.out.printf("0.5 * 0.5f = %f\n",0.5 * 0.5f);
        System.out.printf("0.8 * 10 = %f\n",0.8 * 10);
        System.out.printf("5 + a = %d\n",5 + 'a');
        System.out.printf("0.8 + a = %f ",0.8 + 'a');
    }
}
```

运行结果如下：

```
0.5 * 0.5f = 0.250000
0.8 * 10 = 8.000000
5 + a = 102
0.8 + a = 97.800000
```

2. 手动转换

如果 Java 的自动转换规则不满足特定需要，就需要手动转换，即指定数值转换后的类型，如将一个高精度的类型转换为一个低精度的类型。手动转换又被称为强制类型转换，其转换形式如图 3.7 所示。

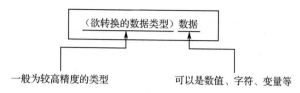

图 3.7 手动转换形式

【示例 3-17】下面将实现手动转换。代码如下：

```
public class test{
    public static void main(String[] args){
        System.out.printf("字符 A 在计算机中存储为%d\n",(int)'A');
        System.out.printf("10.8 + 5 = %d",(int)10.8+5);
    }
}
```

运行结果如下：

```
字符 A 在计算机中存储为 65
10.8 + 5 = 15
```

3.2.6　运算顺序

由一个运算符和对应的操作数构成的表达式是简单表达式。多个运算符和相应的操作数可以构成复杂表达式。计算这类表达式时，需要考虑运算符的优先级和结合性。下面将详细讲解这两个问题。

1. 优先级

优先级是指在同一个表达式中多个运算符的运算先后顺序。例如，在四则运算中，先进行乘法、除法运算，然后进行加法、减法运算。在 Java 语言中，表达式也会按优先级进行运算。

（1）Java 语言的加、减、乘、除、取余运算符的优先级如图 3.8 所示。

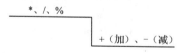

图 3.8　算术运算符的优先级

【示例 3-18】下面将计算 10+2*9。代码如下：

```
public class test{
    public static void main(String[] args){
        System.out.printf("10+2*9 = %d",10+2*9);
    }
}
```

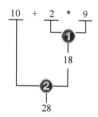

图 3.9　运算顺序

10+2*9 进行运算的顺序如图 3.9 所示。

运行结果如下：

```
10+2*9 = 28
```

（2）增量/减量运算符和正/负运算符的优先级高于乘、除、取余运算符的优先级，且前已述及，加、减运算符的优先级低于乘、除、取余运算符的优先级，如图 3.10 所示。

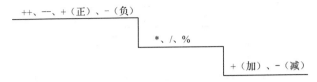

图 3.10　运算符的优先级

（3）如果需要修改运算顺序，可以为对应的部分添加括号()，如以下代码：

```
public class test{
    public static void main(String[] args){
        System.out.printf("(10+2)*9 = %d",(10+2)*9);
    }
}
```

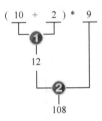

图 3.11　运算顺序

(10+2)*9 进行运算的顺序如图 3.11 所示。

运行结果如下：

```
(10+2)*9 = 108
```

2. 结合性

结合性是指多个同级运算符组成表达式的先后顺序。在 Java 语言中，结合性有两种，分别为左结合和右结合。左结合就是从左向右组成表达式，执行计算，如算术运算符就是左结合；右结合就是从右向左组成表达式，执行计算，如增量/减量运算符、正/负运算符和扩展赋值运算符就是右结合。

【示例 3-19】下面将计算 a+=b+=c+=5。代码如下：

```
public class test{
    public static void main(String[] args){
        int a=0,b=0,c=0;
        a+=b+=c+=5;
        System.out.printf("a 的值为%d", a);
    }
}
```

a+=b+=c+=5 进行运算的顺序如图 3.12 所示。

运行结果如下：

```
a 的值为 5
```

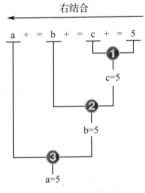

图 3.12　运算顺序

3.2.7　数值比较运算

数值比较用来判断数值之间的关系，如等于、不等于、大于、小于等。在 Java 中，使用数值比较运算符对数值进行比较。数值比较运算符有 6 个，如表 3.7 所示。

表 3.7　数值比较运算符

运　算　符	名　　称	功　　能
<	小于	若 a<b，结果为 true，否则为 false
<=	小于等于	若 a<=b，结果为 true，否则为 false
>	大于	若 a>b，结果为 true，否则为 false

运 算 符	名 称	功 能
>=	大于等于	若 a>=b，结果为 true，否则为 false
==	等于	若 a==b，结果为 true，否则为 false
!=	不等于	若 a!=b，结果为 true，否则为 false

使用数值比较运算符构建的表达式被称为数值比较运算表达式，又称为关系表达式。其语法形式如下：

操作数 数值比较运算符 操作数

数值比较运算表达式需要两个操作数。因此，其中的"数值比较运算符"是二元运算符（双目运算符）。数值比较运算表达式的值的类型为布尔类型，其值为 true 和 false。

【示例 3-20】下面将使用数值比较运算符对 6 和 5 进行比较。代码如下：

```java
public class test{
    public static void main(String[] args){
        System.out.printf("6 大于 5 为%b\n",6>5);
        System.out.printf("6 大于等于 5 为%b\n",6>=5);
        System.out.printf("6 小于 5 为%b\n",6<5);
        System.out.printf("6 小于等于 5 为%b\n",6<=5);
        System.out.printf("6 等于 5 为%b\n",6==5);
        System.out.printf("6 不等于 5 为%b",6!=5);
    }
}
```

运行结果如下：

```
6 大于 5 为 true
6 大于等于 5 为 true
6 小于 5 为 false
6 小于等于 5 为 false
6 等于 5 为 false
6 不等于 5 为 true
```

注意：由于小数具有不精确的特点，所以极少对小数进行比较运算，尤其是相等运算，如以下代码：

```java
public class test{
    public static void main(String[] args){
        System.out.printf("判断是否相等结果为%b ",1.7976931348623157E308==1.7976931348623158E308);
    }
}
```

由于小数的不精确问题，所以会输出以下错误信息：

```
判断是否相等结果为 true
```

注意：%b 是 printf 的格式符，用来显示布尔类型的数值。

3.3 位 运 算

位运算是对二进制数值进行的运算。在 Java 语言中，专门提供了进行位运算使用的运算符——位运算符。位运算符通常在诸如图像处理、创建设备驱动等底层开发中使用。本节将讲解与位运算相关的内容，其中包含位逻辑运算、移位运算、位运算优先级及位运算扩展赋值运算。

3.3.1 位逻辑运算

位逻辑运算是对每个二进制上的数值进行判断。Java 语言提供了 4 个进行位逻辑运算的运算符，即位逻辑运算符，如表 3.8 所示。

表 3.8 位逻辑运算符

运　算　符	名　　　称
~	取反运算符
&	位与运算符
|	位或运算符
^	位异或运算符

1．取反运算

取反运算使用取反运算符（~）对二进制位值进行取相反值操作。用取反运算符构建的表达式被称为取反运算表达式。其语法形式如下：

```
~操作数
```

取反运算表达式需要一个操作数，因此取反运算符是一元运算符（单目运算符）。取反运算就是将二进制数按位取反，即 0 变 1，1 变 0，如图 3.13 所示。

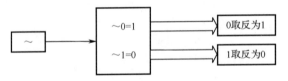

图 3.13 取反运算

【示例 3-21】下面将实现对二进制数 00111100 的取反运算。代码如下：

```
public class test{
    public static void main(String[] args){
        System.out.printf("取反后为%d",~0b00111100);
    }
}
```

运行结果如下：

```
取反后为-61
```

2．位与运算

位与运算使用位与运算符（&）判断两个二进制数的位上的值是否都为 1。用位与运算符构建的表达式被称为位与运算表达式。其语法形式如下：

```
操作数&操作数
```

位与运算表达式需要两个操作数，因此位与运算符是二元运算符（双目运算符）。位与运算的运算规则是两个相应的二进制位都为 1，则该位为 1，否则为 0，如图 3.14 所示。

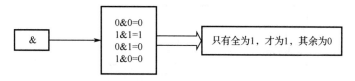

图 3.14　位与运算

【示例 3-22】下面将对二进制数 0011 和 0010 进行位与运算。代码如下：

```
public class test{
    public static void main(String[] args){
        System.out.printf("位与后为%d",0b0011&0b0010);
    }
}
```

0011 和 0010 进行位与运算的工作方式如图 3.15 所示。

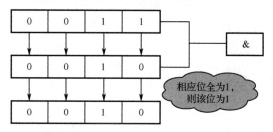

图 3.15　位与运算的工作方式

运行结果如下：

```
位与后为2
```

3. 位或运算

位或运算使用位或运算符（|）判断两个二进制数的位上的值是否为 1。使用位或运算符构建的表达式被称为位或运算表达式。其语法形式如下：

```
操作数|操作数
```

位或运算表达式需要两个操作数，因此位或运算符是二元运算符（双目运算符）。位或运算的运算规则是只要两个相应的二进制位中有一个为 1，则该位为 1，如图 3.16 所示。

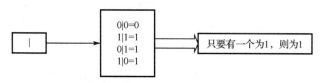

图 3.16　位或运算

【示例 3-23】下面将对二进制数 0011 和 0010 进行位或运算。代码如下：

```
public class test{
    public static void main(String[] args){
        System.out.printf("位或后为%d",0b0011|0b0010);
    }
}
```

0011 和 0010 进行位或运算的工作方式如图 3.17 所示。

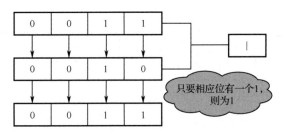

图 3.17　位或运算的工作方式

运行结果如下：

位或后为 3

4. 位异或运算

位异或运算使用位异或运算符（^）判断两个二进制数的位是否相同。使用位异或运算符构建的表达式被称为位异或运算表达式。其语法形式如下：

操作数^操作数

位异或运算表达式需要两个操作数，因此位异或运算符是二元运算符（双目运算符）。位异或运算的运算规则是两个相应的二进制位相同则为 0，否则为 1，如图 3.18 所示。

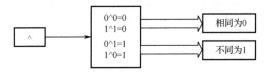

图 3.18　位异或运算

【示例 3-24】下面将实现对二进制数 0001 和 0010 的位异或运算。代码如下：

```java
public class test{
    public static void main(String[] args){
        System.out.printf("位异或后为%d",0b0001^0b0010);
    }
}
```

0001 和 0010 进行位异或运算的工作方式如图 3.19 所示。

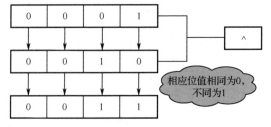

图 3.19　位异或运算的工作方式

运行结果如下：

位异或后为 3

3.3.2　移位运算

移位运算按照规则将二进制数的每一位向左或向右移动，从而改变数值大小。Java 语言提供了 3 个移位运算的运算符，即移位运算符，如表 3.9 所示。

表 3.9　移位运算符

运　算　符	名　　称
<<	左移运算符
>>	右移运算符
>>>	逻辑右移运算符

1. 左移运算

左移运算使用左移运算符（<<）将二进制数的每一位向左移动指定位数。使用左移运算符构建的表达式被称为左移运算表达式。其语法形式如下：

```
操作数<<操作数
```

左移运算表达式需要两个操作数，因此左移运算符是二元运算符（双目运算符）。左移分为无符号整型左移和有符号整型左移。下面将详细讲解这两种左移方式。

（1）无符号整型左移：将一个二进制数的每一位向左移动指定的位数，其中左边被移出整型存储边界的位直接抛弃，右边空白的位用 0 填补。如图 3.20 所示为无符号整型二进制数 00001111 左移 4 位的过程。

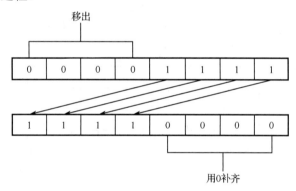

图 3.20　无符号整型左移

注意：左移 1 位的效果相当于将一个整数乘以一个因子为 2 的整数。向左移动一个整数的比特位相当于将这个数乘以 2。以下算式展示的就是将整数 15 的位向左移动 4 位的结果。

```
2*2*2*2*15=240
```

【示例 3-25】下面将二进制数 00001111 向左移动 4 位。代码如下：

```java
public class test{
    public static void main(String[] args){
        System.out.printf("左移后为%d",0b00001111<<4);
    }
}
```

运行结果如下：

```
左移后为 240
```

（2）有符号整型左移：有符号整型通过二进制位的第一位来表示，第一位为 0 表示正数，为 1 表示负数。其余的位（称为数值位）用来存储实值。有符号正数和无符号正数在计算机中存储的结果是一样的。如图 3.21 所示为 +4 的二进制存储。

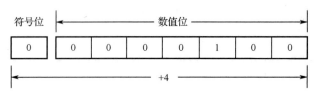

图 3.21 +4 的二进制存储

负数的存储（二进制存储）比较复杂，这里需要有一个运算，即 2 的 n 次方减去负数的绝对值，其中 n 为数值位的位数。例如-4，它以 byte 类型存储时有 7 位数值位，所以它的二进制存储等同于

$2^7-4=124$

再将 124 转化为二进制数，就是-4 的二进制存储，如图 3.22 所示。

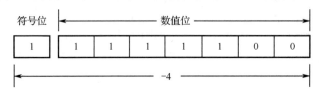

图 3.22 -4 的二进制存储

除了可以使用 2 的 n 次方减去负数的绝对值这个方法计算负数的二进制存储外，还可以使用取反加 1 的方法（补码）实现负数的二进制存储。还是以-4 为例，首先，获取 4 的原码，即 00000100，然后进行取反，如图 3.23 所示。

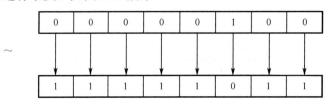

图 3.23 原码取反

最后将取反的值加 1，如图 3.24 所示。

图 3.24 取反值加 1

得到的 11111100 为-4 的二进制存储。了解了正数和负数的表示后，再来看有符号整型左移，对于一个正数来说，其左移就是无符号整型左移，对于一个负数来说，后面的运算一样，即左移 1 位乘以 2。

【示例 3-26】下面将-4 向左移动 1 位。代码如下：

```
public class test{
    public static void main(String[] args){
```

```
        System.out.printf("左移后为%d",-4<<1);
    }
}
```

运行结果如下：

左移后为-8

2.　右移运算

右移运算使用右移运算符（>>）将二进制数的每一位向右移动指定位数。使用右移运算符构建的表达式被称为右移运算表达式。其语法形式如下：

操作数>>操作数

右移运算表达式需要两个操作数，因此右移运算符是二元运算符（双目运算符）。右移分为无符号整型右移和有符号整型右移。下面将详细讲解这两种右移方式。

（1）无符号整型右移：将一个二进制数的每一位向右移动指定的位数，其中右边被移出整型存储边界的位直接抛弃，左边空白的位用 0 填补。如图 3.25 所示为无符号整型二进制数00001111 右移 2 位的过程。

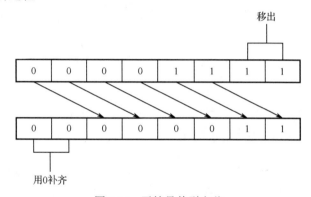

图 3.25　无符号整型右移

注意：右移 1 位的效果相当于将一个整数除以一个因子为 2 的整数。向右移动一个整数的比特位相当于将这个数除以 2。以下算式展示的就是将整数 15 的位向右移动 2 位的结果：

15/2/2=3

【**示例 3-27**】下面将 15 右移 2 位。代码如下：

```
public class test{
    public static void main(String[] args){
        System.out.printf("右移后为%d",15>>2);
    }
}
```

运行结果如下：

右移后为 3

（2）有符号整型右移：如果是正数，其右移和无符号整型右移是一样的，但是对于负数来说是有分别的，它需要使用符号位去填充空白位。如图 3.26 所示为将-4 向右移动 1 位的操作。

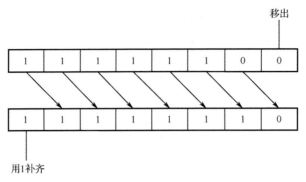

图 3.26　有符号整型右移

【示例 3-28】 下面将-4 右移 1 位。代码如下：

```
public class test{
    public static void main(String[] args){
        System.out.printf("右移后为%d",-4>>1);
    }
}
```

运行结果如下：

右移后为-2

3. 逻辑右移运算

逻辑右移运算需要使用逻辑右移运算符（>>>）。使用逻辑右移运算符构建的表达式被称为逻辑右移运算表达式。其语法形式如下：

操作数>>>操作数

逻辑右移运算符需要两个操作数，因此它是二元运算符（双目运算符）。逻辑右移是无符号右移，忽略符号位，空位都以 0 补齐。

【示例 3-29】 下面将 15 逻辑右移 2 位。代码如下：

```
public class test{
    public static void main(String[] args){
        System.out.printf("右移后为%d",15>>>2);
    }
}
```

运行结果如下：

右移后为 3

3.3.3　位运算优先级

一个表达式中同时出现了多个位运算符时，首先应根据位运算优先级来依次进行运算。位运算优先级如图 3.27 所示。

在同一个优先级中，应根据结合性来依次计算。在位运算符中，除了~是右结合外，其他的都是左结合。

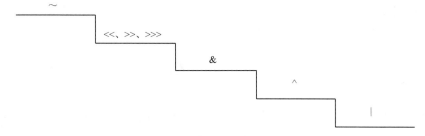

图 3.27 位运算优先级

3.3.4 位运算扩展赋值运算

位运算扩展赋值运算其实就是将位运算和简单的赋值运算结合起来的运算。Java 语言为位运算扩展赋值提供了 6 个运算符，如表 3.10 所示。这些运算符被称为位运算扩展赋值运算符。

表 3.10 位运算扩展赋值运算符

运 算 符	名 称	示 例	等 效 形 式
&=	位与赋值运算符	a&=b	a=a&b
|=	位或赋值运算符	a|=b	a=a|b
^=	位异或赋值运算符	a^=b	a=a^b
<<=	左移赋值运算符	a<<=b	a=a<<b
>>=	右移赋值运算符	a>>=b	a=a>>b
>>>=	逻辑右移赋值运算符	a>>>=b	a=a>>>b

【示例 3-30】下面将使用位运算扩展赋值运算符实现运算。代码如下：

```java
public class test{
    public static void main(String[] args){
        int a,b,c,d,e,f,g;
        a=c=d=e=f=g=15;
        b=2;
        System.out.printf("位与赋值运算后为%d\n",a&=b);
        System.out.printf("位或赋值运算后为%d\n",c|=b);
        System.out.printf("位异或赋值运算后为%d\n",d^=b);
        System.out.printf("左移赋值运算后为%d\n",e<<=b);
        System.out.printf("右移赋值运算后为%d\n",f>>=b);
        System.out.printf("逻辑右移赋值运算后为%d",g>>>=b);
    }
}
```

运行结果如下：

```
位与赋值运算后为2
位或赋值运算后为15
位异或赋值运算后为13
左移赋值运算后为60
```

右移赋值运算后为 3
逻辑右移赋值运算后为 3

3.4 文 本 处 理

在 Java 中，对于文本的处理一般是对字符的比较及文本的连接。本节将详细讲解这两种处理。

3.4.1 字符比较

在 Java 中，经常会进行字符的比较，实际上是对对应的 ASCII 码值的比较。

【示例 3-31】下面将对字符 A 和字符 a 进行比较。代码如下：

```java
public class test{
    public static void main(String[] args){
        System.out.printf("A 大于 a 为%b\n",'A'>'a');
        System.out.printf("A 大于等于 a 为%b\n",'A'>='a');
        System.out.printf("A 小于 a 为%b\n",'A'<'a');
        System.out.printf("A 小于等于 a 为%b\n",'A'<='a');
        System.out.printf("A 等于 a 为%b\n",'A'=='a');
        System.out.printf("A 不等于 a 为%b",'A'!='a');
    }
}
```

运行结果如下：

```
A 大于 a 为 false
A 大于等于 a 为 false
A 小于 a 为 true
A 小于等于 a 为 true
A 等于 a 为 false
A 不等于 a 为 true
```

3.4.2 文本连接

算术运算中的加法运算符（+）在不同的地方功能是不同的，如在数值中起求和的作用，在文本中将数值和文本混合连接。

【示例 3-32】下面将在文本中使用加法运算符。代码如下：

```java
public class test{
    public static void main(String[] args){
        System.out.printf("连接文本后为%s\n","Hello"+','+2021);
    }
}
```

运行结果如下：

连接文本后为 Hello,2021

3.5　状 态 处 理

在 Java 中，对于状态数据的处理有两种，分别为条件运算和布尔逻辑运算。本节将详细讲解这两种运算。

3.5.1　条件运算

条件运算符（?:）是一种特殊的运算符，是三元运算符（三目运算符）。它一般用于对条件的求值。使用条件运算符构建的表达式被称为条件运算表达式。其语法形式及执行流程如图 3.28 所示。

图 3.28　条件运算

当表达式 1 的值为真时，结果为表达式 2 的结果；当表达式 1 的值为假时，结果为表达式 3 的结果。

【示例 3-33】下面将使用条件运算符比较 5 和 3 哪个较大，并输出较大的值。代码如下：

```
public class test{
    public static void main(String[] args){
        System.out.printf("较大的数为%d",5>3?5:3);
    }
}
```

运行结果如下：

较大的数为 5

3.5.2　布尔逻辑运算

在进行空姐选拔时，被选拔人员需要满足多个条件才可以成为某航空公司的空姐，如图 3.29 所示。

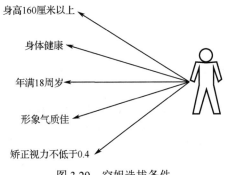

图 3.29　空姐选拔条件

在编程中也一样，一些代码往往需要满足多个条件才可以执行。这时就需要将这多个条件进行组合。布尔逻辑运算符就是将多个条件进行组合所产生的。Java 语言包括 3 种布尔逻辑运算符，如表 3.11 所示。

表 3.11　布尔逻辑运算符

布尔逻辑运算符	名　　称
&&	逻辑与运算符
||	逻辑或运算符
!	逻辑非运算符

使用布尔逻辑运算符构建的表达式被称为布尔逻辑运算表达式，又被称为逻辑表达式。其语法形式如下：

条件表达式 布尔逻辑运算符 条件表达式

1. 逻辑与运算

逻辑与运算需要使用逻辑与运算符（&&）。使用逻辑与运算符构建的表达式被称为逻辑与运算表达式。其语法形式如下：

条件表达式 1 && 条件表达式 2

只有当"条件表达式 1"和"条件表达式 2"都为 true 时，逻辑与表达式的值才为 true；当"条件表达式 1"或"条件表达式 2"中有一个为 false 时，逻辑与表达式的值就为 false。

【示例 3-34】下面将实现逻辑与运算。代码如下：

```java
public class test{
    public static void main(String[] args){
        System.out.printf("7>2&&8>10 为%b\n",7>2&&8>10);
        System.out.printf("7<2&&8<10 为%b\n",7<2&&8<10);
        System.out.printf("7<2&&8>10 为%b\n",7<2&&8>10);
        System.out.printf("7>2&&8<10 为%b",7>2&&8<10);
    }
}
```

运行结果如下：

```
7>2&&8>10 为 false
7<2&&8<10 为 false
7<2&&8>10 为 false
7>2&&8<10 为 true
```

2. 逻辑或运算

逻辑或运算需要使用逻辑或运算符（||）。使用逻辑或运算符构建的表达式被称为逻辑或运算表达式。其语法形式如下：

条件表达式 1 || 条件表达式 2

当"条件表达式 1"或"条件表达式 2"中有一个为 true 时，逻辑或表达式的值就为 true；当"条件表达式 1"和"条件表达式 2"都为 false 时，逻辑或表达式的值就为 false。

【示例 3-35】下面将实现逻辑或运算。代码如下：

```java
public class test{
    public static void main(String[] args){
```

```
        System.out.printf("7>2||8>10 为%b\n",7>2||8>10);
        System.out.printf("7<2||8<10 为%b\n",7<2||8<10);
        System.out.printf("7<2||8>10 为%b\n",7<2||8>10);
        System.out.printf("7>2||8<10 为%b",7>2||8<10);
    }
}
```

运行结果如下：

```
7>2||8>10 为 true
7<2||8<10 为 true
7<2||8>10 为 false
7>2||8<10 为 true
```

注意：在逻辑与运算符和逻辑或运算符中都使用到了"短路"原则，它会减少运算量。例如在逻辑与运算中，首先会判断第一个条件表达式是否返回 false，如果返回 false，后面的判断就会造成"短路"，也就不再执行了。所以在使用这两个运算符时，需要将最为重要的判断条件放到最前面先执行。生活中，"短路"原则的应用是很常见的，如在征兵时，满 18 周岁这个条件就是首选，如果不满足，就会被直接刷下来。

3. 逻辑非运算

逻辑非运算需要使用逻辑非运算符（!）。使用逻辑非运算符构建的表达式被称为逻辑非运算表达式。其语法形式如下：

! 条件表达式

当"条件表达式"为 true 时，逻辑非表达式的值就为 false；当"条件表达式"为 false 时，逻辑非表达式的值就为 true。

【示例 3-36】下面将实现逻辑非运算。代码如下：

```
public class test{
    public static void main(String[] args){
        System.out.printf("!(7>2)为%b\n",!(7>2));
        System.out.printf("!(7<2)为%b",!(7<2));
    }
}
```

运行结果如下：

```
!(7>2)为 false
!(7<2)为 true
```

助记：为了快速进行布尔逻辑运算，需要熟记表 3.12 中的运算结果（真值表）。

表 3.12　真值表

a	b	!a	!b	a&&b	a||b
真（true）	真（true）	假（false）	假（false）	真（true）	真（true）
真（true）	假（false）	假（false）	真（true）	假（false）	真（true）
假（false）	真（true）	真（true）	假（false）	假（false）	真（true）
假（false）	假（false）	真（true）	真（true）	假（false）	假（false）

有时为了满足某种需求需要将多个逻辑运算符复合在一起，来创建更长的复合表达式。代码如下：

```
public class test{
    public static void main(String[] args){
        System.out.printf("结果为%b",!(7<2)&&8<5||5>2);
    }
}
```

在执行此代码时，需要注意逻辑运算符的优先级，!最高，||最低，如图 3.30 所示。

图 3.30　运算符的优先级

根据优先级可知!(7<2)&&8<5||5>2 的执行顺序，如图 3.31 所示。

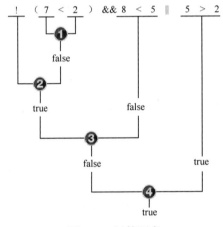

图 3.31　运算顺序

运行结果如下：

结果为 true

3.6　运算符总结

上文讲解了 Java 中常用的几种运算符。为了加深读者的印象，本节将对这些运算符进行总结。

在 Java 中，如果在复杂运算中出现多个运算符，在执行的时候，首先需要判断运算符的优先级，然后根据优先级顺序执行，级别高的先执行，级别低的后执行。当优先级相同时，会根据运算符的结合性执行。表 3.13 给出了常用运算符的优先级。

表 3.13　优先级汇总

级　　别	运　　算　　符	结　合　性
1	()	左结合
2	!、+（正）、-（负）、~、++、--	右结合

续表

级　　别	运　算　符	结　合　性
3	*、/、%	左结合
4	+（加）、-（减）	左结合
5	<<、>>、>>>	左结合
6	<、<=、>、>=	左结合
7	==、!=	左结合
8	&	左结合
9	^	左结合
10	|	左结合
11	&&	左结合
12	||	左结合
13	?:	右结合
14	=、+=、-=、*=、/=、%=、&=、|=、^=、<<=、>>=、>>>=	右结合

3.7　小　　结

通过对本章的学习，读者需要知道以下内容。

❑ 在 Java 语言中，为变量指定值有两种方式，分别为外部输入值和代码赋值。

❑ 在 Java 语言中，只要是数据与运算符组成的合法序列都被称为表达式。当在一条语句中存在多个表达式时需要使用逗号分隔。

❑ Java 语言支持 5 种数值处理方式，分别为算术运算、扩展赋值运算、增量/减量运算、正/负运算、数值比较运算。

❑ 在计算复杂表达式时，需要考虑运算符的优先级和结合性。

❑ 位运算是对二进制数值进行的运算，包括位逻辑运算、移位运算、位运算扩展赋值运算等。

❑ 在 Java 中，对于文本的处理一般是对字符的比较及文本的连接。

❑ 在 Java 中，对于状态数据的处理有两种，分别为条件运算和布尔逻辑运算。

3.8　习　　题

一、填空题

1. 在 Java 语言中，为变量指定值有两种方式，分别为_____和_____。

2. 根据操作数个数的不同，运算符分为_____、二元运算符和_____。

3. 在 Java 语言中，只要是数据与运算符组成的合法序列都被称为_____。

4. 表达式的类型就是进行_____后值的类型。

5. 在位运算符中，除了_____是右结合外，其他的都是左结合。

二、选择题

1. 下列（　　）是 5 取反后的结果。

   A．0b111　　　　B．0b101　　　　C．0b010　　　　D．0b110

2. 下列（　　）是二进制数 0001 和 0111 进行位与运算的结果。

   A．1　　　　　　B．2　　　　　　C．3　　　　　　D．4

3. 下列（　　）是二进制数 0001 和 0111 进行位或运算的结果。

   A．5　　　　　　B．6　　　　　　C．7　　　　　　D．8

4. 下列（　　）是二进制数 0001 和 0111 进行位异或运算的结果。

   A．5　　　　　　B．6　　　　　　C．7　　　　　　D．8

5. 以下代码的运行结果是（　　）。

```
public class test{
    public static void main(String[] args){
        System.out.printf("%.3f\n",10*0.00005);
    }
}
```

   A．0.0001　　　B．0.1　　　　　C．0.001　　　　D．0.000001

6. 下列（　　）是将二进制数 01110111 向左移动 4 位的结果。

   A．111　　　　　B．112　　　　　C．113　　　　　D．114

7. 下列（　　）是将 -2 向左移动 1 位的结果。

   A．-5　　　　　B．-4　　　　　C．-3　　　　　D．-2

8. 以下代码的运行结果是（　　）。

```
public class test{
    public static void main(String[] args){
        System.out.printf(" %d\n",'A'+12*6/3%5-6);
    }
}
```

A．63　　　　　　B．64　　　　　C．65　　　　　　D．66

9. 下列（　　）是将 13 向右移动 2 位的结果。

   A．6　　　　　　B．5　　　　　　C．4　　　　　　D．3

10. 下列（　　）是将 -3 向右移动 1 位的结果。

    A．-2　　　　　B．-3　　　　　C．-4　　　　　D．-5

11. 以下代码的运行结果是（　　）。

```
public class test{
    public static void main(String[] args){
        int i=6;
        System.out.printf("%d\n",i++);
    }
}
```

   A．6　　　　　　B．7　　　　　　C．8　　　　　　D．5

12. 下列（　　）是 'A'<6 的结果。

    A．true　　　　B．false　　　　C．随机　　　　　D．出错

13. 下列（　　）是 8>2&&8<10 和'A'<'a'&&8<'A'的结果。

　　A．true 和 false　　　B．false 和 true　　　　C．true 和 true　　　　D．false 和 false

14. 下列（　　）是 8<2||8>10 和'A'<'a'||8<'A'的结果。

　　A．true 和 false　　　B．false 和 true　　　　C．true 和 true　　　　D．false 和 false

15. 以下代码的运行结果是（　　）。

```java
public class test{
    public static void main(String[] args){
        System.out.printf(" %d\n",3&2|4>>2);
    }
}
```

　　A．1　　　　　　　　B．2　　　　　　　　　　C．3　　　　　　　　　　D．4

16. 常量需要使用（　　）关键字进行声明。

　　A．final　　　　　　B．class　　　　　　　　C．char　　　　　　　　D．double

17. 若 int i=6, j=5;则下列表达式的值中，（　　）不是浮点数。

　　A．i*j/10.0　　　　B．i*j/10　　　　　　　C．i*j+10.0　　　　　　D．i*j*10.0

18. 若 int x=3，则执行 y = x++ * 4 后，（　　）。

　　A．x 为 3，y 为 12　　　　　　　　　　B．x 为 3，y 为 16

　　C．x 为 4，y 为 12　　　　　　　　　　D．x 为 4，y 为 16

三、编程题

1. 通过输入值的方式为整型变量 step 指定值。

2. 使用赋值的方式为整型变量 step 指定值，并输出。

3. 500 克鸡蛋 4.2 元，10 元能买多少克鸡蛋？精确到小数点后 2 位。

4. 使用扩展运算实现以下代码功能：

```java
public class test{
    public static void main(String[] args){
        int step=5000;
        step=step+2000;
        System.out.printf("对应的值为%d",step);
    }
}
```

5. 使用加法运算符（+）输出 I am 12 years old。

6. 使用条件运算符比较字符 A 和 a 哪个较小，并输出较小的字符。

第 4 章 执 行 顺 序

执行顺序其实就是程序的一种运行方式。在知道程序如何运行后，就可以按程序的执行顺序编写程序。本章将讲解与执行顺序相关的内容，其中包含语句、语句块及顺序执行。

4.1 语　　句

在 Java 中，程序是由语句构成的，程序的功能也是由语句实现的。而程序的最小执行单位也是语句。所以语句在编程中占据了很重要的位置。通常情况下语句以分号结束，因此分号是语句的标志。在 Java 中，语句有很多，如表达式语句、空语句、语句块等。

4.1.1 表达式语句

第 3 章介绍了表达式，如赋值表达式 age=18，在此表达式后面加上一个分号就构成了表达式语句。由此可以看出，表达式语句其实就是表达式和分号组成的语句。其语法形式如下：

```
表达式;
```

注意： 由于表达式代表值，语句代表动作，所以，不是所有表达式加上分号都能构成语句。例如 5+3，它是一个表达式，但是它加上分号并不是一个语句，因为它不是一个动作。

4.1.2 空语句

空语句是最简单的语句，直接由 ";" 构成。空语句的形式如图 4.1 所示。

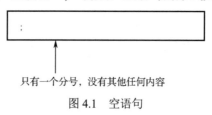

只有一个分号，没有其他任何内容

图 4.1　空语句

空语句在语法上有意义，它相当于一个占位符，但是在逻辑上不需要，因为它没有任何功能。

注意： 在 Java 中，如果语句少了分号，程序就会输出以下错误信息：

```
需要 ';'
```

4.2 语 句 块

上文提到的表达式语句、空语句都属于简单语句，即语句中不会包含其他语句。本节将讲解语句块。

4.2.1　语句块的构成

语句块又被称为复合语句，或块语句。它是使用一对大括号括起的一条或多条语句。其语法形式如下：

```
{
    语句 1;
    语句 2;
    …
}
```

【示例 4-1】下面将使用语句块为声明的变量赋值并输出。代码如下：

```java
public class test{
    public static void main(String[] args){
        String name;
        byte age;
        boolean isMarriage;
        int assets;
        double vision;
        {
            name="Tom";
            age=18;
            isMarriage=false;
            assets=50000;
            vision=1.5;
        }
        {
            System.out.printf("名称为%s\n",name);
            System.out.printf("年龄为%d\n",age);
            System.out.printf("婚否为%b\n",isMarriage);
            System.out.printf("资产为%d\n",assets);
            System.out.printf("视力为%.1f ",vision);
        }
    }
}
```

在此代码中，将变量的赋值和输出分别放在了不同的语句块中。运行结果如下：

```
名称为 Tom
年龄为 18[①]
婚否为 false
资产为 50000
视力为 1.5
```

从上面的代码中可以看出，语句块的作用是将多个语句作为一个逻辑元素，语义上更清晰。

4.2.2　作用域

作用域指变量的有效范围。在语句块中声明的变量的作用域就是从声明变量起一直到此语句块结束，如图 4.2 所示，变量 a 的作用域就是声明变量 a 所在的语句块。

---

① 为了简便，有些代码中省略年龄单位"岁"、资产单位"元"、长度单位"米"等。

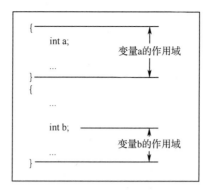

图 4.2　作用域

变量不可以在非作用域的地方使用，如以下代码：

```java
public class test{
    public static void main(String[] args){
        {
            byte age;
            age=18;
        }
        {
            System.out.printf("年龄为%d\n",age);
        }
    }
}
```

在此代码中，变量 age 的作用域就是声明变量所在的语句块，而输出变量时，并非在作用域内，所以会输出以下错误信息：

找不到符号

4.2.3　嵌套

在一个语句块中，有时还包含另外的语句块，如图 4.3 所示。这样的语句块被称为嵌套。

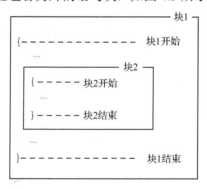

图 4.3　嵌套

【示例 4-2】下面将使用嵌套形式为声明的变量赋值和输出。代码如下：

```java
public class test{
    public static void main(String[] args){
        String name;
```

```
byte age;
boolean isMarriage;
double vision;
{
    name="Tom";
    age=18;
    isMarriage=false;
    {
        System.out.printf("名称为%s\n",name);
        System.out.printf("年龄为%d\n",age);
        System.out.printf("婚否为%b\n",isMarriage);
    }
}
{
    name="Lily";
    age=23;
    isMarriage=false;
    {
        System.out.printf("名称为%s\n",name);
        System.out.printf("年龄为%d\n",age);
        System.out.printf("婚否为%b\n",isMarriage);
    }
}
}
```

此代码将变量的赋值放在一个语句块中，然后将输出也放到一个语句块中，并将输出语句块嵌入这个赋值语句块中。运行结果如下：

```
名称为 Tom
年龄为 18
婚否为 false
名称为 Lily
年龄为 23
婚否为 false
```

在嵌套语句块中也要注意变量的作用域，如图 4.4 所示，声明了变量 a 和 b：a 的作用域就是声明变量 a 所在的语句块，包含嵌套的语句块；b 在嵌套的语句块中进行了声明，它的作用域就只在嵌套的语句块中。

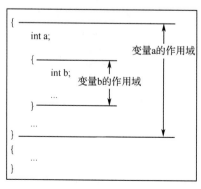

图 4.4 变量的作用域

4.3 顺序执行

顺序执行即按照先后顺序依次执行。例如，在超市中购物时计算所买物品的总价就属于顺序执行。计算时会根据每件物品的价格依次进行计算，如图 4.5 所示。在 Java 中，顺序执行又称顺序结构，整个程序的执行按照书写顺序由上至下完成，没有分支。本节将讲解与顺序执行相关的内容。

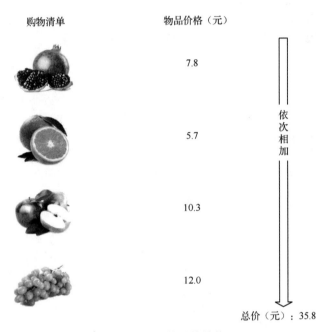

图 4.5　所买物品的总价

4.3.1 流程图

程序的执行方式（或者说流程）可以使用流程图来表示。顺序结构流程图如图 4.6 所示。

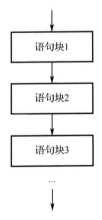

图 4.6　顺序结构流程图

流程图使用特定的图形再加上文字说明来表示。其中，箭头表示控制流方向、方框表示加工步骤。除了图 4.6 所示的流程图使用的图形外，还可以使用一些其他图形。图 4.7 显示了在流程图中常用的图形。

| 程序开始/结束 | 加工步骤 | 输入/输出 | 控制流方向 |

图 4.7　流程图中常用的图形

【示例 4-3】下面将计算圆的面积。代码如下：

```java
import java.util.Scanner;
public class test{
    public static void main(String[] args){
        Scanner scanner=new Scanner(System.in);          //语句 1：输入半径值
        double r=scanner.nextDouble();                    //语句 2：获取半径值
        double s=3.14*r*r;                                //语句 3：计算面积
        System.out.printf("圆的面积为%.2f",s);             //语句 4：输出面积
    }
}
```

此程序就是顺序执行的，其执行流程如图 4.8 所示。

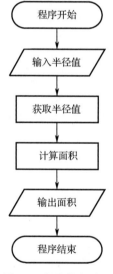

图 4.8　程序执行流程

当输入的半径为 2.0 时，运行结果如下：

圆的面积为 12.56

4.3.2　调试

程序员通过调试可以看到程序的执行顺序，也可以发现程序的错误。本小节将讲解两种调试方式，分别为简单调试和编译器调试。

1. 简单调试

简单调试使用的是输出语句，通过输出语句可以看到程序执行的位置，如图 4.9 所示。

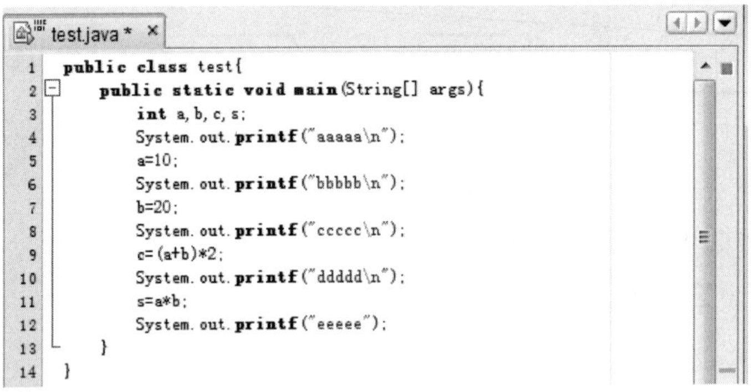

图 4.9　简单调试

当输出 aaaaa 时，可以看到程序执行到了第 4 行；当输出 bbbbb 时，可以看到程序执行到了第 6 行。依次类推。

如果程序员要找到程序中出现的错误，可以输出中间变量的值和数据类型。

【示例 4-4】下面将计算长方形的周长。代码如下：

```java
public class test{
    public static void main(String[] args){
        int a,b,c;
        a=10;
        b=20;
        c=a+b*2;
        System.out.printf("长方形的周长为%d\n",c);
        System.out.printf("周长的类型为%s",getType(a+b*2));
    }
    public static String getType(Object o){
        return o.getClass().toString();
    }
}
```

运行结果如下：

```
长方形的周长为 50
周长的类型为 class java.lang.Integer
```

通过周长和类型的输出会发现输出的结果是不正确的，正确周长应是 60。根据输出的结果，可以发现以下代码是错误的，即忽略了优先级的问题：

```
c=a+b*2;
```

需要将 a+b 括起来才行，因此正确代码如下：

```
c=(a+b)*2;
```

2. 编译器调试

编译器的调试功能可以让代码逐条执行。要实现此功能，需使用快捷键 F7，或者选择菜单中的"运行"|"步入"命令。通过逐条执行可以很清楚地看到程序的执行流程，如以下代码：

```
public class test{
    public static void main(String[] args){
        int a=10;
        int b=20;
        int s=a*b;
        System.out.printf("长方形的面积为%d\n",s);
    }
}
```

通过编译器调试可以看到执行流程，如图 4.10 所示。

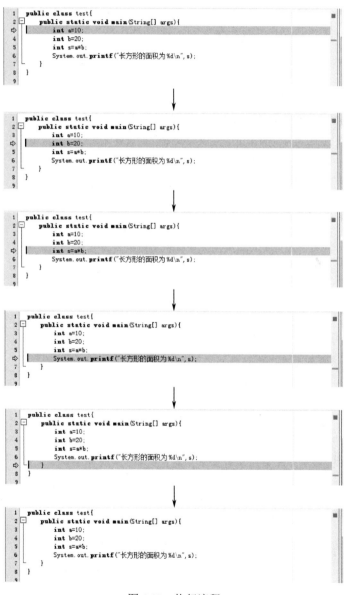

图 4.10　执行流程

注意：左边的绿色箭头指示的代码及背景变为绿色的代码就是正在执行的代码。如果要查看变量的值及数据类型，可将鼠标指针放到变量上，如图 4.11 所示。

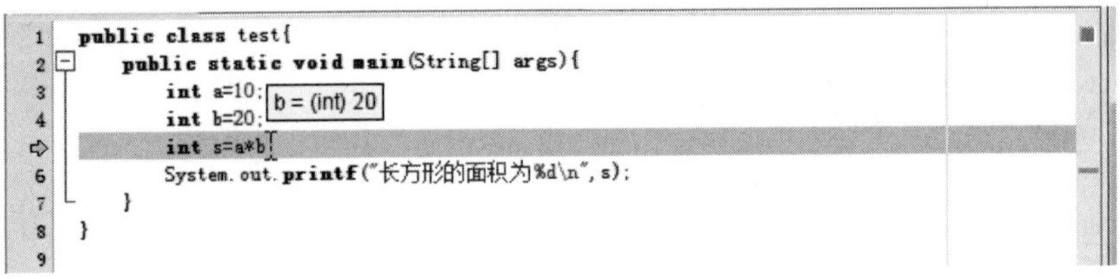

```
1  public class test{
2      public static void main(String[] args){
3          int a=10;  b = (int) 20
4          int b=20;
5          int s=a*b;
6          System.out.printf("长方形的面积为%d\n", s);
7      }
8  }
9
```

图 4.11　查看变量的值及数据类型

4.4　小　　结

通过对本章的学习，读者需要知道以下内容。

❑ 在 Java 中，程序是由语句构成的，程序的功能也是由语句实现的。

❑ 在表达式后面加上一个分号构成的就是表达式语句。

❑ 空语句是最简单的语句，没有任何内容。

❑ 语句块是使用一对大括号括起的一条或多条语句。

❑ 作用域指变量的有效范围。

❑ 顺序执行即按照先后顺序依次执行。

❑ 通过调试可以看到程序的执行顺序，也可以发现程序的错误。

4.5　习　　题

一、填空题

1．在 Java 中，程序是由_____构成的。

2．语句的标志是_____。

3．表达式语句由_____和_____组成。

4．最简单的语句是_____。

5．作用域指_____的有效范围。

二、简答题

1．什么是语句块？

2．什么是嵌套？

三、找错题

1．请指出以下代码中的错误。

```
public class test{
    public static void main(String[] args){
        int age;
        age=20
        System.out.printf("%d",age);
    }
}
```

2．请指出以下代码中的问题并修改。

```
public class test{
    public static void main(String[] args){
        int a,b;
        {
            a=10;
            b=50;
            int c=a+b;
        }
        {
            System.out.printf("c 的值为%d\n",c);
        }
    }
}
```

四、编程题

写一段代码，计算长方形的面积。需要在块语句中赋值，在嵌套语句中计算面积并输出。

第 5 章　选　择　执　行

在处理一些问题时需要满足某些条件，如红绿灯问题，当绿灯亮起时，汽车就会行驶；当红灯亮起时，汽车就要停止行驶。在程序中也一样，一般将这种情况称之为选择执行或选择结构。本章将讲解与选择执行相关的内容。

5.1　选择执行概述

选择执行不同于顺序执行的依次执行，而是满足某种条件时再执行某种操作。本节将讲解什么是选择执行，以及选择执行的流程图是什么样的。

5.1.1　什么是选择执行

选择执行就是根据条件执行特定的操作。但是如何寻找这个条件呢，以及如何表示条件呢？下面将依次讲解。

1. 寻找条件

选择执行表示程序的处理产生了分支，因此需要根据某个特定的条件来选择一个合适的分支执行。条件成为选择执行的关键。那么该如何寻找一个问题中的条件呢？

例如，在成绩问题中，将成绩大于或等于 60 分的定为及格，否则为不及格。此时，"大于或等于 60 分"就是一个条件，在程序中它是一个值；在红绿灯问题中，绿灯的亮灭就是一个条件，在程序中它是一个状态。由此可见，条件就是一个特定的值或状态。

2. 表示条件

根据寻找条件的不同，在程序中对条件的表示也不同。

对于条件为值的情况来说，可以使用数值比较大小来表示条件，从而形成关系表达式；如果是多个条件，还可以使用逻辑运算符形成逻辑表达。例如上文的成绩问题，此时的表示条件就是大于或等于 60。

注意：对于小数来说，因为其具有不精确性，所以可以使用减法实现比较，如果相减后的值足够小，就可以认为两个小数相等。

对于条件为状态的情况来说，可以使用逻辑状态来表示条件。例如上文中提到的红绿灯问题，此时的表示条件就是红绿灯是否亮起。

注意：在状态转化为逻辑状态时，有一些状态是根据日常生活进行转化的。例如开关，开关在打开时为 true，在关闭时为 false。对于一些特殊的状态来说，需要程序员去定义转化规则，如上下、左右等。

5.1.2 流程图

选择执行的流程图如图 5.1 所示。其中，菱形表示判断的条件。当条件满足（为 true）时，执行语句 1；否则执行语句 2。

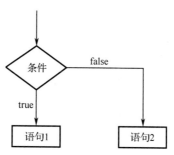

图 5.1 选择执行的流程图

5.2 if 选择语句

Java 语言提供了 4 种选择执行的语句，分别为 if 选择语句、if-else 选择语句、if-else-if 选择语句及 switch 选择语句。本节首先讲解 if 选择语句。

5.2.1 语法结构

if 选择语句是基本的选择语句，也可以称为 if 语句，其只能判断一种情况。其语法形式如下：

```
if(表达式)
    语句;
```

其中，"表达式"是判断的条件，可以是关系表达式、逻辑表达式和布尔量；"语句"是单条语句。

5.2.2 执行流程

if 语句的执行流程如图 5.2 所示。

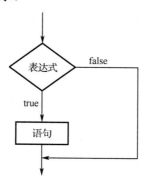

图 5.2 if 语句的执行流程

当表达式的值为真时，满足条件，执行语句；当表达式的值为假时，不满足条件，不执行语句。

【示例 5-1】下面将输入一个分数，判断此分数是否为及格分数。代码如下：

```java
import java.util.Scanner;
public class test{
    public static void main(String[] args){
        Scanner scanner=new Scanner(System.in);
        int score=scanner.nextInt();
        System.out.printf("分数为%d\n",score);
        if(score>60)
            System.out.printf("此分数及格\n");
        System.out.printf("继续努力！！！");
    }
}
```

下面将使用调试功能来查看程序的执行流程。代码的第 4～6 行是顺序执行的，如图 5.3 所示。

图 5.3　顺序执行

到了第 7 行，会对输入的分数进行判断，如果大于 60，它的执行流程如图 5.4 所示。

运行结果如下：

```
70
分数为 70
此分数及格
继续努力！！！
```

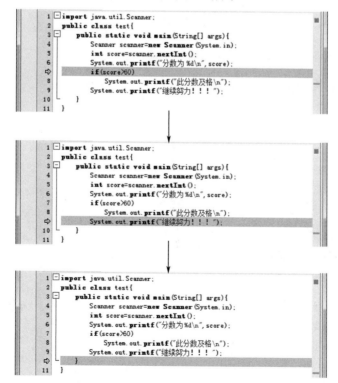

图 5.4　分数大于 60 的执行流程

如果输入的分数小于 60，它的执行流程如图 5.5 所示。

图 5.5　分数小于 60 的执行流程

此时运行结果如下：

```
30
分数为 30
继续努力！！！
```

5.2.3 使用语句块

在 if 语句中，在满足条件后，if 执行的是单条语句；如果是多条语句，则必须使用大括号括起来，否则会造成逻辑错误。其语法形式如下：

```
if (表达式){
语句 1;
语句 2;
...
}
```

【示例 5-2】下面将对输入的宽度值进行判断，判断是否与长度值不相等（是否为长方形）。如果满足条件，计算长方形的周长和面积。代码如下：

```
import java.util.Scanner;
public class test{
    public static void main(String[] args){
        int a,b,c,s;
        a=20;
        Scanner scanner=new Scanner(System.in);
        b=scanner.nextInt();
        System.out.printf("宽为%d\n",b);
        if(b!=a){
            System.out.printf("此形状为长方形\n");
            c=(a+b)*2;
            System.out.printf("长方形的周长为%d\n",c);
            s=a*b;
            System.out.printf("长方形的面积为%d ",s);
        }
    }
}
```

如果输入的值为 25，即满足条件。运行结果如下：

```
25
宽为 25
此形状为长方形
长方形的周长为 90
长方形的面积为 500
```

如果输入的值为 20，即不满足条件。运行结果如下：

```
20
宽为 20
```

注意：在满足条件后，if 执行的如果是多条语句，就必须使用大括号括起来，否则会造成逻辑错误，如以下代码：

```
import java.util.Scanner;
public class test{
    public static void main(String[] args){
        int a,b,c,s;
```

```
        a=20;
        Scanner scanner=new Scanner(System.in);
        b=scanner.nextInt();
        System.out.printf("宽为%d\n",b);
        if(b!=a)
            System.out.printf("此形状为长方形\n");
            c=(a+b)*2;
            System.out.printf("长方形的周长为%d\n",c);
            s=a*b;
            System.out.printf("长方形的面积为%d ",s);
    }
}
```

如果输入的值为 20，即不满足条件。运行结果如下：

```
20
宽为 20
长方形的周长为 80
长方形的面积为 400
```

从运行结果可以看出，即使判断出不是长方形，程序依旧会计算并输出周长和面积。

5.2.4　多 if 语句组合使用

在上文中提到的 if 语句只可以对一个条件进行判断，如果要进行多个条件的判断，可以使用多个 if 语句进行组合，也就是在 if 语句中嵌套 if 语句。其语法形式如下：

```
if(表达式 1){
    if(表达式 2)
        语句
}
```

它的执行流程如图 5.6 所示。首先会对表达式 1 进行判断，当表达式 1 的值为真时，则对表达式 2 进行判断；当表达式 2 的值为真时，执行语句。

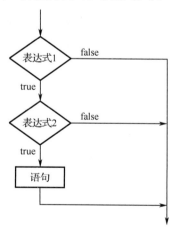

图 5.6　多 if 语句的执行流程

【示例 5-3】下面将判断输入的数是否是 10 以内的数，如果是，需要判断该数是否是偶数。代码如下：

```
import java.util.Scanner;
```

```
public class test{
    public static void main(String[] args){
        Scanner scanner=new Scanner(System.in);
        int number=scanner.nextInt();
        System.out.printf("输入的数为%d\n",number);
        if(number<10){
            System.out.printf("输入的数是 10 以内的数\n");
            if(number%2==0){
                System.out.printf("并且该数是偶数");
            }
        }
    }
}
```

如果输入的数是 8，运行结果如下：

```
8
输入的数为 8
输入的数是 10 以内的数
并且该数是偶数
```

5.3　if-else 选择语句

if-else 选择语句其实是上文中提到的多个 if 语句连续使用的一种特殊情况。本节将讲解 if-else 选择语句的相关内容。

5.3.1　两个分支

if-else 选择语句又称 if-else 语句，它可以判断两种情况，即两个分支，当条件为真时执行一个操作，当条件为 false 时执行另一个操作。其语法形式如下：

```
if(表达式)
    语句 1;
else
    语句 2;
```

5.3.2　执行流程

if-else 语句的执行流程如图 5.7 所示。

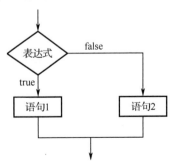

图 5.7　if-else 语句的执行流程

当表达式的值为真时，即满足条件，则执行语句 1；当表达式的值为假时，即不满足条件，则执行语句 2。

【示例 5-4】下面将判断输入的数是否是偶数。代码如下：

```java
import java.util.Scanner;
public class test{
    public static void main(String[] args){
        Scanner scanner=new Scanner(System.in);
        int number=scanner.nextInt();
        System.out.printf("输入的数为%d\n",number);
        if(number%2==0){
            System.out.printf("输入的数是偶数\n");
        }else{
            System.out.printf("输入的数是奇数\n");
        }
    }
}
```

下面将使用调试功能来查看程序的执行流程。代码的第 4～6 行是顺序执行的。到了第 7 行，会对输入的数进行是否是偶数的判断，如果是偶数，它的执行流程如图 5.8 所示。

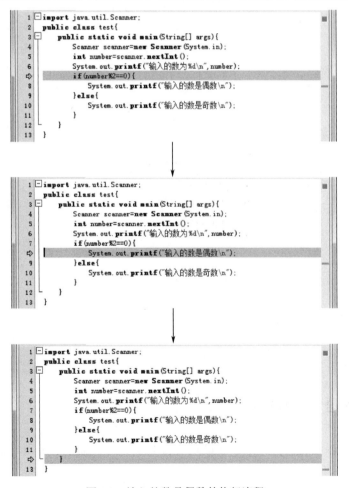

图 5.8　输入的数是偶数的执行流程

运行结果如下：

8
输入的数为 8
输入的数是偶数

如果输入的数不是偶数，它的执行流程如图 5.9 所示。

```
1   import java.util.Scanner;
2   public class test{
3       public static void main(String[] args){
4           Scanner scanner=new Scanner(System.in);
5           int number=scanner.nextInt();
6           System.out.printf("输入的数为 %d\n", number);
7           if(number%2==0){
8               System.out.printf("输入的数是偶数\n");
9           }else{
10              System.out.printf("输入的数是奇数\n");
11          }
12      }
13  }
```

```
1   import java.util.Scanner;
2   public class test{
3       public static void main(String[] args){
4           Scanner scanner=new Scanner(System.in);
5           int number=scanner.nextInt();
6           System.out.printf("输入的数为 %d\n", number);
7           if(number%2==0){
8               System.out.printf("输入的数是偶数\n");
9           }else{
10              System.out.printf("输入的数是奇数\n");
11          }
12      }
13  }
```

```
1   import java.util.Scanner;
2   public class test{
3       public static void main(String[] args){
4           Scanner scanner=new Scanner(System.in);
5           int number=scanner.nextInt();
6           System.out.printf("输入的数为 %d\n", number);
7           if(number%2==0){
8               System.out.printf("输入的数是偶数\n");
9           }else{
10              System.out.printf("输入的数是奇数\n");
11          }
12      }
13  }
```

图 5.9　输入的数不是偶数的执行流程

此时运行结果如下：

7
输入的数为 7
输入的数是奇数

5.3.3　if-else 语句嵌套使用

if-else 语句可以嵌套使用，即在 if-else 语句中嵌入一个或多个 if-else 语句。其语法形式如下：

```
if(表达式 1){
    if(表达式 2)
        语句 1;
    else
        语句 2;
}else{
    if(表达式 3)
        语句 3;
    else
        语句 4;
}
```

它的执行流程如图 5.10 所示。首先会对表达式 1 进行判断，当表达式 1 的值为真时，则对表达式 2 进行判断，当表达式 2 的值为真时，执行语句 1；当表达式 2 的值为假时，执行语句 2。当表达式 1 的值为假时，对表达式 3 进行判断，当表达式 3 的值为真时，执行语句 3；当表达式 3 的值为假时，执行语句 4。

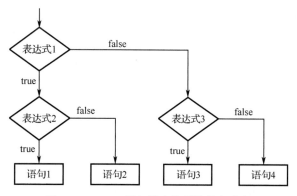

图 5.10　if-else 语句嵌套使用的执行流程

【示例 5-5】下面将使用 if-else 语句的嵌套对成绩进行判断，并给出相应的鼓励语。代码如下：

```
import java.util.Scanner;
public class test{
    public static void main(String[] args){
        Scanner scanner=new Scanner(System.in);
        int score=scanner.nextInt();
        if(score>=60){
            if(score>=90){
                System.out.printf("分数为优秀");
            }else{
                System.out.printf("分数为及格");
            }
        }else{
            if(score>=55){
```

```
            System.out.printf("差一点就及格了");
        }else{
            System.out.printf("需要多多努力");
        }
    }
}
```

如果输入的数是 92，运行结果如下：

```
92
分数为优秀
```

5.4　if-else-if 选择语句

if-else-if 选择语句就是 if 语句中多个 if 连续使用的另一种形式。本节将讲解 if-else-if 选择语句的相关内容。

5.4.1　多分支结构

if-else-if 选择语句又称 if-else-if 语句，它可以判断多种情况，即多个分支。其语法形式如下：

```
if(表达式 1)
    语句 1;
else if(表达式 2)
    语句 2;
else if(表达式 3)
    语句 3;
…
else if(表达式 n-1)
    语句 n-1;
else
    语句 n;
```

5.4.2　执行流程

if-else-if 语句的执行流程如图 5.11 所示。首先会对表达式 1 进行判断，当表达式 1 的值为真时，则执行语句 1；当表达式 1 的值为假时，对表达式 2 进行判断，当表达式 2 的值为真时，则执行语句 2；当表达式 2 的值为假时，对表达式 3 进行判断，依次类推。

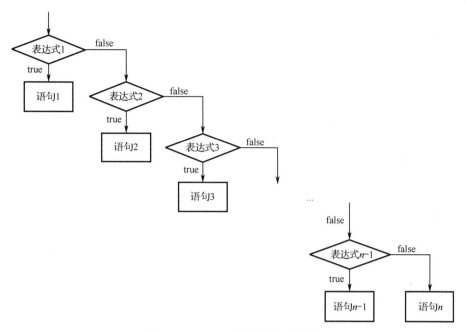

图 5.11 if-else-if 语句的执行流程

【示例 5-6】下面将输入的分数转化为对应的分数等级。代码如下：

```java
import java.util.Scanner;
public class test{
    public static void main(String[] args){
        Scanner scanner=new Scanner(System.in);
        int score=scanner.nextInt();
        System.out.printf("输入的分数为%d\n",score);
        if(score>=90&&score<=100){
            System.out.printf("成绩为 A，即优秀");
        }else if(score>=70&&score<90){
            System.out.printf("成绩为 B，即良好");
        }else if(score>=60&&score<70){
            System.out.printf("成绩为 C，即及格");
        }else{
            System.out.printf("成绩为 D，即不及格");
        }
    }
}
```

下面将使用调试功能来查看程序的执行流程。代码的第 4～6 行是顺序执行的。到了第 7 行，会对输入的分数进行判断。首先判断分数是否为 90～100，如果在这个区间，输出对应的分数等级；如果不在这个区间，执行第 9 行，判断输入的分数是否为 70～90，依次类推。如果输入的分数是 72，它的执行流程如图 5.12 所示。

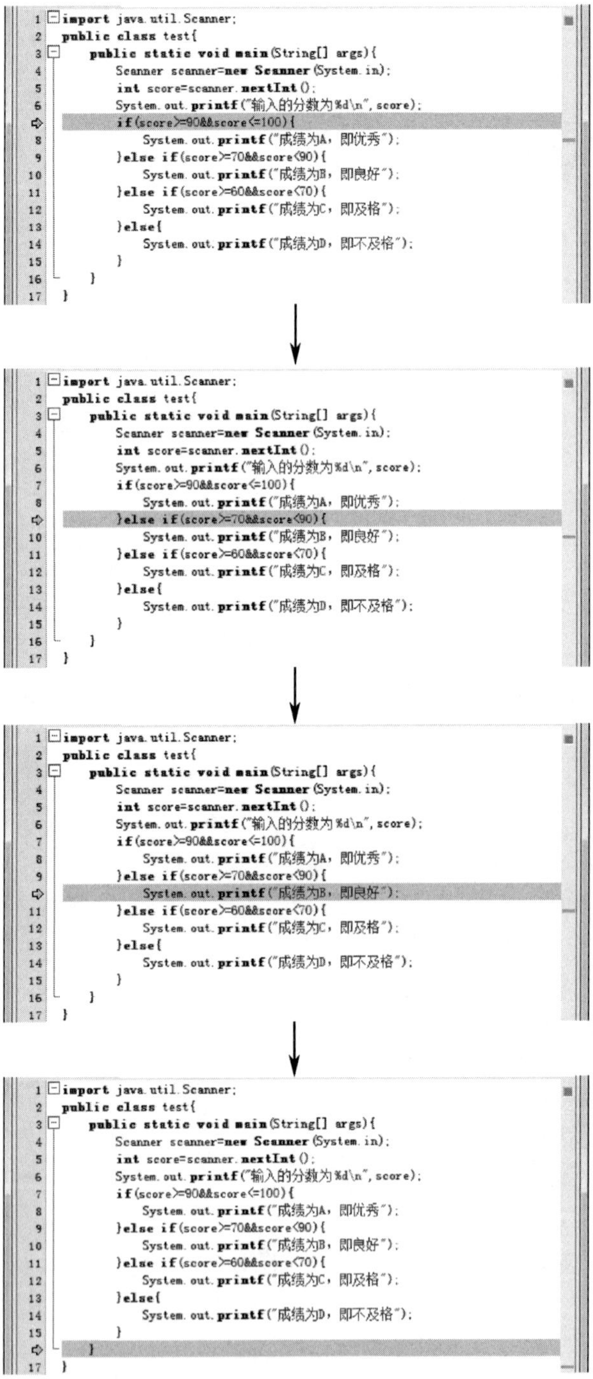

```
1  import java.util.Scanner;
2  public class test{
3      public static void main(String[] args){
4          Scanner scanner=new Scanner(System.in);
5          int score=scanner.nextInt();
6          System.out.printf("输入的分数为%d\n", score);
7      if(score>=90&&score<=100){
8          System.out.printf("成绩为A，即优秀");
9      }else if(score>=70&&score<90){
10         System.out.printf("成绩为B，即良好");
11     }else if(score>=60&&score<70){
12         System.out.printf("成绩为C，即及格");
13     }else{
14         System.out.printf("成绩为D，即不及格");
15     }
16     }
17  }
```

```
1  import java.util.Scanner;
2  public class test{
3      public static void main(String[] args){
4          Scanner scanner=new Scanner(System.in);
5          int score=scanner.nextInt();
6          System.out.printf("输入的分数为%d\n", score);
7          if(score>=90&&score<=100){
8          System.out.printf("成绩为A，即优秀");
9      }else if(score>=70&&score<90){
10         System.out.printf("成绩为B，即良好");
11     }else if(score>=60&&score<70){
12         System.out.printf("成绩为C，即及格");
13     }else{
14         System.out.printf("成绩为D，即不及格");
15     }
16     }
17  }
```

```
1  import java.util.Scanner;
2  public class test{
3      public static void main(String[] args){
4          Scanner scanner=new Scanner(System.in);
5          int score=scanner.nextInt();
6          System.out.printf("输入的分数为%d\n", score);
7          if(score>=90&&score<=100){
8          System.out.printf("成绩为A，即优秀");
9      }else if(score>=70&&score<90){
10         System.out.printf("成绩为B，即良好");
11     }else if(score>=60&&score<70){
12         System.out.printf("成绩为C，即及格");
13     }else{
14         System.out.printf("成绩为D，即不及格");
15     }
16     }
17  }
```

```
1  import java.util.Scanner;
2  public class test{
3      public static void main(String[] args){
4          Scanner scanner=new Scanner(System.in);
5          int score=scanner.nextInt();
6          System.out.printf("输入的分数为%d\n", score);
7          if(score>=90&&score<=100){
8          System.out.printf("成绩为A，即优秀");
9      }else if(score>=70&&score<90){
10         System.out.printf("成绩为B，即良好");
11     }else if(score>=60&&score<70){
12         System.out.printf("成绩为C，即及格");
13     }else{
14         System.out.printf("成绩为D，即不及格");
15     }
16     }
17  }
```

图 5.12　输入 72 后的执行流程

运行结果如下：

```
72
输入的分数为72
成绩为B，即良好
```

5.5 switch 选择语句

switch 选择语句就是 if-else-if 语句的另一种形式，由多分支的特殊情况演变而来。下面将讲解与 switch 选择语句相关的内容。

5.5.1 语法结构

switch 选择语句又被称为 switch 语句。switch 语句由条件和 case 语句组成。其语法形式如下：

```
switch (控制表达式) {
    case value1:
        语句 1;
    case value2:
        语句 2;
    case value3:
        语句 3;
    …
    case valuen:
        语句 n;
}
```

其中，"控制表达式"就是条件，它必须是 int、byte、short、char 类型或枚举类型（枚举类型会在后面进行讲解）。从 Java 7 开始支持 String 类型。

注意：switch 后面可以跟多个 case 语句，所以需要合理安排 case 的顺序。

switch 语句的执行流程如图 5.13 所示。首先判断控制表达式的值与 value1 值是否相等，如果相等，则从当前 case 开始，顺序执行后面的 case 语句；如果不相等，则判断控制表达式

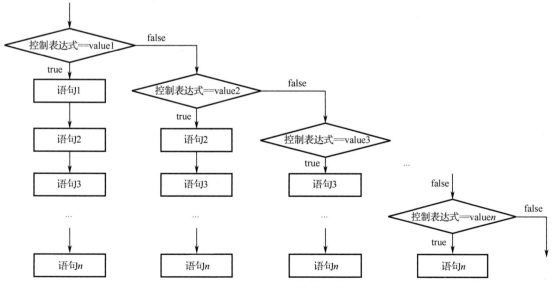

图 5.13 switch 语句的执行流程

的值与 value2 值是否相等，如果相等，则从当前 case 开始，顺序执行后面的 case 语句；如果不相等，则判断控制表达式的值与 value3 值是否相等，依次类推。如果控制表达式与 case 后面的 value 值都不相等，此时会直接跳出 switch 语句。

【示例 5-7】下面将使用 switch 语句输出一个 2 年级的学生转学后，还需要上哪些年级。代码如下：

```
public class test{
    public static void main(String[] args){
        int grade=2;
        switch(grade){
            case 1:
                System.out.printf("该学生还需要上 1 年级\n");
            case 2:
                System.out.printf("该学生还需要上 2 年级\n");
            case 3:
                System.out.printf("该学生还需要上 3 年级\n");
            case 4:
                System.out.printf("该学生还需要上 4 年级\n");
            case 5:
                System.out.printf("该学生还需要上 5 年级\n");
            case 6:
                System.out.printf("该学生还需要上 6 年级\n");
        }
    }
}
```

运行结果如下：

```
该学生还需要上 2 年级
该学生还需要上 3 年级
该学生还需要上 4 年级
该学生还需要上 5 年级
该学生还需要上 6 年级
```

注意：case 后面的 value 值必须是常量、各个 value 值必须不同，否则会输出错误信息，如以下代码：

```
public class test{
    public static void main(String[] args){
        int grade=2;
        switch(grade){
            case 1:
                System.out.printf("该学生还需要上 1 年级\n");
            case 2:
                System.out.printf("该学生还需要上 2 年级\n");
            case 3:
                System.out.printf("该学生还需要上 3 年级\n");
            case 2:
                System.out.printf("该学生还需要上 4 年级\n");
            case 5:
                System.out.printf("该学生还需要上 5 年级\n");
```

```
        case 6:
            System.out.printf("该学生还需要上 6 年级\n");
        }
    }
}
```

此时有两个 case 后面的值重复了，此时会输出以下错误信息：

case 标签重复

在 case 语句中可以包含多条语句，它们可以不使用大括号括起来，如以下代码：

```
public class test{
    public static void main(String[] args){
        int grade=2;
        switch(grade){
            case 1:
                System.out.printf("该学生还需要上 1 年级\n");
                System.out.printf("1 年级的课程包含：语文、数学\n");
            case 2:
                System.out.printf("该学生还需要上 2 年级\n");
                System.out.printf("2 年级的课程包含：语文、数学\n");
                System.out.printf("2 年级的课程还包含：音乐、美术\n");
            case 3:
                System.out.printf("该学生还需要上 3 年级\n");
                System.out.printf("3 年级的课程包含：语文、数学\n");
                System.out.printf("3 年级的课程还包含：音乐、美术\n");
                System.out.printf("3 年级的课程还包含：英语\n");
            case 4:
                System.out.printf("该学生还需要上 4 年级\n");
                System.out.printf("4 年级的课程包含：语文、数学\n");
                System.out.printf("4 年级的课程还包含：音乐、美术\n");
                System.out.printf("4 年级的课程还包含：英语\n");
            case 5:
                System.out.printf("该学生还需要上 5 年级\n");
                System.out.printf("5 年级的课程包含：语文、数学\n");
                System.out.printf("5 年级的课程还包含：音乐、美术\n");
                System.out.printf("5 年级的课程还包含：英语\n");
            case 6:
                System.out.printf("该学生还需要上 6 年级\n");
                System.out.printf("6 年级的课程包含：语文、数学\n");
                System.out.printf("6 年级的课程还包含：音乐、美术\n");
                System.out.printf("6 年级的课程还包含：英语\n");
        }
    }
}
```

运行结果如下：

该学生还需要上 2 年级

2 年级的课程包含：语文、数学

2 年级的课程还包含：音乐、美术

该学生还需要上 3 年级

3 年级的课程包含：语文、数学

3 年级的课程还包含：音乐、美术

3 年级的课程还包含：英语

该学生还需要上 4 年级

4 年级的课程包含：语文、数学

4 年级的课程还包含：音乐、美术

4 年级的课程还包含：英语

该学生还需要上 5 年级

5 年级的课程包含：语文、数学

5 年级的课程还包含：音乐、美术

5 年级的课程还包含：英语

该学生还需要上 6 年级

6 年级的课程包含：语文、数学

6 年级的课程还包含：音乐、美术

6 年级的课程还包含：英语

5.5.2 默认分支

上文提到了在 switch 语句中，如果控制表达式的值与所有 case 后面的 value 值不相等时，会直接跳出 switch 语句。为了避免这种情况，可以为 switch 语句添加一个默认分支，它会在控制表达式的值与所有 case 后面的 value 值不相等时执行。此功能需使用 default 语句实现。其语法形式如下：

```
switch (表达式){
    case value1:
        语句 1;
    case value2:
        语句 2;
    case value3:
        语句 3;
    …
    case valuen:
        语句 n;
    default:
        语句 n+1;
}
```

注意：default 语句是一种默认情况，一般需要放在最后。

它的执行流程如图 5.14 所示。首先判断控制表达式的值与 value1 值是否相等，如果相等，则从当前 case 开始，顺序执行后面的 case 语句；如果不相等，则判断控制表达式的值与 value2 值是否相等，如果相等，则从当前 case 开始，顺序执行后面的 case 语句；如果不相等，则判断控制表达式的值与 value3 值是否相等，依次类推。如果控制表达式与 case 后面的 value 值都不相等，会执行 default 后面的语句。

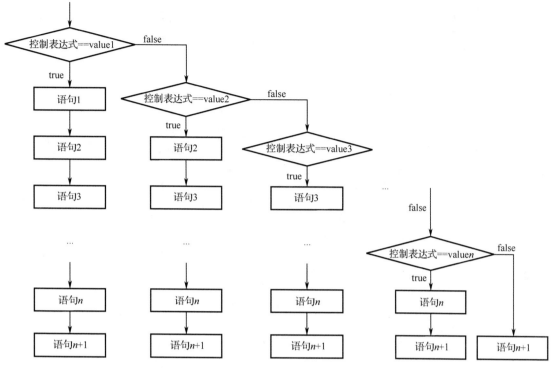

图 5.14 使用 default 语句的 switch 语句执行流程

【**示例 5-8**】下面还是学生转学问题，此时这个学生已上 8 年级，case 后面的 value 值都不匹配。代码如下：

```java
public class test{
    public static void main(String[] args){
        int grade=8;
        switch(grade){
            case 1:
                System.out.printf("该学生还需要上 1 年级\n");
            case 2:
                System.out.printf("该学生还需要上 2 年级\n");
            case 3:
                System.out.printf("该学生还需要上 3 年级\n");
            case 4:
                System.out.printf("该学生还需要上 4 年级\n");
            case 5:
                System.out.printf("该学生还需要上 5 年级\n");
            case 6:
                System.out.printf("该学生还需要上 6 年级\n");
            default:
                System.out.printf("该学生小学已上完，需要再上初中");
        }
    }
}
```

运行结果如下：

该学生小学已上完，需要再上初中

注意: 在一个 switch 语句中只可以有一个 default 语句，否则程序就会出错，如以下代码：

```
public class test{
    public static void main(String[] args){
        int grade=8;
        switch(grade){
            case 1:
                System.out.printf("该学生还需要上 1 年级\n");
            case 2:
                System.out.printf("该学生还需要上 2 年级\n");
            case 3:
                System.out.printf("该学生还需要上 3 年级\n");
            case 4:
                System.out.printf("该学生还需要上 4 年级\n");
            case 5:
                System.out.printf("该学生还需要上 5 年级\n");
            case 6:
                System.out.printf("该学生还需要上 6 年级\n");
            default:
                System.out.printf("该学生小学已上完，需要再上初中");
            default:
                System.out.printf("该学生小学已上完，需要再上高中");
        }
    }
}
```

在此程序中出现了两个 default 语句，此时会输出以下错误信息：

```
default 标签重复
```

5.5.3 跳出分支

在 switch 语句中，如果控制表达式的值与某个 value 值相等，那么程序会从当前 case 开始，顺序执行后面的 case 语句。但有时并不希望看到这样的结果，如在成绩问题中，只是想知道某个成绩等级对应的分数。此时就可以使用 break 语句，它可以终止对应的分支，并跳出 switch 语句的整个分支。其语法形式如下：

```
switch (表达式){
    case value1:
        语句 1;
        break;
    case value2:
        语句 2;
        break;
    case value3:
        语句 3;
        break;
    …
    case valuen:
        语句 n;
        break;
    default:
```

```
        语句 n+1;
    }
```

它的执行流程如图 5.15 所示。

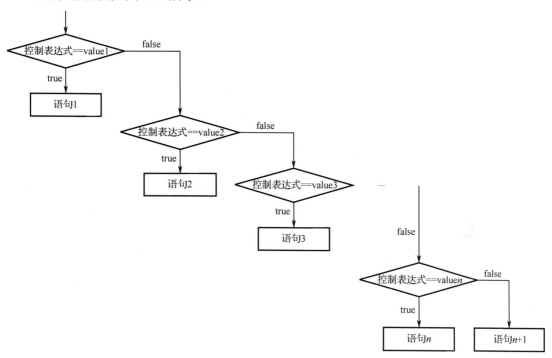

图 5.15　使用 break 语句的 switch 语句执行流程

【示例 5-9】下面将输出成绩等级对应的分数。代码如下：

```
public class test{
    public static void main(String[] args){
        char level='B';
        switch(level){
            case 'A':
                System.out.printf("分数在 90 与 100 之间\n");
                break;
            case 'B':
                System.out.printf("分数在 70 与 90 之间\n");
                break;
            case 'C':
                System.out.printf("分数在 60 与 70 之间\n");
                break;
            default:
                System.out.printf("分数在 60 以下\n");
        }
    }
}
```

运行结果如下：

分数在 70 与 90 之间

注意:在switch语句中，如果多个case需要执行相同的语句，可以使用如下所示的switch语句格式:

```
switch (表达式){
    case value1:
    case value2:
    case value3:
        语句 1;
        break;
    …
    case valuen-1:
    case valuen:
        语句 n;
        break;
    default:
        语句 n+1;
}
```

它的执行流程如图 5.16 所示。

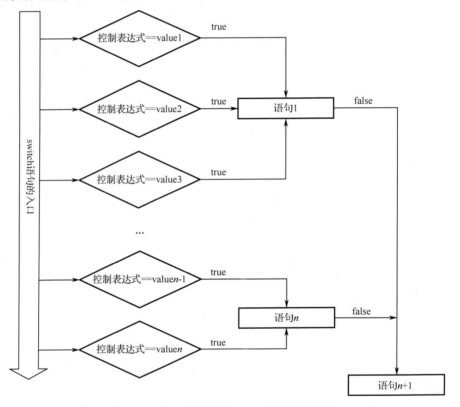

图 5.16　另一种形式的 switch 语句执行流程

【示例 5-10】 下面将查看星期 5 是工作日还是双休日。代码如下:

```
public class test{
    public static void main(String[] args){
        int week=5;
        switch(week){
            case 1:
```

```
        case 2:
        case 3:
        case 4:
        case 5:
            System.out.printf("星期 1 到 5 是工作日\n");
            break;
        case 6:
        case 7:
            System.out.printf("星期 6 和 7 为双休日\n");
            break;
        default:
            System.out.printf("无效数字");
        }
    }
}
```

运行结果如下：

星期 1 到 5 是工作日

5.6 小 结

通过对本章的学习，读者需要知道以下内容。

❑ 选择执行就是根据条件执行特定的操作。

❑ Java 语言提供了 4 种选择执行的语句，分别为 if 选择语句、if-else 选择语句、if-else-if
选择语句及 switch 选择语句。

❑ if 语句只能判断一种情况。当表达式的值为真时，满足条件，执行语句；当表达式的
值为假时，不满足条件，不执行语句。

❑ if-else 语句可以判断两种情况，即两个分支，当条件为真时执行一个操作，当条件为
false 时执行另一个操作。

❑ if-else-if 语句可以判断多种情况，即多个分支。

❑ switch 选择语句就是 if-else-if 语句的另一种形式，由多分支的特殊情况演变而来。

5.7 习 题

一、填空题

1. 选择执行就是根据_____执行特定的操作。

2. if 语句只能判断_____种情况。

二、简答题

1. 简述什么是 if-else 语句。

2. 简述 if-else-if 语句的执行流程。

三、编程题

1. 使用 if 语句判断输入的年份是否是闰年。

2. 使用语句块实现当输入的半径大于 0 时，计算圆的面积和周长，并分别输出。

3. 连续使用 if，对输出的两个数字进行从小到大的排序。

4. 使用 if 的嵌套对输入的 3 个数字进行排序。

5. 使用 if-else 语句判断输入的数是否为 3 的倍数。

6. 使用 if-else 嵌套形式，对输入的 3 个数进行从小到大的排序。

7. 使用 if-else-if 语句输出 QQ 等级的活跃天数，即输入 QQ 等级，输出对应的天数。QQ 等级对照表如图 5.17 所示。

等级	等级图标	需要活跃天数
1	☆	5
4	☾	32
8	☾☾	96
12	☾☾☾	192
16	☺	320
32	☺☺	1152
48	☺☺☺	2496

图 5.17　QQ 等级对照表

8. 使用 switch 语句输出当前月份和剩余月份中每个月的天数。

9. 使用 switch 语句实现 90 和 2 的加、减、乘、除法运算。

10. 使用 switch 语句判断输入月份的季节。

第6章 循环执行

很多人都会将仰卧起坐作为锻炼身体的方式。为了达到健身效果，需要在一分钟内完成100个。仰卧起坐根据个数计分，因此涉及计数问题。而仰卧起坐的计数，就是一个不断进行加1的操作，健身人员躺下再起来就完成一个加1的操作，如图6.1所示。像这样重复执行加1的行为就称为循环执行。在Java中也存在循环执行。本章将讲解与循环执行相关的内容。

图6.1　一次仰卧起坐

6.1　循环执行概述

循环执行在Java中又被称为循环结构，它会重复执行操作。本节将讲解什么是循环执行、循环的构成、流程图等内容。

6.1.1　什么是循环执行

上文提到了，循环执行就是重复执行一些操作。在现实生活中，很多事件是循环执行的，如仰卧起坐计数、跳绳计数等，这些都是一目了然的。还有一些循环执行需要分别从结果和过程分析。下面将详细讲解这两种分析。

1. 从结果分析

在很多程序结果中经常会看到如图6.2所示的输出。它输出了8行星号，而且每行都是20个星号，由此可以判断出，20个星号重复输出了8次。所以它是一个循环执行。

```
********************
********************
********************
********************
********************
********************
********************
********************
```

图6.2　输出星号

2. 从过程分析

有一些循环执行需要从过程分析。例如某人有 20 元钱，1 元可以从商店买 1 瓶汽水，2 个空瓶可以换 1 瓶汽水，总共可以喝多少瓶？从这个问题中不容易看出循环，即便从结果分析也不行，因此需要从过程分析，如图 6.3 所示。20 元买 20 瓶，喝完兑换 10 瓶（累计 30 瓶），10 瓶喝完兑换 5 瓶（累计 35 瓶），5 瓶兑换 2 瓶（累计 37 瓶），剩余 1 个空瓶，喝 2 瓶再兑换 1 瓶（累计 38 瓶），喝完加上剩余的 1 个空瓶可以再兑换 1 瓶（累计 39 瓶）。

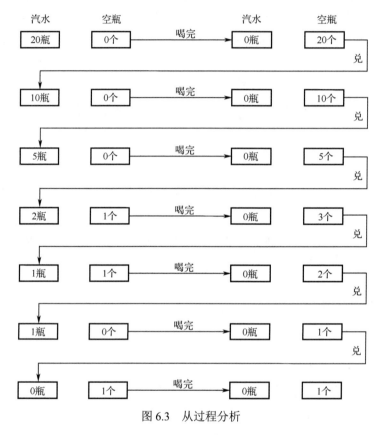

图 6.3　从过程分析

可以看出，此人一直在循环执行拿空瓶兑换汽水的操作，当汽水为 0 瓶时，结束兑换操作。

注意： 在买汽水问题中，当汽水为 0 瓶时，结束兑换操作，即不再循环，如果 1 个空瓶兑换 1 瓶汽水，便会一直执行兑换，即处于无限循环中，如果是这样，商店会被喝破产，所以在搞活动时，都会避免出现无限兑换的问题。在编写程序时，也需要注意避免无限循环（死循环），应满足条件即退出循环。

6.1.2　循环的构成

一个循环由 4 个部分组成，分别为初始化部分、循环部分、迭代部分及判断部分。下面将依次介绍这 4 个部分。

1. 初始化部分

初始化部分由各种初始条件和额外计数器（i、j、k 等）组成。在买汽水问题中，初始化部分就是 20 瓶汽水。

注意：循环语句中，凡是以 i、j、k、l、m、n 这 6 个字母开头的，即被认为是整型变量。

2. 循环部分

循环部分就是反复执行的内容，在买汽水问题中，循环部分就是使用空瓶兑换汽水，即 2 个空瓶可以兑换 1 瓶汽水。

3. 迭代部分

迭代部分就是修改循环控制条件，如果缺少，容易造成无限执行。有时候迭代部分和初始化部分中的额外计数器是一样的。

4. 判断部分

判断部分就是终止部分，即满足终止循环的条件（确定条件是否可以成立）。在买汽水问题中，判断部分就是兑换后汽水为 0 瓶，即不再兑换。

6.1.3　流程图

循环执行的流程如图 6.4 所示。

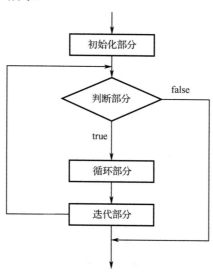

图 6.4　循环执行的流程

6.2　当型循环 for

当型循环，就是当条件满足时，执行循环操作。即先判断某些条件是否为真，然后重复执行某一段代码。在 Java 中最为严格的、功能最强大的当型循环语句为 for 语句。在事先知道循环次数的情况下，使用 for 语句比较方便。本节将讲解与 for 语句相关的内容。

6.2.1　语法结构

for 语句由 4 个部分组成，分别为初始条件、判断条件、迭代及循环体。其语法形式如下：

```
for(表达式 1;表达式 2;表达式 3){
    循环体
}
```

其中，"表达式 1"为初始条件、"表达式 2"为判断条件、"表达式 3"为迭代；"循环体"可以是单条语句或语句块，当为单条语句时，{}可以省略。

注意：在 for 语句中，将循环的初始条件、判断条件和迭代都放在关键字 for 后面的小括号中，避免因忘记设置循环的某一部分而导致程序出现错误。

6.2.2　循环方式

for 语句的执行流程如图 6.5 所示。在循环开始之前，使用表达式 1 来确定循环的第一个值，然后判断表达式 2 的真假。如果表达式 2 为假，则结束循环；如果表达式 2 为真，则执行循环体，然后计算表达式 3，再去判断表达式 2 的值，依次类推。也就是说，在 for 循环中，必须先判断表达式 2 的值，然后执行循环体。

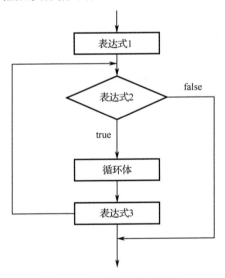

图 6.5　for 语句的执行流程

【示例 6-1】下面将循环输出 5 行********************。代码如下：

```java
public class test{
    public static void main(String[] args){
        for(int i=1;i<=5;i++){
            System.out.printf("********************\n");
        }
    }
}
```

运行结果如下：

```
*******************
*******************
*******************
*******************
*******************
```

为了可以看到 for 语句的执行流程，这里使用调试中的输出来实现。示例 6-1 中的代码需修改为以下代码：

```
public class test{
    public static void main(String[] args){
        for(int i=1;i<=5;i++){
            System.out.printf("执行第%d 次循环体\n",i);
            System.out.printf("*******************\n");
        }
        System.out.printf("结束循环");
    }
}
```

运行结果如下：

```
执行第 1 次循环体
*******************
执行第 2 次循环体
*******************
执行第 3 次循环体
*******************
执行第 4 次循环体
*******************
执行第 5 次循环体
*******************
结束循环
```

由输出结果可以看出，循环体循环了 5 次，即执行了 5 次输出星号的操作。

6.2.3　简化形式

for 语句中存在很多简化形式，下面将讲解常见的 5 种简化形式。

1. 省略初始条件

当 for 语句中的初始条件在 for 语句之前的语句中有出现，具有默认值时，可以省略初始条件，如以下代码：

```
public class test{
    public static void main(String[] args){
        int i=1;
        for(;i<=5;i++){
            System.out.printf("*******************\n");
        }
    }
}
```

2. 省略判断条件

当在循环体内有判断条件或其他处理时，可以省略判断条件。

注意：省略了判断条件，并且没有其他处理时便成为死循环，如以下代码：

```java
public class test{
    public static void main(String[] args){
        for(int i=1;;i++){
            System.out.printf("*******************\n");
        }
    }
}
```

3. 省略迭代

当在循环体内有修改循环控制变量的语句时，可以省略迭代，如以下代码：

```java
public class test{
    public static void main(String[] args){
        for(int i=1;i<=5;){
            i++;
            System.out.printf("*******************\n");
        }
    }
}
```

4. 全部省略

在 for 语句中，最简单的一种形式就是将初始条件、判断条件、迭代全部省略，如以下代码：

```java
for(;;){
    循环体
}
```

5. 省略初始条件和迭代，只保留判断条件

这是 for 语句最常使用的一种形式，如以下代码：

```java
public class test{
    public static void main(String[] args){
        int i=1;
        for(;i<=5;){
            i++;
            System.out.printf("*******************\n");
        }
    }
}
```

6.3 当型循环 while

在 Java 中，for 语句的初始条件和迭代省略，只保留判断条件，可以有另一种写法，此时

需要使用到 while 语句。本节将讲解与 while 语句相关的内容。

6.3.1 语法结构

while 语句和 for 语句一样，也是当型循环，即当条件满足时，执行循环操作。while 语句由判断条件和循环体组成。其语法形式如下：

```
while(表达式){
    循环体
}
```

其中，"表达式"是判断条件，可以是关系表达式（隐式关系表达式）或逻辑表达式；"循环体"可以是单条语句或语句块。

6.3.2 循环方式

while 语句的执行流程如图 6.6 所示。只有当表达式的值为真时，才执行语句。也就是说，while 语句中的循环体可以执行 0 次或多次。

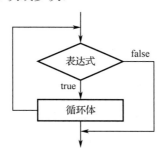

图 6.6　while 语句的执行流程

【示例 6-2】下面将计算 1～5 的和。代码如下：

```java
public class test{
    public static void main(String[] args){
        int i,sum;
        i=1;
        sum=0;
        while(i<=5){
            sum+=i;
            i++;
        }
        System.out.printf("1+2+3+4+5 = %d",sum);
    }
}
```

运行结果如下：

```
1+2+3+4+5 = 15
```

为了可以看到 while 语句的执行流程，这里使用调试中的输出来实现。示例 6-2 中的代码需修改为以下代码：

```
public class test{
    public static void main(String[] args){
        int i,sum;
        i=1;
        sum=0;
        while(i<=5){
            System.out.printf("第%d 次执行循环体\n",i);
            sum+=i;
            i++;
        }
        System.out.printf("结束循环\n");
        System.out.printf("1+2+3+4+5 = %d",sum);
    }
}
```

运行结果如下：

第 1 次执行循环体
第 2 次执行循环体
第 3 次执行循环体
第 4 次执行循环体
第 5 次执行循环体
结束循环
1+2+3+4+5 = 15

由输出结果可以看出，循环体循环了 5 次，即执行了 5 次加法操作。

6.4 直到型循环 do-while

直到型循环就是先执行循环操作，直到某种条件不满足时，终止循环。在 Java 中，直到型循环语句为 do-while。本节将讲解与 do-while 语句相关的内容。

6.4.1 语法结构

do-while 语句由判断条件和循环体组成。其语法形式如下：

```
do{
    循环体
}while(表达式)
```

其中，"循环体"可以是单条语句或语句块；"表达式"是判断条件，可以是关系表达式（隐式关系表达式）或逻辑表达式。

6.4.2 循环方式

do-while 语句的执行流程如图 6.7 所示。它会先执行循环体，然后进行条件判断。也就是说，do-while 语句中的循环体至少执行一次。

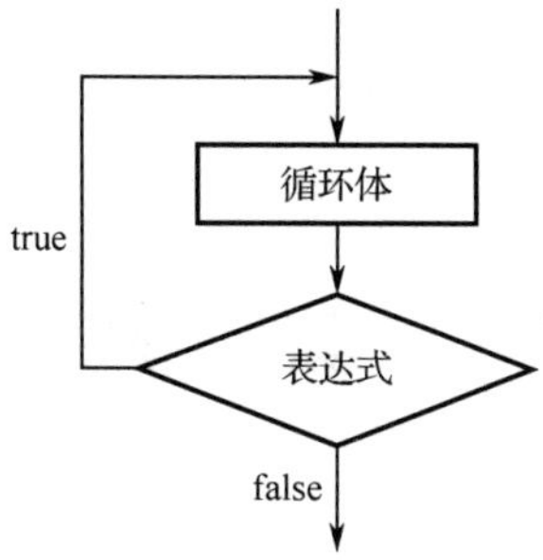

图 6.7 do-while 语句的执行流程

【示例 6-3】下面将使用 do-while 语句实现 1～5 的和。代码如下：

```java
public class test{
    public static void main(String[] args){
        int i,sum;
        i=1;
        sum=0;
        do{
            sum+=i;
            i++;
        }while(i<=5);
        System.out.printf("1+2+3+4+5 = %d",sum);
    }
}
```

运行结果如下：

```
1+2+3+4+5 = 15
```

为了可以看出 do-while 语句的执行流程，这里使用调试中的输出来实现。示例 6-3 中的代码需修改为以下代码：

```java
public class test{
    public static void main(String[] args){
        int i,sum;
        i=1;
        sum=0;
        do{
            System.out.printf("第%d 次执行循环体\n",i);
            sum+=i;
            i++;
        }while(i<=5);
        System.out.printf("结束循环\n");
        System.out.printf("1+2+3+4+5 = %d",sum);
    }
}
```

运行结果如下：

```
第1次执行循环体
第2次执行循环体
第3次执行循环体
第4次执行循环体
第5次执行循环体
```

结束循环

1+2+3+4+5 = 15

由输出结果可以看出，循环体循环了 5 次，即执行了 5 次加法操作。

6.5 循 环 跳 转

在上文的 for 语句中提到了省略条件。如果没有其他处理便成为死循环。为了避免这一情况，可以使用循环跳转语句。Java 语言提供了两种循环跳转语句，分别为 break 语句和 continue 语句。本节将详细讲解这两种语句。

6.5.1 跳出循环 break

break 语句又称中断语句。在循环语句中使用它，它会跳出循环，不再进行循环。其执行流程如图 6.8 所示。

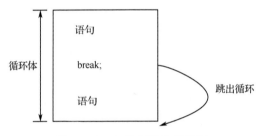

图 6.8　break 语句的执行流程

【示例 6-4】下面将输出半径为 1～10 的圆的面积，若面积大于 100 则停止输出。代码如下：

```java
public class test{
    public static void main(String[] args){
        int r=1;
        double s=0.0;
        for(;r<=10;r++){
            s=r*r*3.14;
            if(s>100)
                break;
            System.out.printf("圆的面积为%.2f\n",s);
        }
    }
}
```

运行结果如下：

圆的面积为 3.14

圆的面积为 12.56

圆的面积为 28.26

圆的面积为 50.24

圆的面积为 78.50

为了可以看到 break 语句的执行流程，这里使用调试中的输出来实现。示例 6-4 中的代码需修改为以下代码：

```java
public class test{
    public static void main(String[] args){
        int r=1;
        double s=0.0;
        for(;r<=10;r++){
            System.out.printf("第%d 次执行循环体\n",r);
            s=r*r*3.14;
            if(s>100)
                break;
            System.out.printf("圆的面积为%.2f\n",s);
        }
        System.out.printf("结束循环体\n");
        System.out.printf("面积大于 100 的最小半径为%d\n",r);
    }
}
```

运行结果如下：

第 1 次执行循环体
圆的面积为 3.14
第 2 次执行循环体
圆的面积为 12.56
第 3 次执行循环体
圆的面积为 28.26
第 4 次执行循环体
圆的面积为 50.24
第 5 次执行循环体
圆的面积为 78.50
第 6 次执行循环体
结束循环体
面积大于 100 的最小半径为 6

从运行结果中可以看出，当 r[①]为 6 时，由于面积大于 100，所以会跳出循环，执行 for 语句后面的语句，即输出"结束循环体"字符串，以及输出面积大于 100 的最小半径。

6.5.2 跳出当前循环 continue

continue 语句会跳出当前循环，尝试执行下一次循环，其执行流程如图 6.9 所示。

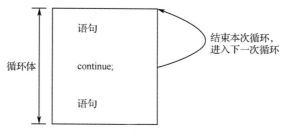

图 6.9 continue 语句的执行流程

---

① 为了与程序中的正体保持一致，本书所用 r、i 等变量不再用斜体表示。

【示例 6-5】 下面原本要输出 1～6 这 6 个数字，但由于 continue 的关系只输出了 5 位。代码如下：

```java
public class test{
    public static void main(String[] args){
        for(int i=1; i<=6; i++){
            if(i==3)
                continue;
            System.out.printf("输出：%d\n",i);
        }
    }
}
```

运行结果如下：

```
输出：1
输出：2
输出：4
输出：5
输出：6
```

为了可以看到 continue 语句的执行流程，这里使用调试中的输出来实现。示例 6-5 中的代码需修改为以下代码：

```java
public class test{
    public static void main(String[] args){
        for(int i=1; i<=6; i++){
            if(i==3){
                System.out.printf("第%d 次执行循环体跳出，进入下一次循环\n",i);
                continue;
            }
            System.out.printf("第%d 次执行循环体\n",i);
            System.out.printf("输出：%d\n",i);
        }
    }
}
```

运行结果如下：

```
第 1 次执行循环体
输出：1
第 2 次执行循环体
输出：2
第 3 次执行循环体跳出，进入下一次循环
第 4 次执行循环体
输出：4
第 5 次执行循环体
输出：5
第 6 次执行循环体
输出：6
```

从运行结果中可以看出，当 i 为 3 时，会执行 continue 语句，跳出当前循环，执行下一次循环。

132

6.5.3　标签

标签由标识符和冒号组成，声明形式如图 6.10 所示。

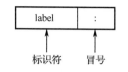

图 6.10　标签的声明形式

Java 中的标签通常在循环语句之前声明，然后紧跟在 break 或 continue 后面使用。

在 break 后面：跳出标签所指的循环。

在 continue 后面：回到声明标签处，并重新进入紧跟在那个标签后面的循环。

【示例 6-6】下面将在循环前面声明一个标签 out，然后在 break 后面使用该标签。代码如下：

```java
public class test{
    public static void main(String[] args){
        out:for(int i=1; i<=6; i++){
            if(i==3){
                break out;
            }
            System.out.printf("输出：%d\n",i);
        }
    }
}
```

在此代码中，break 后面有一个标签 out，这就意味着在循环第 3 次，即 i 为 3 时，会跳出 out 标签指向的循环。运行结果如下：

```
输出：1
输出：2
```

6.6　嵌套循环

为了满足一些特殊的功能，如输出九九乘法表，需要将循环语句进行嵌套使用，从而形成嵌套循环。本节将讲解与嵌套循环相关的内容。

6.6.1　普通嵌套

普通嵌套就是将循环语句嵌套使用，循环之间互不影响，其执行流程如图 6.11 所示。

【示例 6-7】下面将输出 3 行----------，并且在输出每行----------后，输出两行**********。代码如下：

```java
public class test{
    public static void main(String[] args){
        for(int i=1;i<=3;i++){                    //外层循环
            System.out.printf("----------\n");
            for(int j=1;j<=2;j++){                //内层循环
```

```
                    System.out.printf("**********\n");
                }
            }
        }
    }
```

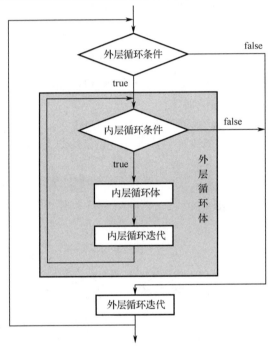

图 6.11 普通嵌套的执行流程

运行结果如下:

```
----------
**********
**********
----------
**********
**********
----------
**********
**********
```

为了可以看到普通嵌套的执行流程, 这里使用调试中的输出来实现。示例 6-7 中的代码需修改为以下代码:

```
public class test{
    public static void main(String[] args){
        for(int i=1;i<=3;i++){
            System.out.printf("第%d 次执行外部循环\n",i);
            System.out.printf("----------\n");
            for(int j=1;j<=2;j++){
                System.out.printf("第%d 次执行内部循环\n",j);
                System.out.printf("**********\n");
```

```
            }
        }
    }
}
```

运行结果如下：

第 1 次执行外部循环

第 1 次执行内部循环

****

第 2 次执行内部循环

****

第 2 次执行外部循环

第 1 次执行内部循环

****

第 2 次执行内部循环

****

第 3 次执行外部循环

第 1 次执行内部循环

****

第 2 次执行内部循环

****

在此运行结果中可以看出，每当外部循环执行一次时，内部循环需要执行两次。

6.6.2　复杂嵌套

复杂嵌套正好和普通嵌套相反，循环之间的迭代关系互相影响，如九九乘法表就使用到了复杂嵌套。它的执行流程和普通嵌套的执行流程一样。

【示例 6-8】下面将输出九九乘法表。代码如下：

```
public class test{
    public static void main(String[] args){
        int i,j,result;
        for(i=1;i<10;i++){
            for(j=1;j<=i;j++){                          //外层的 i 影响内层的 j
                result=i*j;
                System.out.printf("%d * %d = %d\t",j,i,result);
            }
            System.out.printf("\n");
        }
    }
}
```

运行结果如图 6.12 所示。

```
run:
1 * 1 = 1
1 * 2 = 2      2 * 2 = 4
1 * 3 = 3      2 * 3 = 6      3 * 3 = 9
1 * 4 = 4      2 * 4 = 8      3 * 4 = 12     4 * 4 = 16
1 * 5 = 5      2 * 5 = 10     3 * 5 = 15     4 * 5 = 20     5 * 5 = 25
1 * 6 = 6      2 * 6 = 12     3 * 6 = 18     4 * 6 = 24     5 * 6 = 30     6 * 6 = 36
1 * 7 = 7      2 * 7 = 14     3 * 7 = 21     4 * 7 = 28     5 * 7 = 35     6 * 7 = 42     7 * 7 = 49
1 * 8 = 8      2 * 8 = 16     3 * 8 = 24     4 * 8 = 32     5 * 8 = 40     6 * 8 = 48     7 * 8 = 56     8 * 8 = 64
1 * 9 = 9      2 * 9 = 18     3 * 9 = 27     4 * 9 = 36     5 * 9 = 45     6 * 9 = 54     7 * 9 = 63     8 * 9 = 72     9 * 9 = 81
生成成功（总时间：0 秒）
```

图 6.12　运行结果

为了可以看出循环之间的迭代关系互相影响，可以将 j 的值输出。示例 6-8 中的代码需修改为以下代码：

```java
public class test{
    public static void main(String[] args){
        int i,j,result;
        for(i=1;i<10;i++){
            for(j=1;j<=i;j++){
                result=i*j;
                System.out.printf("%d\t",j);
            }
            System.out.printf("\n");
        }
    }
}
```

运行结果如图 6.13 所示。

```
run:
1
1      2
1      2      3
1      2      3      4
1      2      3      4      5
1      2      3      4      5      6
1      2      3      4      5      6      7
1      2      3      4      5      6      7      8
1      2      3      4      5      6      7      8      9
生成成功（总时间：0 秒）
```

图 6.13　运行结果

在图 6.13 中可以看出，j 输出的值会受到 i 的影响，当 i 为 1 时，j 只输出 1；当 i 为 2 时，j 会输出 1 和 2，依次类推。

注意： 在复杂嵌套中需要将循环之间的迭代关系处理好，避免死循环。

6.6.3　跳出多层循环

在多层嵌套循环中，单纯的 break 和 continue 已经无法满足跳转的需求，此时就需要使用标签。在上文中提到的标签在单个循环中使用，用途并不大，但是在多层循环中就不一样了。

【示例6-9】下面将实现当 i 和 j 同为 2 的时候，跳出整个循环。代码如下：

```
public class test{
    public static void main(String[] args){
        int i,j,result;
        out:for(i=1;i<=6;i++){
            System.out.printf("当前的 i 是%d\n",i);
            inside:for(j=1;j<=4;j++){
                if(i==2&&j==2)
                    break out;                          //跳出循环
                System.out.printf("当前的 j 是%d\n",j);
            }
        }
    }
}
```

运行结果如下：

```
当前的 i 是 1
当前的 j 是 1
当前的 j 是 2
当前的 j 是 3
当前的 j 是 4
当前的 i 是 2
当前的 j 是 1
```

在代码中可以看出，使用标签 out 后，可以直接跳转到标签指定的位置，也就是 for 语句开始前的位置。

6.7 小　　结

通过对本章的学习，读者需要知道以下内容。

❑ 循环执行在 Java 中又被称为循环结构，它会重复执行操作。

❑ 一个循环由 4 个部分组成，分别为初始化部分、循环部分、迭代部分及判断部分。

❑ 当型循环，就是当条件满足时，执行循环操作。即先判断某些条件是否为真，然后重复执行某一段代码。

❑ for 语句中常见的 5 种简化形式分别为省略初始条件；省略判断条件；省略迭代；全部省略；省略初始条件和迭代，只保留判断条件。

❑ while 语句由判断条件和循环体组成。

❑ do-while 语句是先执行循环操作，直到某种条件不满足时，才终止循环。do-while 语句由判断条件和循环体组成。

❑ Java 语言提供了两种循环跳转语句，分别为 break 语句和 continue 语句。

6.8 习 题

一、填空题

1. 一个循环由初始化部分、_____、_____及判断部分组成。

2. 先执行循环操作，直到某种条件不满足时，才终止循环的循环语句是_____语句。

3. 中断语句又被称为_____语句。

4. 会跳出当前循环，尝试执行下一次循环的循环跳转语句是_____语句。

5. while 语句由_____和循环体组成。

二、选择题

1. 以下代码的运行结果是（   ）。

```java
public class test{
    public static void main(String[] args){
        int sum=0;
        for(int i=0;i<=100;i+=2){
            if(i%2==0){
                sum+=i;
            }
        }
        System.out.println(sum);
    }
}
```

    A．2550   B．2000   C．1000   D．1550

2. 以下代码的功能是（   ）。

```java
public class test{
    public static void main(String[] args){
        int sum=0;
        int a=1;
        for(int i=1;i<=10;i++){
            for(int y=1;y<=i;y++){
                a=a*y;
            }
            sum =sum+a;
        }
        System.out.println(sum);
    }
}
```

    A．求 1!+2!+3!+...+10!   B．求 1+2+3+...+10

    C．1*2*3*...*10   D．1!+2!+3!+4!

三、编程题

1. 使用 for 循环输出 8 行 Hello,World 字符串。

2. 使用 while 语句输出 1~10 这 10 个数字。

3．使用 do-while 循环计算 1+2+3+…+98+99+100。

4．使用 continue 语句输出 1～10 中的偶数。

5．使用复杂嵌套输出加法表，如图 6.14 所示。

1 + 1 = 2								
2 + 1 = 3	2 + 2 = 4							
3 + 1 = 4	3 + 2 = 5	3 + 3 = 6						
4 + 1 = 5	4 + 2 = 6	4 + 3 = 7	4 + 4 = 8					
5 + 1 = 6	5 + 2 = 7	5 + 3 = 8	5 + 4 = 9	5 + 5 = 10				
6 + 1 = 7	6 + 2 = 8	6 + 3 = 9	6 + 4 = 10	6 + 5 = 11	6 + 6 = 12			
7 + 1 = 8	7 + 2 = 9	7 + 3 = 10	7 + 4 = 11	7 + 5 = 12	7 + 6 = 13	7 + 7 = 14		
8 + 1 = 9	8 + 2 = 10	8 + 3 = 11	8 + 4 = 12	8 + 5 = 13	8 + 6 = 14	8 + 7 = 15	8 + 8 = 16	
9 + 1 = 10	9 + 2 = 11	9 + 3 = 12	9 + 4 = 13	9 + 5 = 14	9 + 6 = 15	9 + 7 = 16	9 + 8 = 17	9 + 9 = 18

图 6.14　加法表

第7章 方　　法

当遇到需要重复执行的功能时，根据现在所学，可以使用循环。但是，很多情况下，使用循环是无法解决问题的，需要使用到方法。本章将讲解与方法相关的内容。

7.1　方　法　概　述

方法就是由一条或多条语句组成的语句块。其作用是将功能独立出来，反复使用。使用方法不仅可以减少代码的输入量，还可以使结构鲜明，便于理解，如图 7.1 所示。

```
public class test{                          public class test{
    public static void main(String[] args){     functionA (){
        //实现目标A                                   语句1;
        语句1;                                        语句2;
        语句2;                                        语句3;
        语句3;                                        语句4;
        语句4;                                        语句5;
        语句5;                                        语句6;
        语句6;                                        ...         // 此处省略300行代码
        ...         // 此处省略300行代码              }
        //实现目标B                               functionB(){
        语句1;                                        语句1;
        语句2;                                        语句2;
        语句3;                                        语句3;
        语句4;                                        语句4;
        语句5;                                        语句5;
        语句6;                                        语句6;
        ...         // 此处省略400行代码              ...         // 此处省略400行代码
        //实现目标B                               }
        语句1;                     使用方法        public static void main(String[] args){
        语句2;                                        functionA ()
        语句3;                                        functionB ()
        语句4;                                        functionB ()
        语句5;                                        functionA ()
        语句6;                                    }
        ...         // 此处省略400行代码          }
        //实现目标A
        语句1;
        语句2;
        语句3;
        语句4;
        语句5;
        语句6;
        ...         // 此处省略300行代码
    }
}
```

图 7.1　使用方法前后

从图 7.1 中可以看出，使用方法可以节省 700 行代码，不仅如此，使用方法的程序看上去结构比较鲜明。

注意： 方法和循环都可以反复使用，但两者是截然不同的，循环只能连续反复使用，而方法不需要连续使用。在图 7.1 中，方法 A 执行后，执行的是两个方法 B，最后再执行一次方法 A。

7.2 使用方法

在了解了什么是方法、方法的作用及益处之后，本节将讲解如何使用方法。方法的使用一般分为两步，第一步为声明方法，第二步为调用方法。

7.2.1 声明方法

声明一个方法需要包含方法头和方法体，其最基本、最简单的形式如图 7.2 所示。

图 7.2　声明方法的形式

其中，方法头就是 static void 方法名()，方法体其实就是由大括号括起来的语句块。

注意：声明的方法必须有通用性。

7.2.2 调用方法

在声明方法后，程序员才可以调用这个方法。其语法形式如下：

```
方法名();
```

注意：在方法调用中，方法名后紧跟着的括号被称为方法调用运算符。使用此运算符构建的表达式被称为方法调用表达式。

【示例 7-1】 下面将声明一个求 8+3 的方法 add()，并调用该方法。代码如下：

```java
public class test{
    static void add(){
        int sum;
        sum=8+3;
        System.out.printf("sum = %d",sum);
    }
    public static void main(String[] args){
        add();
    }
}
```

运行结果如下：

```
sum = 11
```

以下将使用调试来查看程序的执行流程，如图 7.3 所示。

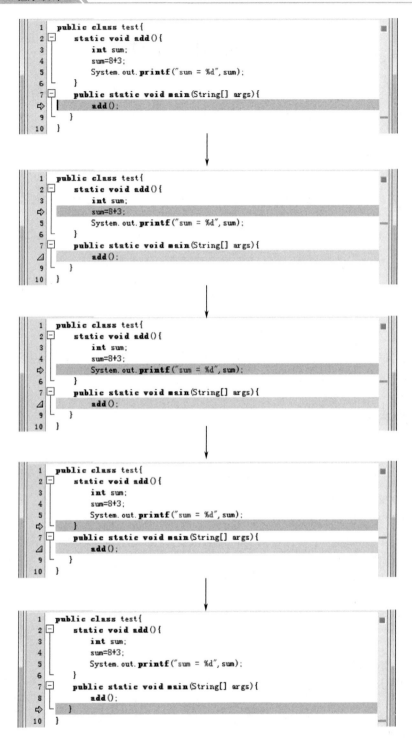

图 7.3 声明并调用方法的执行流程

从图 7.3 中可以看出，运行程序后，首先会执行调用 add()方法的代码，即第 8 行的代码，然后执行 add()的声明方法。在执行 add()时，调用 add()方法这一行是紫色的，提示程序员，现在执行的是调用 add()方法。

7.3 使 用 参 数

在上文中提到过,声明的方法需要有通用性。在很多情况下,每次调用方法,数值可能都不同,如计算任意两个数的和,此时就需要为方法传递数值。此功能可以使用参数实现。本节将讲解与参数相关的内容。

7.3.1 声明参数

和使用方法一样,参数的使用一般分为两步,第一步为声明参数,第二步为传递参数。本小节首先讲解如何声明参数。参数的声明在声明方法中实现,语法形式如下:

```
static void 方法名(参数列表){
    语句;
}
```

方法名后面括号中的内容就是对参数的声明。每个参数都是由参数类型和参数名组成的。这里的参数可以是一个,语法形式如下:

```
static void 方法名(int a){
    语句;
}
```

当是一个参数时,这个参数可以被称为形参,即形式参数,相当于为方法体定义变量,供在方法体内使用。这里的参数也可以是多个。如果是多个参数,也可以称之为形参列表,参数之间需使用逗号分隔,语法形式如下:

```
static void 方法名(int a,int b,int c){
    语句;
}
```

7.3.2 传递参数

在声明好参数后,就可以实现参数传递了。其语法形式如下:

```
方法名(参数列表);
```

这里的参数可以称之为实参,即实际参数,相当于为形参赋值,如果有多个参数,参数之间需使用逗号分隔。

【示例 7-2】下面将使用参数实现 3 加任何数的和。代码如下:

```
public class test{
    static void add(int a){
        int sum;
        sum=a+3;
        System.out.printf("sum = %d\n",sum);
    }
    public static void main(String[] args){
        add(7);
        add(2);
    }
}
```

运行结果如下：

```
sum = 10
sum = 5
```

在此代码中声明了一个参数 a，这个参数是形参。在两次调用方法中为参数 a 传递了一个 7 和一个 2，这里的 7 和 2 就是实参。

注意： 在使用参数时，实参和形参的个数需一致、数据类型需相兼容、顺序需一致。有一个要求没有达到，程序便会出现错误，如以下代码：

```java
public class test{
    static void add(int a,int b){
        int sum;
        sum=a+3;
        System.out.printf("sum = %d\n",sum);
    }
    public static void main(String[] args){
        add(7);
    }
}
```

在此代码中，形参有 2 个，实参有 1 个，两种参数的个数是不一致的，所以会输出以下错误信息：

```
无法将 test 中的 add(int,int) 应用于 (int)
```

注意： 当有多个实参时，参数之间需使用逗号分隔，这时这个逗号被称为逗号运算符，它会从左到右依次运算和传值，如以下代码：

```java
public class test{
    static void add(int a,int b,int c){
        int sum;
        sum=a+b+c;
        System.out.printf("sum = %d\n",sum);
    }
    public static void main(String[] args){
        add(13,16,8);
    }
}
```

运行结果如下：

```
sum = 37
```

在此代码中，实参有 3 个，分别为 13、16 和 8，在传值之前，会从左到右依次对这 3 个参数进行运算，然后对运算后的结果进行传递。

7.4 返 回 值

很多情况下会获取使用方法处理后得到的数值，此时需使用返回值实现。本节将讲解与返回值相关的内容。

7.4.1 声明返回类型

要让方法具有返回值，首先需要声明返回值的类型，此功能需要在方法声明中实现。其语法形式如下：

```
static  返回类型  方法名(参数列表){
    语句;
}
```

注意：当"返回类型"使用 void 表示时，则没有返回值，即不返回。本书前面的示例及介绍中提到的方法都是没有返回值的。

7.4.2　传递返回值

在声明返回类型之后，需要传递返回值，此时需要使用 return 语句。其语法形式如下：

```
return 返回值;
```

return 语句需要放在方法声明中实现，此时声明一个具有返回值的方法的完整语法形式如下：

```
static  返回类型  方法名(参数列表){
    语句;
    return 返回值;
}
```

【示例 7-3】下面将声明一个可以返回最大值的方法。代码如下：

```
public class test{
    static int max(int a,int b){
        int c;
        if(a>b){
            c=a;
        }else{
            c=b;
        }
        return c;
    }
    public static void main(String[] args){
        int maxValue=max(12,10);
        System.out.printf("最大值为%d\n",maxValue);
    }
}
```

运行结果如下：

```
最大值为 12
```

可以看出，返回的值其实就是方法调用表达式的值。

注意：return 语句可以有多个返回值，但是这些值的类型必须和返回类型相兼容，如以下代码：

```
public class test{
    static int max(int a,int b){
        if(a>b){
            return a;
        }else{
            return b;
        }
    }
```

```
    public static void main(String[] args){
        int maxValue=max(5,3);
        System.out.printf("最大值为%d",maxValue);
    }
}
```

运行结果如下：

最大值为5

注意：当声明了返回类型后，就必须使用 return 语句，否则程序会出现错误，如以下代码：

```
public class test{
    static int max(int a,int b){
        int c;
        if(a>b){
            c=a;
        }else{
            c=b;
        }
    }
    public static void main(String[] args){
        int maxValue=max(12,10);
        System.out.printf("最大值为%d\n",maxValue);
    }
}
```

此代码声明了返回类型为 int，但是没有使用 return 语句，会输出以下错误信息：

缺少返回语句

7.5 局部变量

正如酒店里的床在酒店内部，只有当人们去住酒店时才可以使用。在 Java 中，将这些床称之为局部变量。局部变量是在方法中定义的变量，这些变量包括形参、方法中的变量及块中的变量。

1. 作用域

局部变量只可以在方法内部使用，有效范围即作用域，从声明开始，到块结束，如图7.4 所示。

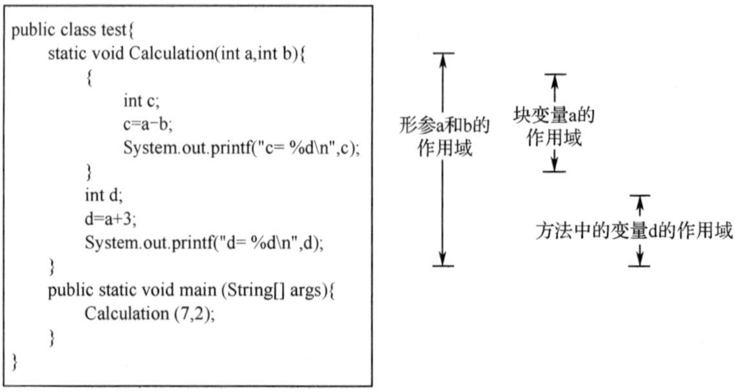

```
public class test{
    static void Calculation(int a,int b){
        {
            int c;
            c=a-b;
            System.out.printf("c= %d\n",c);
        }
        int d;
        d=a+3;
        System.out.printf("d= %d\n",d);
    }
    public static void main (String[] args){
        Calculation (7,2);
    }
}
```

形参a和b的作用域

块变量a的作用域

方法中的变量d的作用域

图 7.4　局部变量的作用域

2. 生命周期

局部变量是有生命周期的，即只有在当次调用内有效。

7.6 递　归

在很多时候，使用单纯的方法是解决不了复杂问题的，需要使用递归。本节将讲解什么是递归，以及如何实现递归。

7.6.1 什么是递归

递归就是将复杂的问题按照特定规律逐步简化。例如，"求5!是多少"是一个复杂问题，因此可以将其按照 $n!=n*(n-1)!$ 的规律逐步进行简化，如图 7.5 所示。简化后这个求阶乘的问题就变得简单了。

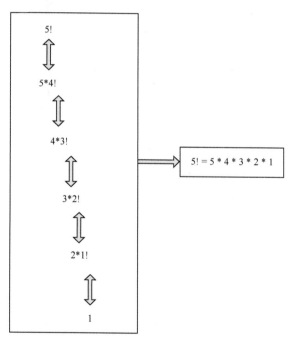

图 7.5　简化

递归包含两个部分，分别是递归头和递归方式。其中，递归头就是终点，即结束递归的终止条件，在图 7.5 中，就是最后的 1。递归方式就是每次递归要执行的操作，在求 5!是多少时，递归方式就是 $n*(n-1)!$。

7.6.2 实现递归

在 Java 中，通过方法反复调用自身，可以实现递归。当递归满足终止条件时会停止递归调用，逐层返回。递归的一般形式如图 7.6 所示。

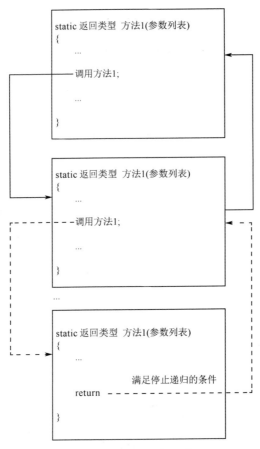

图 7.6　递归的一般形式

【示例 7-4】下面将使用递归计算任意数的阶乘。代码如下：

```java
public class test{
    static int factorialRecursion(int number){
        if (number == 1){
            return 1;
        }else{
            return number * factorialRecursion(number - 1);          //递归调用实现阶乘
        }
    }
    public static void main(String[] args){
        int result=factorialRecursion(6);
        System.out.printf("result = %d",result);
    }
}
```

运行结果如下：

result = 720

7.7　小　结

通过对本章的学习，读者需要知道以下内容。

❑ 方法就是由一条或多条语句组成的语句块。其作用是将功能独立出来，反复使用。

❑ 声明一个方法需要包含方法头和方法体。

❑ 参数的使用一般分为两步，第一步为声明参数，第二步为传递参数。

❑ 局部变量只可以在方法内部使用，有效范围即作用域，从声明开始，到块结束。

❑ 递归就是将复杂的问题按照特定规律逐步简化。在 Java 中，递归通过方法反复调用自身实现。

7.8　习　　题

一、填空题

1．方法就是由_____条或_____条语句组成的语句块。其作用是将_____独立出来，反复使用。

2．声明一个方法需要包含_____和方法体。

3．局部变量只可以在方法内部使用，作用域从_____开始，到块结束。

二、编程题

1．声明并调用 printfHelloJava()方法，该方法可以输出字符串 Hello,Java。

2．声明并调用 calculated()方法，该方法可以计算任意两个数的乘积。

3．声明并调用 min()方法，该方法可以返回任意两个数中的较小的数。

4．通过递归，求第 6 个人的年龄。现有 6 个人，第 6 个人说他比第 5 个人大 3 岁，第 5 个人说他比第 4 个人大 3 岁，依次问下去，最后一个人说他 13 岁。

第2篇 面向对象篇

第 8 章 类 和 对 象

在面向对象的编程中，类和对象是核心，Java 语言也不例外。类是对象的模板、对象是类的具体化。本章将讲解与类和对象相关的内容，其中包括类的形成、对象的形成、多态和重载、访问权限等。

8.1 类 的 形 成

类是将数据和附加在数据上的操作组织起来的集合。它是 Java 程序的基本组成单位。类是抽象概念，不占用内存。本节将讲解类是如何形成的。

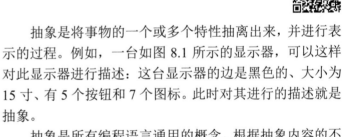

8.1.1 抽象

图 8.1 显示器

抽象是将事物的一个或多个特性抽离出来，并进行表示的过程。例如，一台如图 8.1 所示的显示器，可以这样对此显示器进行描述：这台显示器的边是黑色的、大小为 15 寸、有 5 个按钮和 7 个图标。此时对其进行的描述就是抽象。

抽象是所有编程语言通用的概念。根据抽象内容的不同，抽象可以分为过程抽象和数据抽象。下面将依次讲解这两种抽象。

1. 过程抽象

过程抽象就是根据功能将一个问题（系统）拆分为几个子问题（系统）。这些抽象出来的过程在 Java 中对应的都是方法。例如馒头的制作，它可以被拆分为和面、发酵和蒸制。

2. 数据抽象

数据抽象需要以数据为中心，将数据和附加的操作作为一个整体进行描述。这些抽象出来的数据在 Java 中对应的都是变量。例如，在馒头的制作中，和面、发酵和蒸制都是以面粉为中心进行的，可以将面粉抽象出来；在计算圆的周长和面积时，都是以半径为中心的，所以可以将半径抽象出来。

8.1.2 封装

封装就是将数据和附加在数据上的操作组织起来，形成一个有意义的构件。例如一个圆，如图 8.2 所示，它的半径、圆周率、周长、面积等都是数据，求圆的周长、面积就是附加在数据上的操作，将它们组织起来，形成圆的外观。这个圆的外观就是一个有意义的构件。

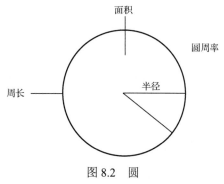

图 8.2 圆

8.1.3 构造类

将相关的方法和数据封装到一个整体中，这个整体就被称为类，这个操作被称为定义类。在 Java 中定义类的语法形式如下：

```
class 类名{
    类体
}
```

其中，"类体"由两部分组成，分别为方法和成员变量。

【示例 8-1】下面将定义一个 RoundAppearance 类，用来表示圆形。代码如下：

```
class RoundAppearance{
    int r=5;                          //定义半径
    double pi=3.14;                   //定义圆周率
    double getCircumference(){        //求圆的周长
        double c=2*r*3.14;
        return c;
    }
    double getArea(){                 //求圆的面积
        double s=r*r*3.14;
        return s;
    }
}
```

8.1.4 类中的成员

成员变量是从多个方法中的公用数据中提取出来的。在示例 8-1 中，求圆的周长和面积时都会使用到半径 r 和圆周率 pi。因为它们是两个方法的公用数据，所以半径 r 和圆周率 pi 是成员变量。

8.2 对象的形成

对象是类的具体化。类是抽象的概念，所以不能进行赋值，但是对象是具体的，可以进行赋值。本节将讲解对象是如何形成的。

8.2.1 为什么有对象

在一些情况下，需要对类中的代码进行多次使用。例如，取 10 个半径不同的圆，这时求圆的周长和面积的代码可以通用，但是成员变量不可以通用，因为半径不同。此时就需要创建 10 个表示半径的成员变量。

这样一来，不仅程序冗长，而且结构混乱。为了解决这一问题，才有了对象。其实，程序员完全可以将类看成一个模板，而对象就是类的具体展示。例如，可以将学校中的老师看成一个类（模板），而具体的"张老师""王老师"等就是对象（具体展示）。

也可以将类作为一种数据类型。因为数据类型是用来存储和处理数据的，而类也可以用来存储和处理数据，但是要与前面提到的数据类型进行区分。数据类型 int、short、byte、long、float、double、char 和 boolean 属于基本数据类型，而类属于复杂数据类型，本质是类型，而不是数据，所以不存在于内存中，不能直接操作。

8.2.2 成员变量和方法划分

在类中，类体是由成员变量和方法构成的。这些成员变量和方法根据需求的不同，可以分为两种，一种是类的成员变量和方法，另一种是对象的成员变量和方法。下面将讲解如何区分它们。

1. 类的成员变量和方法

使用 static 关键字修饰的成员变量和方法就是类的成员变量和方法。它们又被称为静态成员变量和静态方法。在 Java 中，main()方法就是一个典型的类的方法（静态方法）。它是 Java 程序的入口，整个程序都是从这里开始的。类的成员变量和方法可以直接使用类去调用，语法形式如下：

```
类名.类的成员变量;
类名.类的方法名(参数列表);
```

注意：类的成员变量和方法除了可以使用类去调用外，还可以使用对象去调用。

【示例 8-2】下面将在 RoundAppearance 类中定义一个类的成员变量 roundCount，并调用该成员变量。代码如下：

```java
class RoundAppearance{
    static int roundCount=5;
}
public class test{
    public static void main(String[] args){
        System.out.printf("圆的个数为%d",RoundAppearance.roundCount);
```

```
        }
    }
```

运行结果如下:

圆的个数为 5

2. 对象的成员变量和方法

对象的成员变量和方法又被称为实例成员变量和实例方法。它们没有用 static 关键字进行修饰，所以在示例 8-2 中看到的就是类的成员变量。对象的成员变量和方法只可以使用对象去调用。

8.2.3 创建对象

在使用对象之前，首先需要创建对象。创建对象需要完成两个步骤，分别为声明对象和实例化对象。下面将依次讲解这两个步骤。

1. 声明对象

声明对象其实和声明变量是一样的。其语法形式如下:

类名　对象名称;

2. 实例化对象

在声明对象后，需要将声明的对象进行实例化，这里的实例化类似于为变量赋值，需要使用 new 关键字。其语法形式如下:

对象名称 = new 类名();

注意: 有时可以将声明对象和实例化对象放在一起。其语法形式如下:

类名 对象名称 = new 类名();

【示例 8-3】下面将为 RoundAppearance 类创建对象。代码如下:

```
class RoundAppearance{
    int r=5;
    double pi=3.14;
    double getCircumference(){
        double c=2*r*pi;
        return c;
    }
}
public class test{
    public static void main(String[] args){
        RoundAppearance roundAppearance =new RoundAppearance();
    }
}
```

8.2.4 初始化对象

很多时候，成员变量在类中是不赋值的，而且在实例化对象时，根据不同需求进行赋值，这一过程又被称为初始化对象。例如，在求不同半径的圆的周长或面积时，不可以在类中对成员变量半径进行赋值，而需要在实例化对象时为半径赋不同的值。这样可以减少代码编写量，也可以让结果清晰。

要实现初始化对象，需要用到构造方法。构造方法可以用来初始化类的一个新的对象，它一般在实例化对象时自动调用。在 Java 中，构造方法分为无参数的构造方法和有参数的构造方法。下面将依次讲解这两种构造方法。

1. 无参数的构造方法

定义无参数的构造方法的语法形式如下：

```
类名(){
    语句;
    …
}
```

调用无参数的构造方法的语法形式如下：

```
类名 对象名称 = new 类名();
```

【示例 8-4】下面将构建一个无参数的构造方法。代码如下：

```java
class RoundAppearance{
    int r;
    double pi;
    RoundAppearance(){
        r=6;
        pi=3.14;
    }
    double getCircumference(){
        double c=2*r*pi;
        return c;
    }
}
public class test{
    public static void main(String[] args){
        RoundAppearance roundAppearance =new RoundAppearance();
    }
}
```

2. 有参数的构造方法

定义有参数的构造方法的语法形式如下：

```
类名(参数列表){
    语句;
    …
}
```

调用有参数的构造方法的语法形式如下：

```
类名 对象名称 = new 类名(参数列表);
```

注意：在很多类中是看不到构造方法的，此时系统会自动为该类添加一个无参数的构造方法，如示例 8-4。

注意：为了避免程序员在对一个类进行实例化对象操作时，忘记给成员变量赋值，所以一般推荐构建无参数的构造方法。

【示例 8-5】 下面将构建一个有参数的构造方法。代码如下：

```
class RoundAppearance{
    int r;
    double pi;
    RoundAppearance(int a,double b){
        r=a;
        pi=b;
    }
    double getCircumference(){
        double c=2*r*pi;
        return c;
    }
}
public class test{
    public static void main(String[] args){
        RoundAppearance roundAppearance=new RoundAppearance(5,3.14);
    }
}
```

在使用构造方法时需注意以下几点。

（1）构造方法的名称必须与类的名称完全相同。

（2）构造方法没有返回值。

（3）不能使用 void 进行修饰。

（4）不能使用 static 和 final 进行修饰。

8.2.5　使用对象

使用对象就是通过对象调用对象或类的成员变量和方法。其语法形式如下：

```
对象名.成员变量;
对象名.方法名(参数列表);
```

【示例 8-6】 下面将获取圆的半径，求圆的周长。代码如下：

```
class RoundAppearance{
    int r=5;
    double getC(){
        double c=2*r*3.14;
        return c;
    }
}
public class test{
    public static void main(String[] args){
        RoundAppearance round=new RoundAppearance();
        System.out.printf("圆的半径为%d\n",round.r);
        System.out.printf("圆的周长为%.2f\n",round.getC());
    }
}
```

运行结果如下：

圆的半径为5
圆的周长为31.40

以下将使用调试功能来查看程序的执行流程，如图 8.3 所示。

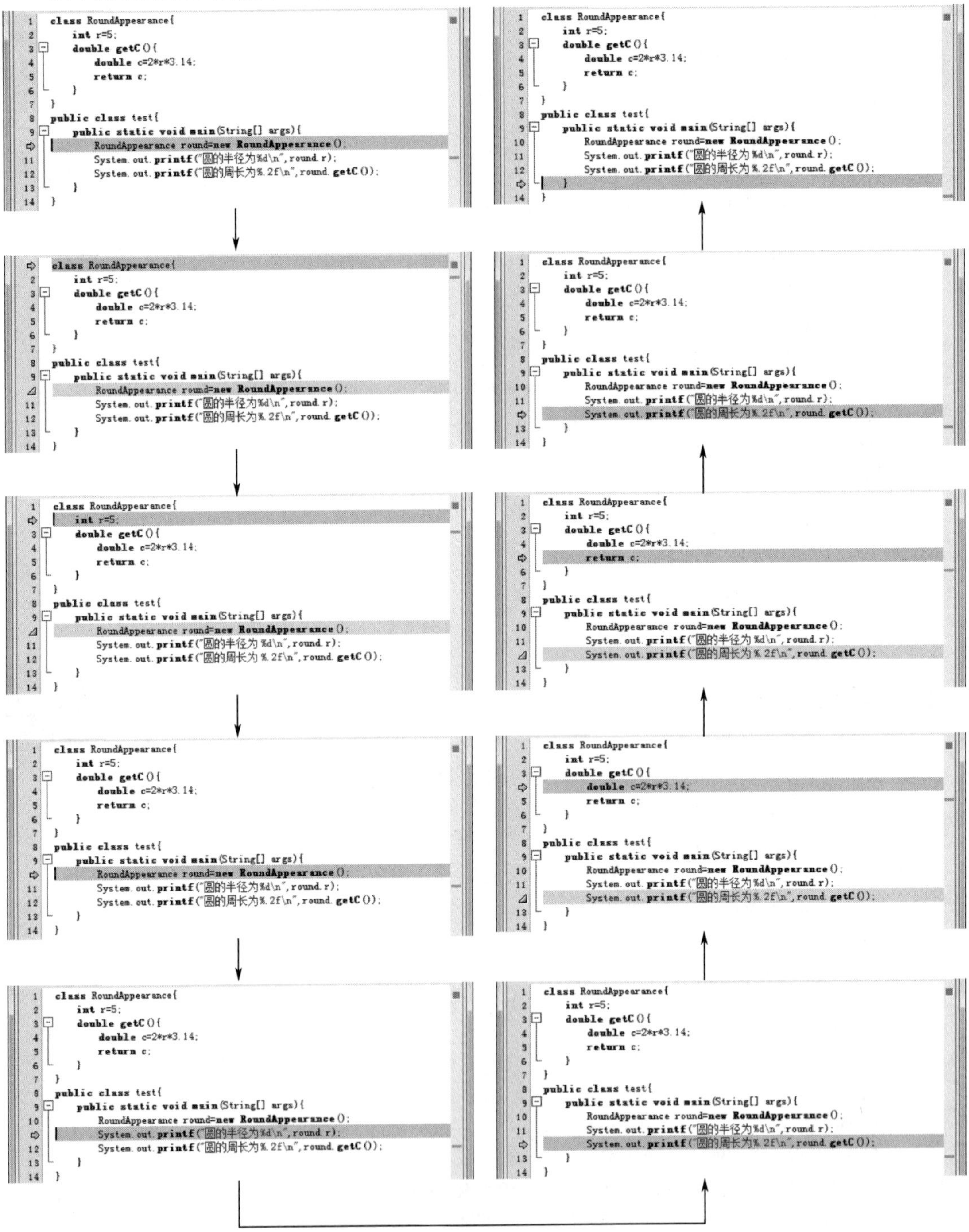

图 8.3　使用对象的执行流程

8.3 多态和重载

多态是面向对象的一大特性。所谓多态，就是在一个程序中，一个方法可以有多种形式，即同名的不同方法。在同一个类中，多态的实现需要使用重载。本节将讲解与多态和重载相关的内容。

8.3.1 为什么要有多态

为了提高代码的复用性，允许在程序中有同名的不同方法（多态）。有时，这些方法的代码功能基本相同，但是参数个数或类型是不同的。下面将讲解这两种不同。

1. 参数个数不同

根据需求，这些方法使用的参数个数不同。例如在求圆的面积时，可以使用两个方法，这两个方法的功能都是求圆的面积，但是一个方法的参数只使用到了半径，另一个方法的参数使用到了半径和圆周率。此时这两个方法的参数个数是不同的。

2. 参数类型不同

参数类型也可以不同。例如在求圆的周长时，使用两个方法，这两个方法的功能都是求圆的周长，但是一个方法的参数使用到了半径和圆周率；另一个方法的参数使用到了半径和布尔值，布尔值可以确定圆周率是否采用高精度。此时这两个方法使用的参数类型是不同的。

8.3.2 使用重载

在同一个类中，重载是实现多态的一种方式。可通过定义同名的不同方法实现重载。实现重载需要遵循两个规则，即参数个数不同和参数类型不同。下面将依次讲解这两个规则。

1. 参数个数不同

参数个数不同就是实现重载的方法的参数个数不能相同，如以下代码：

```java
class RoundAppearance{
    double getArea(int r){
        double area=r*r*3.14;
        return area;
    }
    double getArea(int r,double pi){
        double area=r*r*pi;
        return area;
    }
}
public class test{
    public static void main(String[] args){
        RoundAppearance round=new RoundAppearance();
        System.out.printf("圆的面积为%.2f\n",round.getArea(3));
```

```
        System.out.printf("圆的面积为%.2f",round.getArea(3,3.1));
    }
}
```

运行结果如下：

圆的面积为 28.26
圆的面积为 27.90

2. 参数类型不同

参数类型不同就是实现重载的方法在参数个数相同的情况下，参数类型不能相同，如以下代码：

```
class RoundAppearance{
    double getArea(int r,double pi){
        double area=r*r*pi;
        return area;
    }
    double getArea(int r,boolean isHighPrecision){
        double pi;
        if(isHighPrecision){
            pi=3.14159;
        }else{
            pi=3.1;
        }
        double area=r*r*pi;
        return area;
    }
}
public class test{
    public static void main(String[] args){
        RoundAppearance round=new RoundAppearance();
        System.out.printf("圆的面积为%.5f\n",round.getArea(3,3.14));
        System.out.printf("圆的面积为%.5f",round.getArea(3,true));
    }
}
```

运行结果如下：

圆的面积为 28.26000
圆的面积为 28.27431

以下两种情况不能构成重载。

（1）当参数个数和参数类型相同，但返回值类型不同时，不可以构成重载，如以下代码：

```
class RoundAppearance{
    int getArea(int r,int pi){
        int area=r*r*pi;
        return area;
    }
    double getArea(int r,int pi){
        double area=r*r*pi;
        return area;
```

```
    }
}
```

在此代码中，两个重载方法的参数个数和参数类型相同，但返回类型不同，会输出以下错误信息：

已在 RoundAppearance 中定义 getArea(int,int)

（2）只有形参的名称不同，不构成方法重载，如以下代码：

```
class RoundAppearance{
    double getArea(int r1,double pi1){
        double area=r1*r1*pi1;
        return area;
    }
    double getArea(int r2,double pi2){
        double area=r2*r2*pi2;
        return area;
    }
}
```

在此代码中，两个同名的方法只有形参不同，所以会输出以下错误信息：

已在 RoundAppearance 中定义 getArea(int,double)

8.3.3 重载的解析

如果同名的方法有多个，当调用同名方法时，如何知晓调用的是哪个方法呢？需要以下几个步骤。

（1）根据调用方法判断类中的哪些方法与调用方法同名。

（2）将调用方法所使用的参数与同名方法中的参数进行个数匹配。

（3）如果参数个数匹配不成功，可以将调用方法的类型与同名方法的类型进行匹配。

（4）如果类型匹配还不成功，需要进行类型相容匹配（将类型转化为最接近的一种）。例如，调用方法的类型为 short 类型，类中构建的同名方法有 int 类型和 double 类型，那么调用的方法就是 int 类型的方法。

8.3.4 构造方法的重载

在类中，构造方法可以有多个，即也可以实现构造方法的重载，在程序中常见的应用就是构造方法调用构造方法。此时需要使用 this 关键字。

注意：构造方法调用构造方法时，一般都是参数少的方法调用参数多的方法。

【示例 8-7】下面将实现构造方法的重载。代码如下：

```
class RoundAppearance{
    int r;
    double pi;

    RoundAppearance(int radius){
        this(radius,3.14);
    }
```

```
        RoundAppearance(int radius,double otherPI){
            r=radius;
            pi=otherPI;
        }
}
public class test{
    public static void main(String[] args){
        RoundAppearance round=new RoundAppearance(5);
        System.out.printf("圆的半径为%d\n",round.r);
        System.out.printf("圆的圆周率为%.2f ",round.pi);
    }
}
```

运行结果如下：

圆的半径为 5
圆的圆周率为 3.14

this 关键字不仅可以在构造方法调用构造方法中使用，还可以在调用本类的成员变量时使用，如以下代码：

```
class RoundAppearance{
    int r;
    double pi;
    RoundAppearance(int r,double pi){
        this.r=r;
        this.pi=pi;
    }
}
```

8.4　访问权限

在具有多个类的情况下，有些成员变量和方法不允许其他类访问，有些则可以，此时就需要为成员变量和方法设置访问权限。下面将讲解与访问权限相关的内容。

8.4.1　创建第二个类

访问权限需要在多个类中实现。本小节将使用两种方式创建第二个类，分别为使用当前类文件和使用新建类文件。

1. 使用当前类文件

在上文中所使用的创建类的方式都是使用当前类文件。

注意：使用这种方式创建的类是不可以使用 public 修饰符的。

2. 使用新建类文件

此方式需要程序员单独再创建一个 Java 文件，然后在此文件中创建类。

注意：第二个类要调用第一个类中的成员变量和方法，如果调用的是类的成员变量和方法，可以直接使用第一个类去调用；如果调用的是对象的成员变量和方法，需要对第一个类进行实例化，然后使用对象去调用。

8.4.2 权限介绍

在创建好第二个类后，就可以设置访问权限了。访问权限需要使用访问修饰符实现。在 Java 语言中，访问修饰符有 4 个，分别为 public、private、protected 和 default。这些修饰符对类、成员变量和方法均可使用。下面将依次对这 4 个访问修饰符对应的权限进行介绍。

1. 公有（public）

public 为公有修饰符，可以用来修饰类，也可以用来修饰其他类中的成员变量和方法等。被其修饰的类、成员变量及方法不仅可以跨类访问，而且可以跨包访问。

【示例 8-8】下面将定义一个 Round 类，用来表示圆，在此类中定义圆的半径和圆周率，再定义一个 RoundCircumference 类，用来表示圆的周长。代码如下：

```
class Round{
    public int radius;
    public double pi;
    Round(int r,double pi){
        this.radius=r;
        this.pi=pi;
    }
}
class RoundCircumference{
    Round round=new Round (5,3.14);
    int r=round.radius;
    double pi=round.pi;
    double getC(){
        return 2*r*pi;
    }
}
public class test{
    public static void main(String[] args){
        RoundCircumference roundC=new RoundCircumference();
        System.out.printf("圆的周长为%.2f ",roundC.getC());
    }
}
```

运行结果如下：

```
圆的周长为31.40
```

在此代码中，RoundCircumference 类使用了 Round 类中的 radius 和 pi 成员变量。这是因为将这两个成员变量设置为了 public 权限。

2. 私有（private）

private 为私有修饰符，被其修饰的成员变量和方法只能被该类的对象访问，其子类不能访问，更不能跨包访问。

【示例 8-9】下面将定义一个 Round 类，用来表示圆，在此类中定义圆的半径和圆周率，再定义一个 RoundCircumference 类，用来表示圆的周长。代码如下：

```java
class Round{
    private int radius;
    public double pi;
    Round (int r,double pi){
        this.radius=r;
        this.pi=pi;
    }
}
class RoundCircumference{
    Round round=new Round (5,3.14);
    int r=round.radius;
    double pi=round.pi;
    double getC(){
        return 2*r*pi;
    }
}
```

在此代码中，使用 private 修饰了 Round 类中的 radius 成员变量，此时这个成员变量只可以在 RoundArea 类中使用，但实际上还在 RoundCircumference 类中使用了，所以会输出以下错误信息：

```
radius 可以在 RoundArea 中访问 private
```

3. 介于私有与公有之间（protected）

protected 是介于 private 与 public 之间的访问修饰符，一般称之为保护访问权限。被其修饰的变量和方法只能被类本身的方法及子类访问，即使子类在不同的包中也可以访问。

【示例 8-10】下面将定义一个 Round 类，用来表示圆，在此类中定义圆的半径和圆周率，再定义一个 RoundCircumference 类，用来表示圆的周长。代码如下：

```java
class Round{
    protected int radius;
    public double pi;
    Round(int r,double pi){
        this.radius=r;
        this.pi=pi;
    }
}
class RoundCircumference{
    Round round=new Round(5,3.14);
    int r=round.radius;
    double pi=round.pi;
    double getC(){
        return 2*r*pi;
    }
}
```

在此代码中，RoundCircumference 类使用了 Round 类中的 radius 和 pi 成员变量。这是因为将 radius 成员变量设置为了 protected 权限，将 pi 设置为了 public 权限。

4. 默认（default）

如果没有添加访问权限，则默认为 default。在该模式下，只允许在同一个包中进行访问。表 8.1 是对这 4 个访问修饰符进行的总结。

表 8.1　访问修饰符

访问修饰符	访问范围			
	类　　内	同　　包	不同包子类	不同包非子类
private	√	×	×	×
default	√	√	×	×
protected	√	√	√	×
public	√	√	√	√

8.5　小　　结

通过对本章的学习，读者需要知道以下内容。

□ 抽象是将事物的一个或多个特性抽离出来，并进行表示的过程。
□ 封装是将数据和附加在数据上的操作组织起来，形成一个有意义的构件。
□ 将相关的方法和数据封装到一个整体中，这个整体就被称为类，这个操作被称为定义类。
□ 在类中，类体是由成员变量和方法构成的。这些成员变量和方法分为两种，一种是类的成员变量和方法，另一种是对象的成员变量和方法。
□ 初始化对象需要用到构造方法。该方法分为两种，一种是无参数的构造方法，另一种是有参数的构造方法。
□ 多态就是在一个程序中，一个方法可以有多种形式，即同名的不同方法。在同一个类中，多态的实现需要使用重载。
□ 在 Java 语言中，关于访问权限的访问修饰符有 4 个，分别为 public、private、protected 和 default。

8.6　习　　题

一、填空题

1．类是将_____和附加在数据上的_____组织起来的集合。

2．抽象是将事物的一个或多个_____抽离出来，并进行_____的过程。

3．根据抽象内容的不同，抽象可以分为_____抽象和_____抽象。

4．类体由两部分组成，分别为_____和_____。

5．成员变量和方法根据需求的不同，可以分为两种，一种是_____的成员变量和方法，另一种是_____的成员变量和方法。

6．多态就是在一个程序中，一个方法可以有多种形式，即_____的不同方法。在同一个类中，多态的实现需要使用_____。

7．在 Java 语言中，访问修饰符有 4 个，分别为_____、private、_____和 default。

二、找错题

请指出以下代码中的错误。

```
class SetTriangleSide{
    private int a;
    public int b,c;
    SetTriangleSide(int firstSide,int secondSide,int thirdSide){
        a=firstSide;
        b=secondSide;
        c=thirdSide;
    }
}
class GetTriangleSide{
    SetTriangleSide side=new SetTriangleSide(6,8,10);
    void getSide(){
        System.out.printf("底边为%d\n",side.a);
        System.out.printf("左边的边为%d\n",side.b);
        System.out.printf("右边的边为%d\n",side.c);
    }
}
```

三、编程题

1．定义一个 TriangleShape 类，这个类中的成员变量分别为 a，b，c（三角形的 3 条边长），方法为 getC()，该方法实现周长的计算。

2．在 TriangleShape 类中定义一个类的方法 getArea()，该方法返回数字 10，然后调用这个方法并输出该方法的返回值。

3．定义一个 TriangleShape 类，这个类中的成员变量分别为 a，b，c（三角形的 3 条边长），方法为 getC()，该方法实现周长的计算。然后为 TriangleShape 类创建 triangle 对象。

4．定义一个 TriangleShape 类，这个类中的成员变量分别为 a，b，c（三角形的 3 条边长），方法为 getC()，该方法实现周长的计算。然后使用有参数的构造方法实现 TriangleShape 类对象的初始化功能。

5．定义一个 TriangleShape 类，这个类中的成员变量分别为 a，b，c（三角形的 3 条边长），方法为 getC()，该方法实现周长的计算。然后为该方法实现 2 次重载，其中一次使用 2 个参数，另一次使用 3 个参数。

第 9 章 继　承

继承是面向对象的重要特性。它源自日常生活中的继承。例如，"龙生龙，凤生凤，老鼠的儿子会打洞"就是一种继承的关系。父辈拥有的一些特性，子辈会继承。在 Java 语言中，也存在继承一说。本章将讲解如何使用继承。

9.1　继　承　概　述

除了封装和多态外，继承是面向对象语言的又一大特性。本节将讲解继承的作用、如何实现继承、继承原则、继承构造方法等内容。

9.1.1　继承的作用

在编程中，如果两个类有很多相同的代码，那么可将相同的代码提取出来，放在一个单独的类中。这样，要使用该部分代码时，就可以使用继承实现，无须重写一遍，大大提高了代码的重用率，降低了维护成本。在编程中，以下两种情况会使用到继承。

1. 添加新功能

程序员要添加新的成员变量或方法时，可以使用继承。这样，不会对原有的功能造成影响。

2. 修改原有功能

程序员要修改原有功能的业务逻辑或扩大访问权限，而不想影响已有的功能实现时，就需要执行"老人老标准，新人新标准"原则。有时这些功能比较烦琐，可以使用继承实现。这样，即使修改的功能不可用，也不会对原有功能造成影响。

所以，使用继承有两大好处。其一，通过继承，程序员不用重写已有代码；其二，如果修改已有代码，也不会对原有功能造成影响。

在继承中，被继承的类称为父类、超类或基类，实现继承的类称为子类或派生类。

9.1.2　如何实现继承

在 Java 中，实现继承需要使用 extends 关键字，其格式如图 9.1 所示。

> class 子类名 extends 父类名

图 9.1　继承的格式

Java 类的继承可用图 9.2 所示的语法形式实现。

```
        class 父类名{
            ...
        }
        class 子类名 extends 父类名{
            ...
        }
```

图 9.2 实现继承的语法形式

【示例 9-1】 下面将实现让 Manager 类继承 Employee 类。代码如下：

```
class Employee{
    String name;
    int age;
    int salary;
    void work()
    {
        System.out.printf("我叫%s，今年%d 岁，月薪是%d 元",name,age,salary);
    }
}
class Manager extends Employee{
}
```

在此代码中，Manager 类会继承 Employee 类。Manager 类为子类，Employee 类为父类。通过继承，Manager 类具备了实例变量 name、age、salary 和实例方法 work()。

类的继承有多种形式，如图 9.3 所示。一个类可以是另外一个类的子类，也可以是其他类的父类；多个类可以有共同的父类，类之间形成兄弟关系。

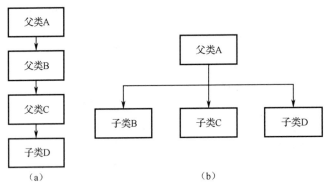

图 9.3 类的继承形式

9.1.3 继承原则

在子类继承父类时，父类中的成员并不会都被子类所继承。继承会遵循以下 5 个原则。

1. 私有成员不能被继承

在父类中，使用 private 修饰符修饰的成员被称为私有成员。这些成员是不能被子类继承的，如以下代码：

```
class Employee{
    private String name;
```

```
        int age;
        int salary;
        void work()
        {
            System.out.printf("我叫%s，今年%d 岁，月薪是%d 元",name,age,salary);
        }
    }
class Manager extends Employee{
}
public class test{
    public static void main(String[] args){
        Manager manager=new Manager();
        System.out.printf("name 为%s 元",manager.name);
    }
}
```

在此代码中，父类 Employee 的成员变量 name 使用 private 修饰符进行了修饰。此时，该变量就不会被子类继承，所以会输出以下错误信息：

name 可以在 Employee 中访问 private

2. 默认成员能被继承

父类中的成员前面没有任何修饰符，被称为默认成员。默认成员可以被子类所继承，如以下代码：

```
class Employee{
    private String name;
    int age;
    int salary;
    void work()
    {
        System.out.printf("我叫%s，今年%d 岁，月薪是%d 元",name,age,salary);
    }
}
class Manager extends Employee{
}
public class test{
    public static void main(String[] args){
        Manager manager=new Manager();
        System.out.printf("age 为%s 岁\n",manager.age);
        System.out.printf("salary 为%s 元\n",manager.salary);
        manager.work();
    }
}
```

在此代码中，父类 Employee 的成员 age、salary 和方法 work()都为默认成员，所以可以被子类继承。运行结果如下：

age 为 0 岁
salary 为 0 元
我叫 null，今年 0 岁，月薪是 0 元

3. 公有成员能被继承

在父类中，使用 public 修饰符修饰的成员，被称为公有成员。这些成员可以被子类继承，如以下代码：

```java
class Employee{
    private String name;
    int age;
    public int salary;
    void work()
    {
        System.out.printf("我叫%s，今年%d 岁，月薪是%d 元",name,age,salary);
    }
}
class Manager extends Employee{
}
public class test{
    public static void main(String[] args){
        Manager manager=new Manager();
        System.out.printf("salary 为%s 元\n",manager.salary);
    }
}
```

在此代码中，父类 Employee 的成员变量 salary 使用 public 修饰符进行了修饰，此时该变量可以被子类继承。运行结果如下：

```
salary 为 0 元
```

4. 被 final 修饰的类不能被继承

如果不想某个类被继承，需要使用 final 修饰符对这个类进行修饰，如以下代码：

```java
final class Employee{
}
class Manager extends Employee{
}
```

在此代码中，Employee 类使用 final 修饰符进行了修饰，因此是不能被 Manager 继承的。运行程序，会输出以下错误信息：

```
无法从最终 Employee 进行继承
```

5. 不允许多重继承

在 Java 中，允许一个父类有多个子类，但是不允许多个父类被一个子类所继承（多重继承），如图 9.4 所示。

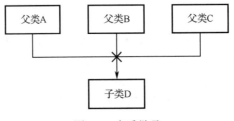

图 9.4　多重继承

9.1.4　继承构造方法

在继承中，子类无法继承父类中的构造方法，但可以调用这些方法。根据构造方法是否具有参数，调用的形式也不同。下面将依次讲解无参构造方法和有参构造方法的调用。

1. 无参构造方法的调用

如果父类的构造方法是无参数的，则系统会在子类中自动调用，如以下代码：

```
class Employee{
    String name;
    int age;
    int salary;
    Employee(){
        name="Ben";
        age=23;
        salary=3000;
    }
    void work()
    {
        System.out.printf("我叫%s，今年%d 岁，月薪是%d 元",name,age,salary);
    }
}
class Manager extends Employee{
}
public class test{
    public static void main(String[] args){
        Manager manager=new Manager();
        manager.work();
    }
}
```

在此代码中，父类 Employee 中的无参构造方法会在子类中自动调用。运行结果如下：

```
我叫 Ben，今年 23 岁，月薪是 3000 元
```

2. 有参构造方法的调用

如果父类的构造方法是带参数的，则系统不会在子类中自动调用，如以下代码：

```
class Employee{
    String name;
    int age;
    int salary;
    Employee(String n,int a,int s){
        name=n;
        age=a;
        salary=s;
    }
    void work()
    {
```

```
            System.out.printf("我叫%s，今年%d 岁，月薪是%d 元",name,age,salary);
    }
}
class Manager extends Employee{
}
```

此时会输出如图 9.5 所示的错误信息。

图 9.5　错误信息

9.2　同　名　问　题

在继承中，往往会出现父类中的成员名称和子类中的成员名称相同的问题。本节将讲解这一情况的处理方式。

9.2.1　成员变量同名

当父类中的成员变量和子类中的成员变量同名时，父类中的成员变量就会被隐藏，即以子类中的为准。下面将讲解变量同名的几种常见情况。

1．修饰符完全相同

当父类中的成员变量和子类中的成员变量同名时，使用了相同的修饰符，此时这个成员变量会以子类中的为准。

2．访问权限不同

当父类中的成员变量和子类中的成员变量同名时，使用了不同的访问权限，此时这个成员变量会以子类中的为准。

3．类型不同

当父类中的成员变量和子类中的成员变量同名时，使用了不同的类型，此时这个成员变量会以子类中的为准。

【示例 9-2】下面将在成员变量同名的情况下，分别展示修饰符完全相同、访问权限不同和类型不同 3 种情况。代码如下：

```
class Employee{
    String name="Ben";
    public int age=23;
```

```
        int salary=3000;
    }
class Manager extends Employee{
        String name="Jim";
        int age=10;
        String salary="Hello";
    }
public class test{
    public static void main(String[] args){
        Manager manager=new Manager();
        System.out.printf("我叫%s，今年%d 岁，月薪是%s 元",manager.name, manager.age, manager. salary);
    }
}
```

在此代码中，name 使用了完全相同的修饰符，age 使用了不同的访问权限，salary 使用了不同的类型。运行结果如下：

我叫 Jim，今年 10 岁，月薪是 Hello 元[①]

注意：如果将示例 9-2 中子类中的 age 的访问权限设置为 private，此时再运行程序，会输出以下错误信息：

age 可以在 Manager 中访问 private

4．常量不同

当父类中的成员变量和子类中的成员变量同名时，只要有一个使用了 final 关键字，都会以子类中的为准。

【示例 9-3】下面将在成员变量同名的情况下，让常量不同。代码如下：

```
class Employee{
        final String name="Tom";
        int age=18;
    }
class Manager extends Employee{
        String name="Dave";
        final int age=48;
    }
public class test{
    public static void main(String[] args){
        Manager manager=new Manager();
        System.out.printf("我叫%s，今年%d 岁",manager.name, manager.age);
    }
}
```

运行结果如下：

我叫 Dave，今年 48 岁

5．静态不同

当父类中的成员变量和子类中的成员变量同名时，只要有一个使用了 static 关键字，成员

---

① 此处月薪为非数据，只是为了展示同名、不同类型的隐藏情况。

变量便会以子类中的为准。

【示例9-4】下面将在成员变量同名的情况下，让静态不同。代码如下：

```
class Employee{
    static String name="Tom";
    int age=18;
}
class Manager extends Employee{
    String name="Dave";
    static int age=48;
}
public class test{
    public static void main(String[] args){
        Manager manager=new Manager();
        System.out.printf("我叫%s，今年%d 岁",manager.name,manager.age);
    }
}
```

运行结果如下：

我叫 Dave，今年 48 岁

9.2.2 成员方法同名

当父类中的成员变量和子类中的方法名相同，且参数（参数个数、类型及顺序）相同时，父类中的方法就会被子类中的方法覆盖。下面将讲解方法同名的几种常见情况。

1. 权限不同可以覆盖

父类中的同名方法和子类中的同名方法可以使用不同的权限，但是需要以宽松的为准，如公有的就不再是私有的，否则将出现编译错误，如以下代码：

```
class Employee{
    public int salary=5000;
    public int annualSalary(){
        return salary*12;
    }
}
class Manager extends Employee{
    private int annualSalary(){
        return salary*12;
    }
}
```

在此代码中，覆盖的方法和被覆盖的方法的权限是不一致的。父类为 public，而子类为 private，所以会输出以下错误信息：

Manager 中的 annualSalary() 无法覆盖 Employee 中的 annualSalary()；正在尝试指定更低的访问权限；为 public

2. 返回值类型相同可以覆盖

在实现覆盖时，覆盖的方法和被覆盖的方法的返回值类型必须相同，否则也会出现错误，如以下代码：

```
class Employee{
    public int salary=5000;
    int annualSalary(){
        return salary*12;
    }
}
class Manager extends Employee{
    void annualSalary(){
        System.out.printf("年薪为 1000000 元");
    }
}
```

在此代码中，覆盖的方法和被覆盖的方法的返回值类型是不一致的，所以会输出以下错误信息：

Manager 中的 annualSalary() 无法覆盖 Employee 中的 annualSalary()；正在尝试使用不兼容的返回类型

3. 静态方法不同不能覆盖

在 Java 语言中，静态方法不可以使用实例方法进行覆盖；通用实例方法也不可以使用静态方法覆盖，即在实现覆盖时，不允许父类和子类中方法的 static 修饰符发生改变，如以下代码：

```
class Employee{
    static int annualSalary(){
        return 1000000;
    }
}
class Manager extends Employee{
    int annualSalary(){
        return 2000000;
    }
}
```

在此代码中，静态方法使用实例方法进行覆盖，导致输出以下错误信息：

Manager 中的 annualSalary() 无法覆盖 Employee 中的 annualSalary()；被覆盖的方法为 static

4. 无参构造方法覆盖

在覆盖无参构造方法时，如果构造方法的权限不同，需要以宽松的为准，并且父类中的无参构造方法会被自动调用，如以下代码：

```
class Employee{
    String name;
    int age;
    int salary;
    Employee(){
        name="Mike";
        age=18;
        salary=5000;
    }
}
```

```
class Manager extends Employee{
    public Manager(){
        name="Jason";
    }
}
public class test{
    public static void main(String[] args){
        Manager manager=new Manager();
        System.out.printf("我叫%s，今年%d 岁，月薪是%d 元",manager.name,manager.age,manager.salary);
    }
}
```

运行结果如下：

我叫 Jason，今年 18 岁，月薪是 5000 元

5. 避免方法覆盖

如果不希望某个方法被覆盖，可以用 final 修饰符修饰该方法，如以下代码：

```
class Employee{
    public int salary=5000;
    final int annualSalary(){
        return salary*12;
    }
}
class Manager extends Employee{
    int annualSalary(){
        return 2000000;
    }
}
```

在此代码中，使用 final 修饰符对 annualSalary()方法进行了修饰，但是仍继续实现方法覆盖。此时运行程序，会输出以下错误信息：

Manager 中的 annualSalary() 无法覆盖 Employee 中的 annualSalary()；被覆盖的方法为 final

9.2.3 使用父类中的成员变量

在继承过程中，成员变量由于同名，会隐藏父类中的成员变量，而方法同名时会覆盖父类中的方法。如果要访问父类中的这些成员，该怎么办呢？此时需要使用 super 关键字。其语法形式如下：

super.父类中的成员变量;
super.父类中的方法名(参数列表);

【示例 9-5】下面将使用 super 关键字实现对父类中的成员的访问。代码如下：

```
class Employee{
    int salary=5000;
    int annualSalary(){
        return salary*12;
    }
}
```

```
class Manager extends Employee{
    int salary=8000;
    int annualSalary(){
        return salary*12+80000;
    }
    void superClassMember(){
        System.out.printf("父类中的 salary 为%d\n",super.salary);
        System.out.printf("父类中的 salary 为%d\n",super.annualSalary());
    }
}
public class test{
    public static void main(String[] args){
        Manager manager=new Manager();
        System.out.printf("子类中的 salary 为%d\n",manager.salary);
        System.out.printf("子类中的 salary 为%d\n",manager.annualSalary());
        manager.superClassMember();
    }
}
```

运行结果如下：

```
子类中的 salary 为 8000
子类中的 salary 为 176000
父类中的 salary 为 5000
父类中的 salary 为 60000
```

在"继承构造方法"小节中已述及，如果是带参数的构造方法，系统不会在子类中自动调用，此时需要程序员使用 super 关键字进行调用，如以下代码：

```
class Employee{
    String name;
    int age;
    int salary;
    Employee(String otherName,int otherAge,int otherSalary){
        name=otherName;
        age=otherAge;
        salary=otherSalary;
    }
}
class Manager extends Employee{
    Manager(){
        super("Bert",26,6000);
    }
}
public class test{
    public static void main(String[] args){
        Manager manager=new Manager();
        System.out.printf("我叫%s, 今年%d 岁，月薪是%d 元",manager.name,manager.age,manager.salary);
    }
}
```

运行结果如下：

我叫 Bert，今年 26 岁，月薪是 6000 元

9.3 小 结

通过对本章的学习，读者需要知道以下内容：

❑ 在 Java 中，使用 extends 关键字可以实现继承。

❑ 在继承中，子类无法继承父类中的构造方法，但可以调用这些方法。

❑ 开发者需要知道同名问题的处理。

9.4 习 题

一、填空题

1．在编程中，_____和修改原有功能时会使用到继承。

2．在 Java 中，实现继承需要使用_____关键字。

3．在继承中，子类_____继承父类中的构造方法，但可以调用这些方法。

二、选择题

1．以下代码中，不会被子类所继承的父类成员包括（　　　　）。

```java
class Person{
    private String name;
    public int age;
    boolean isMarriage;
}
class Student extends Person{
}
```

　　　　A．name　　　　　　B．age　　　　　　　C．isMarriage　　　　D．age、isMarriage

2．以下代码的运行结果是（　　　　）。

```java
class Person{
    String name="John";
    public int age=29;
    static String sex="man";
    final boolean isMarriage=true;
}
class Student extends Person{
    String name="Tina";
    int age=19;
    String sex="woman";
    boolean isMarriage=false;
}
public class test{
    public static void main(String[] args){
        Student student=new Student();
        System.out.printf("姓名为%s, 年龄为%d 岁，性别为%s, 婚否为%b",student.name,student.age,
student.sex,student.isMarriage);
```

```
    }
}
```

  A．姓名为 Tina，年龄为 20 岁，性别为 woman，婚否为 false

  B．姓名为 John，年龄为 20 岁，性别为 woman，婚否为 true

  C．姓名为 Tina，年龄为 19 岁，性别为 woman，婚否为 false

  D．姓名为 Tina，年龄为 19 岁，性别为 man，婚否为 true

3．以下代码的运行结果是（　　　）。

```
class Person{
    String name="Jerry";
    void work(){
        System.out.printf("我叫%s\n",name);
    }
}
class Student extends Person{
    String name="Jason";
    void work(){
        System.out.printf("我叫%s，是一名学生\n",name);
    }
    void other(){
        super.work();
    }
}
public class test{
    public static void main(String[] args){
        Student student=new Student();
        student.work();
        student.other();
    }
}
```

  A．我叫 Jason，是一名学生   B．我叫 Jason

    我叫 Jerry   我叫 Jerry，是一名学生

  C．我叫 Jason   D．我叫 Jerry

    我叫 Jerry

三、简答题

简述继承的 5 个原则。

四、找错题

1．请指出以下代码中的 3 处错误。

```
class Person{
    static String getName(){
        return "Bill";
    }
    int getAge(){
        return 20;
```

```
        }
        String getSex(){
            return "man";
        }
        final boolean getIsMarriage(){
            return false;
        }
    }
class Student extends Person{
        String getName(){
            return "Bob";
        }
        int getAge(){
            return 29;
        }
        int getSex(){
            return 1;
        }
        boolean getIsMarriage (){
            return true;
        }
    }
```

2．请指出以下代码中的错误，并修改正确。

```
class Person{
        String name;
        int age;
        Person(String otherName,int otherAge){
            name=otherName;
            age=otherAge;
        }
    }
class Student extends Person{
    }
```

五、编程题

有两个类 A 和 B，其中，A 类包含姓名和性别，以及一个 method()方法。现要求，B 类作为子类去继承 A 类中的所有成员。

第 10 章 抽象类和接口

抽象类和接口是基于继承机制衍生的一种代码规划机制。例如，一个大型项目或工程都有计划书，用来固定必须完成哪些工作。对于大型的软件项目，也需要规划来规范必须实现哪些功能。本章将讲解如何使用抽象类和接口。

10.1 抽 象 类

抽象类是一种特殊的类。这种类包含成员变量和方法，用来规划一个类包含哪些属性和方法。由于其中的某些方法只声明，没有实现，所以它不能被实例化。只有继承它的类实现这些方法后，才能使用。本节将讲解如何使用抽象类。

10.1.1 定义抽象类

定义抽象类用来规划该类具有哪些成员变量和方法。定义抽象类需要使用 abstract 关键字。其语法形式如下：

```
abstract class  类名{
    类体
}
```

其中，"类体"包含普通成员变量、普通方法、构造方法和抽象方法。

【示例 10-1】下面将构建一个抽象类 Person，该类中包含两个普通成员变量、一个普通方法和一个构造方法。代码如下：

```
abstract class Person{
    String name;
    int age;
    Person(String otherName,int otherAge){
        name=otherName;
        age=otherAge;
    }
    void introduction(){
        System.out.printf("我叫%s，今年%d 岁",name,age);
    }
}
```

由于抽象类是用于规划代码结构的，所以它是不能被实例化的，即不能使用 new 关键字去声明一个该类型的对象，否则会导致编译错误，如以下代码：

```
abstract class Person{
    String name;
    int age;
}
public class test{
```

```
    public static void main(String[] args){
        Person person=new Person();
    }
}
```

在此代码中，对抽象类 Person 进行了实例化。编译的时候，会输出以下错误信息：

Person 是抽象的；无法对其进行实例化

10.1.2 抽象方法

抽象方法是一种特殊形式的方法，只有对应的方法头，没有对应的方法体。它声明了一个方法名，并规定调用时必须传递哪些参数，以及返回的参数是什么类型。实际上，抽象类因为包含抽象方法，而与普通类区别开来。抽象方法使用 abstract 修饰对应的方法名。其语法形式如下：

abstract 访问权限 返回类型 方法名(参数列表);

【示例 10-2】下面将构建一个抽象类 Person，该类中包含两个成员变量和一个抽象方法。代码如下：

```
abstract class Person{
    String name;
    int age;
    abstract void introduction();
}
```

在使用抽象方法时，需要遵循以下规则。

（1）抽象方法只是声明方法，不能有方法的具体实现，所以不能有方法体，否则就会出现编译错误，如以下代码：

```
abstract class Person{
    String name;
    int age;
    abstract void introduction(){
    }
}
```

在此代码中，虽然抽象方法有一个空的方法体，但还是会输出以下错误信息：

抽象方法不能有主体

（2）构造方法、静态方法、private()方法、final()方法不能是抽象方法，否则就会出现错误，如以下代码：

```
abstract class Person{
    abstract static void introduction(){
    }
}
```

在此代码中，尝试将静态方法变为抽象方法，结果输出以下错误信息：

非法的修饰符组合：abstract 和 static

（3）虽然抽象方法没有实现，但普通方法可以调用抽象方法，如以下代码：

```
abstract class Person{
    abstract void introduction();
    void work(){
```

```
        introduction();
    }
}
```

在此代码中,work()方法是普通方法。在该方法中,调用了抽象方法 introduction()。

10.1.3 抽象类继承

在上文已提到,抽象类不可以实例化,即不可以使用对象直接调用抽象类中的对象成员。如果想调用这些对象成员,就需要通过继承实现。在子类中,可以使用覆盖的方式,使抽象方法实现。

【示例 10-3】下面将实现对抽象类的继承。代码如下:

```java
abstract class Person{
    String name="Jim";
    int age=10;
    abstract void work();
    void introduction(){
        System.out.printf("我叫%s,今年%d 岁\n",name,age);
        work();
    }
}
class Student extends Person{
    void work(){
        System.out.printf("我是一名学生,我的任务是学习\n");
    }
}
public class test{
    public static void main(String[] args){
        Student student=new Student();
        student.introduction();
    }
}
```

运行结果如下:

```
我叫 Jim,今年 10 岁
我是一名学生,我的任务是学习
```

在子类中,需要实现对父类中抽象方法的覆盖。如果没有全部覆盖父类的抽象方法,那么必须将这个子类声明为抽象类,否则就会出现错误,如以下代码:

```java
abstract class Person{
    abstract void work();
}
class Student extends Person{
}
```

在此代码中,子类 Student 中并没有覆盖抽象方法 work(),所以会输出以下错误信息:

```
Student 不是抽象的,并且未覆盖 Person 中的抽象方法 work()
```

10.2　接　　口

在 Java 中，接口也是一种代码规划方式。相比抽象类，接口更为纯粹，不再包含普通方法，而只包含抽象方法，用来规划要实现的功能。同样，它也不能被实例化。本节将讲解如何使用接口。

10.2.1　定义接口

接口需要使用 interface 关键字来定义。其语法形式如下：

```
访问权限　interface 接口名{
    接口体
}
```

其中，"接口体"包含成员变量和方法。

【示例 10-4】 下面将定义一个接口 Person，此接口包含一个成员变量和一个成员方法。代码如下：

```
interface Person{
    String name="Jim";
    abstract void work();
}
```

注意：接口和抽象类一样，也是不能被实例化的，即不能使用 new 关键字去声明对象，否则会出现错误，如以下代码：

```
interface Person{
    String name="Jim";
}
public class test{
    public static void main(String[] args){
        Person person=new Person();
    }
}
```

在此代码中，对接口 Person 进行了实例化，会输出以下错误信息：

```
Person 是抽象的；无法对其进行实例化
```

在定义接口体时，需要注意以下 3 个规则。

（1）接口中的成员变量必须是静态常量。如果未给变量添加 final 或 static 修饰符，系统也会自动为其加上。此时，这个值不能被修改，否则就会出现错误，如以下代码：

```
interface Person{
    String name="Tom";
}
public class test{
    public static void main(String[] args){
        Person.name="Jim";
    }
}
```

在此代码中，虽然定义了一个变量 name，但是系统会自动将其变为静态常量，它的值是不可以再进行修改的。在此代码中进行了修改，导致输出以下错误信息：

```
无法为最终变量 name 指定值
```

（2）成员变量必须进行初始化，否则程序会出现错误，如以下代码：

```
interface Person{
    String name;
}
```

在此代码中，未给接口 Person 中的成员变量 name 赋初值，即初始化，导致输出以下错误信息：

```
需要 =
```

（3）接口中的成员方法必须是公有的抽象方法。如果程序员未给成员方法添加 public 和 abstract 关键字，系统会自动添加上。如果接口包含普通方法或抽象方法之外的其他方法，程序就会出现错误，如以下代码：

```
interface Person{
    void work(){
    }
}
```

在此代码中，在接口中定义了一个非抽象方法的方法，导致输出以下错误信息：

```
接口方法不能带有主体
```

10.2.2　接口继承

在代码规划阶段，往往会将复杂的代码划分为几个部分，每个部分要实现的功能由一个或几个接口来规定。在使用的时候，经常需要将不同部分的几个接口进行合并。在 Java 中，为了将多个接口合并为一个，需要使用接口继承接口的方式实现。其语法形式如下：

```
interface 子接口名称 extends 父接口 1,父接口 2,...{
    ...
}
```

注意：从语法中可以看出，接口的继承和类的继承是不一样的。接口的继承允许一个子接口有多个父接口，即支持多继承，而类的继承则不允许。

【示例 10-5】下面将实现接口的继承。代码如下：

```
interface Biological{
    boolean isLife=true;
}
interface Person{
    String name="Jim";
}
interface Student extends Biological,Person{
    int id=123;
}
public class test{
    public static void main(String[] args){
        System.out.printf("isLife = %b\nname = %s\nid = %d",Student.isLife,Student.name,Student.id);
    }
}
```

运行结果如下：

```
isLife = true
name = Jim
id = 123
```

注意： 当父接口中的成员变量和子接口中的成员变量同名时，父接口中的成员变量就会被隐藏。

10.2.3 接口实现

由于接口中的成员变量是静态的，所以可以直接使用，但是抽象方法是不能使用的。如果想使用抽象方法，就需要通过类继承接口。类继承接口不使用 extends 关键字，而使用 implements 关键字。其语法形式如下：

```
class 类名 implements 接口名 {
    …
}
```

【示例 10-6】 下面将使用类继承接口。代码如下：

```
interface Person{
    String name="Jim";
    int age=10;
    void introduction();
}
class Student implements Person{
    public void introduction(){
        System.out.printf("我叫%s，今年%d 岁了\n",name,age);
    }
}
public class test{
    public static void main(String[] args){
        Student student=new Student();
        student.introduction();
    }
}
```

运行结果如下：

我叫 Jim，今年 10 岁了

在子类中，需要对接口的抽象方法进行覆盖。如果没有全部覆盖，则必须将该子类声明为抽象类，否则就会出现编译错误，如以下代码：

```
interface Person{
    void introduction();
}
class Student implements Person{

}
```

在此代码中，子类 Student 中并没有覆盖抽象方法 introduction()，导致输出以下错误信息：

Student 不是抽象的，并且未覆盖 Person 中的抽象方法 introduction()

10.3　小　　结

通过对本章的学习，读者需要知道以下内容。

❑ 抽象类是一种特殊的类，它包含成员变量和方法，用来规划一个类包含哪些属性和方法。它是不能被实例化的。

❑ 接口也是一种代码规划方式，它只包含抽象方法，用来规划要实现的功能。同样，它也不能被实例化。

10.4　习　　题

一、填空题

1. 定义抽象类需要使用_____关键字。
2. 接口需要使用_____关键字去定义。

二、找错题

1. 请指出以下代码中的两处错误。

```
abstract class Employee{
    String name;
    String address;
    int salary;
    int computePay(){
        return salary*12;
    }
    abstract String getName();
    abstract String getAddress(){
    }
}
class Manager extends Employee{
    String getName(){
        return name;
    }
}
```

2. 请指出以下代码中的 4 处错误。

```
interface Person{
    String name="Mike";
    int age;
    String getName();
    int getAge(){
        return age;
    }
}
interface Employee extends Person{
    int salary=5000;
```

```
        abstract int computePay();
    }
class Manager implements Employee{
        int computePay(){
            return salary*12;
        }
    }
```

三、编程题

1. 构建一个抽象类 Employee，该类中需要包含两个成员变量和一个普通方法。其中，一个成员变量为 name，用来保存姓名；另一个成员变量为 salary，用来保存工资；普通方法为 computePay()，用来计算这一年总的工资。

2. 构建一个抽象类 Employee，该类中包含一个无返回类型的抽象方法 work()。

3. 定义一个 Employee 接口，该接口包含一个成员变量和方法。其中，成员变量为 name，用来保存姓名；方法为 computePay()。

第 11 章　Java 类的体系

前面讲解了有关类的内容。本章将讲解 Java 类的体系，包括包、内部类、Object 类和 Class 类等内容。

11.1　包

一个大型项目中往往会有大量的类、接口等。为了方便管理，可根据业务逻辑，将相关的类和接口封装到一起，形成包。在 Java 中，包就是一个相关的类和接口的集合。本节将讲解如何在 Java 中使用包。

11.1.1　创建包

在 Java 中，包不仅表示逻辑上的类和接口的集合，而且表示物理存储的文件集合。在编写类和接口文件之后，用户还需要手工创建包。下面将详细讲解如何创建包。

1.　包的结构

在 Windows 下，Java 的包以文件形式存放。包相当于文件夹，类相当于文件。包中还可以有子包，相当于文件夹内的子文件夹。

2.　未命名包

在 Java 中，程序员可以创建两种包，分别为未命名包和命名包。下面首先讲解未命名包。在前面章节的类中创建的都是未命名包。例如，Person.java 文件包含以下代码：

```
class Person{
    String name="Jim";
    int age=10;
}
```

这种没有包含任何包信息的源文件都是未命名包的源文件。在 Windows 下，这个包就相当于当前工作文件夹。同一个源文件中的所有类都属于同一个包。如果类在不同的源文件中，但在同一个文件夹中，即使不声明包，也属于同一个包。

3.　命名包

未命名包虽然使用简单，但相当于没有对类和接口进行有效封装，不利于众多类的管理，如同名类。所以，推荐使用命名包。创建命名包就是对每个源文件添加从属包的说明。创建命名包时需要使用 package 关键字。其语法形式如下：

```
package 包名;
```

助记：package 是一个英文单词，本身意思就是包，其发音为[ˈpækɪdʒ]。

【示例 11-1】下面将创建一个命名包。代码如下：

```
package MyPackage;
```

```
public class test{
    String name="Tom";
    int age=10;
    public void introduce(){
        System.out.printf("我叫%s，今年%d 岁了",name,age);
    }
    public static void main(String[] args){
        System.out.printf("字符串为Hello，Java");
    }
}
```

在此代码中创建了一个 MyPackage 包，在此包中构建了一个 test 类。

注意：在使用 package 创建包之后，同一文件内的接口或类就会被纳入相同的包中。

4. 编译命名包的类

要对命名包的类进行编译，可采用 3 种方式，分别为先编译、再移动到对应的文件夹、使用-d 选项编译和使用开发工具编译。下面将依次讲解这 3 种编译方式。

（1）先编译、再移动到对应的文件夹。该编译方式的操作步骤如下。

① 编写 java 文件。在 E 盘创建一个 test.java 文件，在此文件中将示例 11-1 中的代码复制过去。

② 生成类文件。在"命令提示符"窗口执行以下命令，生成一个类文件，即 test.class：

```
javac test.java
```

③ 创建与包同名的文件夹。执行以下命令，创建一个与包同名的文件夹，即 MyPackage 文件夹：

```
md MyPackage
```

④ 将类文件移动到文件夹中。执行以下命令，将类文件移动到与包同名的文件夹中：

```
move test.class MyPackage
```

⑤ 使用以下命令，运行 MyPackage 包 test 类中的代码：

```
java MyPackage.test
```

运行结果如图 11.1 所示。

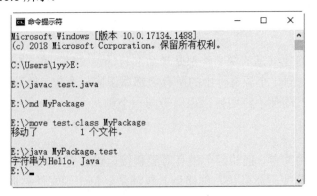

图 11.1　运行结果

（2）使用-d 选项编译。为了方便使用命名包，javac 专门提供了一个-d 选项。如果要对上文中提到的 test.java 文件进行编译，可以使用以下命令：

```
javac -d . test.java
```

-d 选项会在 test.java 文件所在的文件夹查找与包名（MyPackage）同名的文件夹。如果找到，将在该文件夹中生成 test.class 文件；如果没有找到，则会自动创建该文件夹。

注意：-d 选项后面需要添加一个空格，再加上一个"."。

（3）使用开发工具编译。大部分 Java 开发工具都提供包的编辑功能，程序员借助"运行"按钮就可以实现对应的功能。

11.1.2　使用包

将类和接口归纳到命名包后，使用这些类和接口的方法就有所不同了。Java 语言提供了 3 种方式使用这些类和接口，分别为包名+类名/接口名、import 引入指定类和 import 引入所有类。下面将依次进行讲解。

1.　包名+类名/接口名

这种方式是比较直接的使用包的方式，其实就是将包名作为类的前缀。

【示例 11-2】下面将使用包名+类名/接口名这种方式在 otherMyPackage 包中使用 MyPackage 包。其中，MyPackage 包是示例 11-1 中的代码。代码如下：

```
package otherMyPackage;
public class otherTest{
    public static void main(String[] args){
        MyPackage.test testobject=new MyPackage.test();
        testobject.introduce();
    }
}
```

运行结果如下：

```
我叫 Tom，今年 10 岁了
```

每次使用包中的类，都必须写一次包名。如果多次调用这个类，就得多次书写，比较烦琐。

2.　import 引入指定类

包名+类名/接口名这种方式意义明确，但是使用比较烦琐。为了解决这一问题，Java 提供了 import 关键字。通过该关键字，可将包中的某个类引入当前包中，直接使用该类，而不用书写包名。其语法形式如下：

```
import 包名.类名;
import 包名.接口名;
```

助记：import 是一个英文单词，本身意思是导入、移入，其发音为['ɪmpɔːt]。

【示例 11-3】下面将使用 import 方式，在 otherMyPackage 包中使用 MyPackage 包中的 test 类。其中，MyPackage 包是示例 11-1 中的代码。代码如下：

```
package otherMyPackage;
import MyPackage.test;
public class otherTest{
    public static void main(String[] args){
        test testobject=new test();
        testobject.introduce();
```

```
    }
}
```

注意： 代码中同时出现 package 和 import 关键字时，应先写 package，再写 import，否则程序就会出现错误，如以下代码：

```
import MyPackage.test;
package otherMyPackage;
public class otherTest{
    public static void main(String[] args){
        test testobject=new test();
        testobject.introduce();
    }
}
```

在此代码中同时出现了 package 和 import，并错误地先写了 import，再写 package，导致输出以下错误信息：

```
C:\aa\otherTest.java:2: 需要为 class、interface 或 enum
```

3. import 引入所有类

使用 import 引入指定类的方式也有不足。例如，引入一个包中的多个类时，就需要反复书写 import 关键字，容易造成代码冗长。为了解决这一问题，Java 允许使用 import 关键字引入包中的所有类和接口。其语法形式如下：

```
import 包名.*;
```

【示例 11-4】 下面将使用 import.*方式，在 otherMyPackage 包引入 MyPackage 包中的所有类。其中，MyPackage 包是示例 11-1 中的代码。代码如下：

```
package otherMyPackage;
import MyPackage.*;
public class otherTest{
    public static void main(String[] args){
        test testobject=new test();
        testobject.introduce();
    }
}
```

11.1.3 使用 JAR 文件

在 Java 中，一个类对应一个 CLASS 文件，所以一个包会存在多个 CLASS 文件。为了方便管理，也为了便于传输，Java 允许将包中的所有 CLASS 文件打包成一个 JAR 文件，又称 JAR 包文件。JDK 提供了 jar 命令，用来创建 JAR 文件。其语法形式如下：

```
jar cvf JAR 文件名 文件 1 文件 2
```

其中，"JAR 文件名"需要与要打包的 CLASS 文件所在的包名相同；"文件 1"和"文件 2"是需要打包的 CLASS 文件。

【示例 11-5】 下面将打包 E 盘的 MyPackage 包中的 otherTest.class 和 test.class 文件。具体操作步骤如下。

（1）打开"命令提示符"窗口。

（2）输入以下命令进行打包，打包成功后会看到如图 11.2 所示的效果。

jar cvf MyPackage.jar test.class otherTest.class

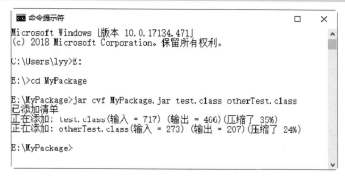

图 11.2　打包成功

11.1.4　JDK 常用包

JDK 为程序员提供了很多标准类，这些类按照功能的不同分别放在不同的包中。表 11.1 列出了 JDK 常用包。

表 11.1　JDK常用包

包	包中的内容
java.lang	该包被称为语言包，包含 Java 语句的核心类，如 String、Math、Float、System 等。在现在的 Java 版本中，系统会自动将这个包引入用户程序，无须用 import 来引入它
java.util	该包被称为实用包，包含各种具有实用功能的类，如 Data、Calendar、Random 等
java.awt	该包被称为抽象窗口工具包，提供绘图和图像类，主要用于构建和管理 GUI（图形用户界面）程序
javax.swing	该包被称为轻量级的窗口工具包，用于创建图形用户界面，包中的组件相对于 java.awt 为轻量级组件
java.io	该包被称为输入/输出包，提供系统输入/输出类和接口
java.net	该包被称为网络函数包，包含实现网络应用程序的类
java.applet	该包是创建 Applet 程序使用的包，包含基本的 applet 类和通信类

注意：前面所使用的 System.out.printf()方法就在 java.lang 包中。

11.2　内　部　类

在"继承"一章中说过，类是不支持多重继承的。但是在很多情况下，需要有多重继承。为了解决这一问题，Java 在 JDK1.1 之后提供了内部类。内部类可用于实现多重继承。本节将讲解如何使用内部类。

11.2.1　定义内部类

内部类就是定义在一个类内部的类。它和前面章节中提到的类一样，包含成员变量和方法，可以实现继承。在 Java 中，内部类分为 3 种，分别为嵌入式类、内部成员类和本地类。

下面将依次讲解这 3 种类的定义。

注意： 在 Java 中，包含内部类的这个类称为外部类。

1. 嵌入式类

嵌入式类就是使用 static 关键字进行修饰的内部类。它与外部类的其他成员变量和方法属于同一级，即处在同一层次上。

【示例 11-6】 下面将在 Person 类中定义一个嵌入式类 PersonInner。代码如下：

```java
class Person{
    static class PersonInner{
        static final int age=10;
        static String address="Beijing";
        final boolean isMarriage=false;
        String name="Jim";
        static int getAge(){
            return age;
        }
        String getName(){
            return name;
        }
    }
}
```

注意： 嵌入式类不能和包含它的外部类同名，否则会出现错误，如以下代码：

```java
class Person{
    static class Person{
    }
}
```

在此代码中，内部类和外部类同名了，导致输出以下错误信息：

```
已在 unnamed package 中定义 Person
```

2. 内部成员类

没有使用 static 修饰的内部类，被称为内部成员。它和类的实例成员属于同一级。所以内部成员类又被称为内部实例成员类。

【示例 11-7】 下面将在 Person 类中定义一个内部成员类 PersonInner。代码如下：

```java
class Person{
    class PersonInner{
        static final int age=10;
        final boolean isMarriage=false;
        String name="Jim";
        String getName(){
            return name;
        }
    }
}
```

注意： 在内部成员类中，类体不允许存在静态变量和静态方法，但是可以存在静态常量，如以下代码：

```
class Person{
    class PersonInner{
        static int age=10;
    }
}
```

在此代码中，为内部成员类定义了一个静态变量，导致输出以下错误信息：

内部类不能有静态声明

3．本地类

定义在方法中的内部类被称为本地类，也可以称为局部内部类。

【示例 11-8】下面将在 Person 类中定义一个本地类 PersonInner。代码如下：

```
class Person{
    void getName(){
        class PersonInner{
            static final int age=10;
            final boolean isMarraiage=false;
            String name="Jim";
            String getName(){
                return name;
            }
        }
    }
}
```

在此代码中定义了一个本地类 PersonInner，它的作用域是从定义它开始一直到 getName()
方法结束。

在定义本地类时需要遵循以下规则。

（1）本地类中，类体不允许存在静态变量和静态方法，但是可以存在静态常量。

（2）本地类不允许使用 static、public、private 和 protected 修饰符进行修饰，否则程序会
出现错误，如以下代码：

```
class Person{
    void getName(){
        static class PersonInner{
        }
    }
}
```

在此代码中，使用 static 修饰符修饰了本地类，导致输出以下错误信息：

非法的表达式开始

（3）本地类不仅可以定义在方法中，还可以定义在语句块中，如以下代码：

```
class Person{
    int age=19;
    void isAdult(){
        if(age>=18){
            System.out.printf("成年了");
            class PersonInner{
            }
```

```
    }else{
        System.out.printf("没有成年");
    }
    }
}
```

（4）不同方法中的本地类可以同名，甚至可以和嵌入式类、内部成员类同名。

以上就是 3 种内部类的定义。在这 3 种内部类中，包含的成员是不同的，如表 11.2 所示。

表 11.2　内部类包含的成员

内部类类型	包含的成员					
	静 态 常 量	静 态 变 量	静 态 方 法	实 例 常 量	实 例 变 量	实 例 方 法
嵌入式类	√	√	√	√	√	√
内部成员类	√	×	×	√	√	√
本地类	√	×	×	√	√	√

11.2.2　内部类使用外部类的成员

在 Java 中，允许内部类使用包含它的外部类的成员，但是会有一些限制。本小节将讲解 3 种内部类使用外部类的成员的限制。

1．嵌入式类访问

嵌入式类只能访问外部类的静态成员，不能访问实例成员。

【示例 11-9】下面将在嵌入式类 PersonInner 中访问外部类 Person 中的成员。代码如下：

```
class Person{
    static final String name="Tom";
    static String sex="man";
    static int getAge(){
        return 18;
    }
    static class PersonInner{
        String otherName=name;
        String otherSex=sex;
        void introduce(){
            System.out.printf("我今年%d 岁了",getAge());
        }
    }
}
```

2．内部成员类访问

内部成员类可以访问外部类的静态成员和实例成员。

【示例 11-10】下面将在内部成员类 PersonInner 中访问外部类 Person 中的成员。代码如下：

```
class Person{
    static final int age=10;
    static String sex="man";
```

```
        final boolean isMarriage=false;
        String name="Jim";
        static int getId(){
            return 123456;
        }
        int getScore(){
            return 600;
        }
        class PersonInner{
            int otherAge=age;
            String otherSex=sex;
            boolean isOtherMarriage=isMarriage;
            String otherName=name;
            void introduce(){
                System.out.printf("我的学号是%d",getId());
                System.out.printf("我的分数是",getScore());
            }
        }
    }
}
```

3. 本地类访问

由于本地类所在的方法可以是静态方法，也可以是实例方法，所以对外部类成员的访问也是不同的。下面将依次讲解这两种情况。

（1）当本地类所在的方法是静态方法时，它会和嵌入式类一样，只能访问外部类的静态成员。

【示例 11-11】下面将在静态方法中的本地类 PersonInner 中访问外部类 Person 中的成员。代码如下：

```
class Person{
    static final int age=10;
    static String sex="man";
    static int getScore(){
        return 600;
    }
    static void introduce(){
        class PersonInner{
            int otherAge=age;
            String otherSex=sex;
            void show(){
                System.out.printf("我的分数是%d",getScore());
            }
        }
    }
}
```

（2）当本地类所在的方法是实例方法时，它会像内部成员类一样，可以访问外部类的任意成员（静态成员和实例成员）。另外，它还可以访问局部常量，而不允许访问局部变量。

【示例 11-12】下面将在实例方法中的本地类 PersonInner 中访问外部类 Person 中的成员。

代码如下：

```
class Person{
    static final int age=10;
    static String sex="man";
    final boolean isMarriage=false;
    String name="Jim";
    static int getId(){
        return 123456;
    }
    int getScore(){
        return 666;
    }
    void introduce(){
        class PersonInner{
            int otherAge=age;
            String otherSex=sex;
            boolean isOtherMarriage=isMarriage;
            String otherName=name;
            void show(){
                System.out.printf("我的学号是%d",getId());
                System.out.printf("我的分数是%d",getScore());
            }
        }
    }
}
```

【示例 11-13】下面将在本地类中访问局部常量。代码如下：

```
class Person{
    void introduce(){
        final int i=10;
        class PersonInner{
            int age=i;
        }
    }
}
```

注意： 内部类在访问外部类时不会受访问权限的限制。

以上就是 3 种内部类使用外部类的情况。表 11.3 总结了内部类在访问外部类时的一些限制。

表 11.3　内部类访问外部类时的限制

内部类类型	访问外部类时的限制					
	静 态 常 量	静 态 变 量	静 态 方 法	实 例 常 量	实 例 变 量	实 例 方 法
嵌入式类	√	√	√	×	×	×
内部成员类	√	√	√	√	√	√
本地类（实例方法）	√	√	√	√	√	√
本地类（静态方法）	√	√	√	×	×	×

11.2.3 内部类之间访问

在 Java 中，除了允许内部类使用包含它的外部类的成员外，还允许内部类之间进行访问，但是会有一些限制。本小节将讲解 3 种内部类之间的访问限制。

1. 嵌入式类访问

嵌入式类只可以访问其他嵌入式类。

【示例 11-14】下面将在 StudentInner 嵌入式类中访问 PersonInner 嵌入式类。代码如下：

```java
class Person{
    static class PersonInner{
        String name="Jim";
        int age=10;
    }
    static class StudentInner{
        PersonInner personInner=new PersonInner();
        void printInfo(){
            System.out.printf("我叫%s，今年%d 岁了",personInner.name,personInner.age);
        }
    }
}
```

注意：嵌入式类只可以访问嵌入式类，如果在嵌入式类中访问其他内部类（如内部成员类），会导致程序出现错误，如以下代码：

```java
class Person{
    class PersonInner{
        String name="Jim";
        int age=10;
    }
    static class StudentInner{
        PersonInner personInner=new PersonInner();
        void printInfo(){
            System.out.printf("我叫%s，今年%d 岁了",personInner.name,personInner.age);
        }
    }
}
```

在此代码中，出现了在嵌入式类中对内部成员类的访问，导致输出以下错误信息：

```
无法从静态上下文中引用非静态变量 this
```

2. 内部成员类访问

内部成员类可以访问嵌入式类和其他内部成员类。

【示例 11-15】下面将在 InfoInner 内部类中访问 PersonInner 嵌入式类和 TeacherInner 内部成员类。代码如下：

```java
class Person{
    static class PersonInner{
        String name="Jim";
```

```
            int age=10;
        }
    class TeacherInner{
        String work="教书";

    }
    class InfoInner{
        PersonInner person=new PersonInner();
        TeacherInner teacher=new TeacherInner();
        void printInfo(){
            System.out.printf("我叫%s,",person.name);
            System.out.printf("今年%d 岁了,",person.age);
            System.out.printf("我父亲的工作是%s",teacher.work);
        }
    }
}
```

3. 本地类访问

本地类可以访问嵌入式类和内部成员类。但是在访问内部成员类时，受到方法本身类型的限制，只有定义在实例方法中的本地类才可以使用内部成员类。

【示例 11-16】下面将在实例方法的 InfoInner 本地类中访问 PersonInner 嵌入式类和 TeacherInner 内部成员类。代码如下：

```
class Person{
    static class PersonInner{
        String name="Jim";
        int age=10;
    }
    class TeacherInner{
        String work="教书";
    }
    void getInfo(){
        class InfoInner{
            PersonInner person=new PersonInner();
            TeacherInner teacher=new TeacherInner();
            void printInfo(){
                System.out.printf("我叫%s,",person.name);
                System.out.printf("今年%d 岁了,",person.age);
                System.out.printf("我父亲的工作是%s",teacher.work);
            }
        }
    }
}
```

注意：在同一方法中的本地类可以相互访问，如以下代码：

```
class Person{
    void getInfo(){
        class PersonInner{
            String name="Jim";
            int age=10;
```

```
            }
        class TeacherInner{
            String work="教书";
            PersonInner person=new PersonInner();
            void printInfo(){
                System.out.printf("我叫%s,",person.name);
                System.out.printf("今年%d 岁了,",person.age);
                System.out.printf("我父亲的工作是%s",work);
            }
        }
    }
}
```

11.2.4 外部类使用内部类

在 Java 中，允许在外部类中使用内部类。对于本地类来说，在外部类中是不可以使用的。对于嵌入式类和内部成员类访问来说，只要它们的访问权限不是 private，则可以在外部类中使用它们，只是使用的方式不同。下面将依次讲解外部类如何使用嵌入式类和内部成员类。

1. 使用嵌入式类

外部类如果使用嵌入式类的语法形式如下：

外部类名.嵌入式类名

这种方式和使用静态成员是一样的。

【示例 11-17】下面将在外部类中使用 StudentInner 嵌入式类。代码如下：

```
class Person{
    static class StudentInner{
        String name="Jim";
        int age=10;
        void printInfo(){
            System.out.printf("我叫%s，今年%d 岁了",name,age);
        }
    }
}
public class test{
    public static void main(String[] args){
        Person.StudentInner student=new Person.StudentInner();
        student.printInfo();
    }
}
```

运行结果如下：

我叫 Jim，今年 10 岁了

2. 使用内部成员类

外部类如果要使用内部成员类，这个内部成员类需要通过外部类的实例进行引用。

【示例 11-18】下面将在外部类中使用 PersonInner 内部成员类。代码如下：

```
class Person{
    class PersonInner{
        static final int age=10;
        String name="Jim";
        final String sex="man";
        void introduce(){
            System.out.printf("我叫%s\n",name);
            System.out.printf("今年%d 岁了 \n",age);
            System.out.printf("我的性别是%s\n",sex);
        }
    }
}
public class test{
    public static void main(String[] args){
        Person outer=new Person();
        Person.PersonInner inner=outer.new PersonInner();
        inner.introduce();
    }
}
```

运行结果如下:

```
我叫 Jim
今年 10 岁了
我的性别是 man
```

11.2.5 匿名类

匿名类就是没有名称的类,又称匿名内部类。本小节将讲解与匿名类相关的内容。

1. 创建匿名类

在 Java 中,匿名类被分为两种,一种是与类相关的匿名类,另一种是与接口相关的匿名类。下面将依次讲解这两种匿名类的创建。

(1) 创建与类相关的匿名类的语法形式如下:

```
new 父类名称(参数列表){
    类体
};
```

【示例 11-19】下面将创建与类相关的匿名类。代码如下:

```
class Person{
}
public class test{
    public static void main(String[] args){
        new Person(){
            void printInfo(){
                System.out.printf("匿名内部类");
            }
        };
    }
}
```

（2）创建与接口相关的匿名类的语法形式如下：

```
new  接口名称(){
    类体
};
```

【示例 11-20】下面将创建与接口相关的匿名类。代码如下：

```
interface Person{
    public abstract void printInfo();
}
public class test{
    public static void main(String[] args){
        new Person(){
            public void printInfo(){
                System.out.printf("匿名内部类");
            }
        };
    }
}
```

2.　访问匿名类中的方法

如果要访问匿名类中的方法，有两种方式，一种是在匿名类后面加.方法名，另一种是通过创建对象来访问。下面将详细介绍这两种访问方法。

（1）在匿名类后面加.方法名。如果匿名类中的方法在父类或接口中没有，可以使用该方法实现访问。

【示例 11-21】下面将访问匿名类中的 printInfo()方法。代码如下：

```
class Person{
    String name="Jim";
    int age=10;
}
public class test{
    public static void main(String[] args){
        new Person(){
            void printInfo(){
                System.out.printf("我叫%s，今年%d 岁了",name,age);
            }
        }.printInfo();
    }
}
```

运行结果如下：

我叫 Jim，今年 10 岁了

（2）通过创建对象来访问。如果匿名类中的访问在父类或接口中存在，即实现了覆盖，可以使用该方式访问。

【示例 11-22】下面将使用通过创建对象来访问的方式访问匿名类中的 printInfo()方法。代码如下：

```
class Person{
    String name="Jim";
```

```
        int age=10;
        void printInfo(){
            System.out.printf("我叫%s，今年%d 岁了",name,age);
        }
    }
    public class test{
        public static void main(String[] args){
            Person person=new Person(){;
                void printInfo(){
                    System.out.printf("匿名类又称匿名内部类");
                }
            };
            person.printInfo();
        }
    }
}
```

运行结果如下：

匿名类又称匿名内部类

3. 注意事项

在使用匿名类时，需要注意以下 10 点。

（1）匿名类是没有名称的。

（2）不能为匿名类添加构造方法。

（3）匿名类中不包含静态成员变量和静态方法，否则就会出现错误，如以下代码：

```
class Person{
}
public class test{
    public static void main(String[] args){
        Person person=new Person(){
            static void printInfo(){
                System.out.printf("在匿名内部类中重写了 printInfo()");
            }
        };
    }
}
```

在此代码中使用了静态方法，导致输出以下错误信息：

内部类不能有静态声明

（4）匿名类无法显式地继承某个类或实现某个接口。

（5）匿名类总是使用隐式的 final 进行修饰。

（6）当在类内部使用匿名类时，匿名类就需要符合内部类的规则；当在方法中使用匿名类时，本地类的所有限制同样对匿名类起作用。

（7）匿名类不能是抽象的，它必须实现继承的类或实现接口的所有抽象方法。

（8）匿名类不能被重复使用，它仅能被使用一次。

（9）使用匿名类的前提是必须继承父类或实现一个接口。

（10）匿名类在实际开发中，一般会作为方法的参数，如以下代码：

```
interface Person{
    public abstract void printInfo();
}
class Student{
    void show(Person p){
        p.printInfo();
    }
}
public class test{
    public static void main(String[] args){
        Student student=new Student();
        student.show(new Person(){
            public void printInfo(){
                System.out.printf("我是一名学生，今年 13 岁了");
            }
        });
    }
}
```

运行结果如下：

我是一名学生，今年 13 岁了

11.3　Object 类和 Class 类

在 Java 中，Object 和 Class 是两种基本的类。其中 Object 类是 Java 程序中所有类的根类，而 Class 类可以实现动态加载类的功能。本节将详细讲解这两个类。

11.3.1　Object 类

前已述及，Object 类是 Java 程序中所有类的根类。所有的 Java 类都是由 Object 类派生而来的，即所有的类都是 Object 类的子类，该类包含在 java.lang 包中。Object 类提供了 6 个常用的方法，这 6 个方法可以被所有的子类继承，如表 11.4 所示。

表 11.4　Object类的常用方法

方　法　名	功　　能
toString()	返回当前对象的字符串表示
equals(Object)	比较两个对象是否相等
finalize()	声明回收当前对象所需释放的资源
getClass()	返回当前对象所属类信息，是一个 Class 对象
hashCode()	返回当前对象的哈希代码值
clone()	创建与当前对象的类相同的新对象

【示例 11-23】下面将在 Person 中使用 Object 类中的 6 个方法。代码如下：

```
class Person implements Cloneable{
    int age ;
```

```
        String name;
        Person(int age, String name) {
            this.age = age;
            this.name = name;
        }
        protected Object clone() throws CloneNotSupportedException {
            return (Person)super.clone();
        }
        protected void finalize() throws Throwable {
            super.finalize();
            System.out.println("finalize");
        }
    }
public class test{
    public static void main(String[] args) throws CloneNotSupportedException,InterruptedException, Throwable {
        Person person = new Person(23, "zhang");
        System.out.printf("字符串表示%s\n",person.toString());
        System.out.printf("哈希代码值为%d\n",person.hashCode());
        System.out.printf("对象所在的类名为%s\n",person.getClass().getName());
        Person otherPerson = (Person) person.clone();
        if(person.equals(otherPerson)){
            System.out.printf("相等\n");
        }else{
            System.out.printf("不相等\n");
        }
        person.finalize();
    }
}
```

运行结果如下：

```
字符串表示 Person@1e5e2c3
哈希代码值为 31843011
对象所在的类名为 Person
不相等
finalize
```

11.3.2　Class 类

　　Class 类可以实现动态加载类的功能，即在程序运行期间将新的类加载到系统中。Class 类属于系统类，包含在 java.lang 包中。该类封装了对象或接口在运行时的状态和信息。在 Java 中，手动编写的类编译完成后，就会在声明的.class 文件中生成一个 Class 类的对象。为了生成这个类的对象，运行这个程序的 JVM 将会使用到类加载器的子系统。以下是 Class 类的 3 个特点。

　　（1）Class 类没有构造方法。

　　（2）每个加载到 JVM 的类都包含一个 Class 对象。

（3）Class 不能直接声明对象，但是可以通过某些方法获取对象，如 Object 的 getClass() 方法。

Class 类提供了 9 个常用方法，如表 11.5 所示。

表 11.5　Class类的常用方法

方　法　名	功　　能
forName(String)	返回与给定字符串名称的类或接口关联的 Class 对象
getName()	返回一个字符串，该字符串是 Class 对象所表示的实体（类、接口、数组类、基本类型或 void）名称
newInstance()	为类创建一个实例
getClassLoader()	返回该类的类加载器
getComponentType()	返回表示数组组件类型的 Class 对象
getSuperclass()	返回表示此 Class 所表示的实体（类、接口、基本类型或 void）的 Super 类的 Class
isArray()	判断此 Class 对象是否表示一个数组类
isInterface()	判断指定的 Class 对象是否表示接口类型
isPrimitive()	判断指定的 Class 对象是否表示基本类型

【示例 11-24】下面将通过输入含有 Java 类库目录结构的类名显示该类的父类。代码如下：

```
import java.util.Scanner;
public class test{
    public static void main(String[] args) throws ClassNotFoundException {
        System.out.printf("请输入含有 Java 类库目录结构的类名，如 java.util.Date\n");
        Scanner scanner=new Scanner(System.in);
        String name=scanner.next();
        Class c1=Class.forName(name);
        Class superClass=c1.getSuperclass();
        System.out.printf("%s 的直接父类为%s",name,superClass.getName());
    }
}
```

运行程序，当输入 java.util.Timer 后，会输出以下内容：

java.util.Timer 的直接父类为 java.lang.Object

11.4　小　　结

通过对本章的学习，读者需要知道以下内容。

❏ 包就是一个相关的类和接口的集合。在 Java 中，程序员可以创建两种包，分别为未命名包和命名包。

❏ 内部类就是定义在一个类内部的类。内部类分为 3 种，分别为嵌入式类、内部成员类和本地类。

❏ Object 类是 Java 程序中所有类的根类。所有的 Java 类都是由 Object 类派生而来的，即所有的类都是 Object 类的子类，该类包含在 java.lang 包中。

❑ Class 类可以实现动态加载类的功能，即在程序运行期间将新的类加载到系统中。Class 类属于系统类，包含在 java.lang 包中。

11.5 习　　题

一、填空题

1．创建命名包时需要使用_____关键字。

2．Java 语言包是_____，它包含了 Java 语句的核心类。

3．在 Java 中，包含内部类的这个类称为_____类。

4．定义在方法中的内部类被称为_____类，也可以称为局部内部类。

二、选择题

1．move 命令的功能是（　　）。

    A．复制　　　　　B．移动　　　　　C．添加　　　　　D．加载

2．以下代码的根类是（　　）。

```
class Person{
    int age ;
    String name;
}
```

    A．没有根类　　　B．Person　　　　C．Object　　　　D．Class

三、简答题

简述使用包的 3 种方式。

四、找错题

1．以下代码定义了 3 个内部类，其中存在 3 处错误，请指出。

```
class Student{
    static class staticStudentInner{
    }
    class StudentInner{
        static String name="Jim";
        int age=10;
    }
    void getName(){
        static class inner{
        }
    }
}
```

2．请指出以下代码中的两处错误。

```
class Student{
    static final String name="Tom";
    static String sex="man";
    int age=18;
```

```
static int getAge(){
    return 18;
}
static class StaticStudentInner{
    String otherName=name;
    int otherAge=age;
    void introduce(){
        System.out.printf("我今年%d 岁了",getAge());
    }
}
static void introduce(){
    class Inner{
        int otherAge=age;
        String otherSex=sex;
    }
}
}
```

第 12 章 错 误 处 理

在日常生活中，错误是不可避免的。在编程中也一样。为了应对代码中可能出现的错误情况，Java 语言提供了两种处理机制，一种是异常机制，另一种是断言。本章将详细讲解与这两种错误处理机制相关的内容。

12.1 异　　常

在 Java 中，凡是导致程序无法正常执行的错误都被称为异常。为了处理这些异常，Java 语言提供了异常机制。本节将讲解异常类型和异常机制。

12.1.1 异常类型

在代码中，错误一般分为两种，一种是编译错误，另一种是运行错误。下面将详细讲解这两种错误。

1. 编译错误

编译错误就是各种语法错误。这些错误都会被编译器发现，并输出具体的错误信息，如以下代码：

```java
public class test{
    public static void main(String[] args){
        System.out.System.err.println("Hello")
    }
}
```

此代码由于缺少分号，导致出现如图 12.1 所示的错误。在此提示中可知，代码的第 3 行需要 ";"。程序员只要根据提示，修改对应的代码，即可避免这类错误。

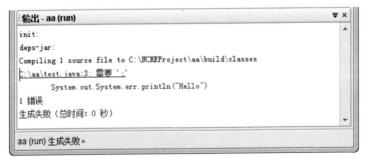

图 12.1　错误信息

2. 运行错误

运行错误就是在运行时才会出现的错误。例如，参与除法运算的某个变量值为 0，从而发生除数为 0 的逻辑错误。在编译阶段，由于变量值无法确定，所以编译器无法发现这类错误。这类错误往往非常隐蔽，只有特定条件下才会被触发。所以，这类错误的解决也是本章内容的重点。

12.1.2 异常机制

为了处理上述异常，Java 语言提供了异常机制。本节将讲解异常机制。异常机制由两个部分组成，分别为抛出异常和捕获异常。下面将详细讲解这两个部分。

1. 抛出异常

程序一旦出现异常，异常机制将通过运行的方法或者借助虚拟机生成一个异常对象。这个对象包含了异常事件的类型及发生异常时程序的状态等信息。异常对象从产生到被传递给 Java 运行系统的过程被称为抛出异常。

2. 捕获异常

在抛出异常后，Java 运行时将获得该异常。然后，系统会根据异常的类型，查找对应的处理方法，并将控制权移交给该方法。这个过程被称为捕获异常。

Java 语言的异常机制不仅为异常提供了统一的程序出口，还声明了很多异常类。每个异常类都代表一种错误。类中包含该错误的信息、处理错误的方法等内容。Java 语言提供的异常类也被称为标准异常类。它们被包含在 java.lang 包中。这些异常类的层次关系如图 12.2 所示。

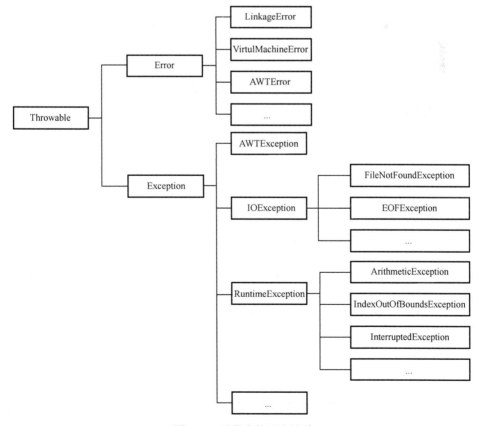

图 12.2　异常类的层次关系

所有的异常类都是由 Throwable 类派生的，而 Throwable 类又是由 Object 类派生的。Throwable 类的常用方法有 4 个，如表 12.1 所示。

表 12.1　Throwable类的常用方法

方　法　名	功　　能
getMessage()	返回发生异常的相关详细信息
toString()	使用异常的类名和 getMessage()所获得的内容
printStackTrace()	打印堆栈内的跟踪信息
fillInStackTrace()	清除堆栈原有的跟踪信息，重写跟踪信息

Throwable 类有两个直接的子类，分别为 Error 和 Exception。下面将详细讲解这两个子类。

（1）Error 类用来处理系统内部即程序运行环境的异常，如动态链接失败、硬件设备和虚拟机错误等。这些异常都是严重错误。它们都会由 Java 语言本身来抛出和捕获。

（2）Exception 类用来处理程序抛出的异常。这些异常要求程序自身进行捕获或声明。

12.2　异　常　处　理

如果想让可能具有异常的程序正常运行，就需要对异常情况进行考虑，并进行相应处理。Java 语言处理异常的方式有两种，分别为捕获异常和声明抛出异常。此外，程序员也可以自定义异常。本节将讲解这些处理方式。

12.2.1　捕获异常

在 Java 语言中，当抛出异常后，可以使用 try-catch-finally 语句对异常进行捕获，并进行相应处理。其语法形式如下：

```
try{
    抛出具体异常的语句;
}catch(异常类 对象名){
    异常发生时的处理语句;
}finally{
    必须运行的语句;

}
```

在语法形式中，可能会抛出异常的语句块用 try 语句标记；catch 语句标记的语句块用于捕捉 try 语句中抛出的异常；finally 语句标记的语句块是必须执行的。在 finally 语句执行结束后，程序继续执行 try-catch-finally 语句之后的代码。其执行流程如图 12.3 所示。

【示例 12-1】下面将捕获除法运算中除数为 0 的异常。代码如下：

```
import java.util.Scanner;
public class test{
    public static void main(String[] args){
        try{
            Scanner scanner=new Scanner(System.in);
            int i1=scanner.nextInt();
            int i2=scanner.nextInt();
```

```
            System.out.printf("两数相除的结果为%d\n",i1/i2);
        }catch(Exception ex){
            System.out.printf("除数不能为 0\n");
        }finally{
            System.out.printf("代码结束\n");
        }
    }
}
```

当除数输入 0 后，运行结果如下：

```
除数不能为 0
代码结束
```

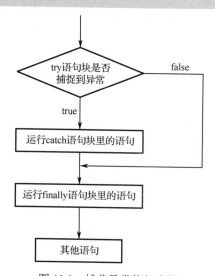

图 12.3　捕获异常执行流程

在使用 try-catch-finally 语句块时，需要注意以下 7 个规则。

（1）finally 语句可以省略，如以下代码：

```
import java.util.Scanner;
public class test{
    public static void main(String[] args){
        try{
            Scanner scanner=new Scanner(System.in);
            int i1=scanner.nextInt();
            int i2=scanner.nextInt();
            System.out.printf("两数相除的结果为%d\n",i1/i2);
        }catch(Exception ex){
            System.out.printf("除数不能为 0\n");
        }
    }
}
```

（2）catch 语句也可以省略。但是当省略 catch 语句时，finally 语句必须存在并紧跟在 try 语句之后，否则程序会出现错误，如以下代码：

```
import java.util.Scanner;
public class test{
```

```
    public static void main(String[] args){
        try{
            Scanner scanner=new Scanner(System.in);
            int i1=scanner.nextInt();
            int i2=scanner.nextInt();
            System.out.printf("两数相除的结果为%d\n",i1/i2);
        }
    }
}
```

在此代码中省略了 catch 语句和 finally 语句，导致输出以下错误信息：

"try" 不带有 "catch" 或 "finally"

（3）catch 语句可以存在多个。try 语句抛出异常后，程序跳转到 catch 部分，查找和该异常类型相匹配的 catch 语句执行，其他 catch 语句将不再执行，如以下代码：

```
import java.util.Scanner;
public class test{
    public static void main(String[] args){
        try{
            Scanner scanner=new Scanner(System.in);
            int i1=scanner.nextInt();
            int i2=scanner.nextInt();
            System.out.printf("两数相除的结果为%d\n",i1/i2);
        }catch(ArithmeticException ae){
            System.out.printf("除数不能为 0");
        }catch(Exception e){
            System.out.printf("其他原因");
        }
    }
}
```

当除数输入 0 后，运行结果如下：

除数不能为 0

（4）当使用多个 catch 语句时，要将范围相对小的异常类型放在前面，范围大的异常类型放在后面，否则程序会出现错误，如以下代码：

```
import java.util.Scanner;
public class test{
    public static void main(String[] args){
        try{
            Scanner scanner=new Scanner(System.in);
            int i1=scanner.nextInt();
            int i2=scanner.nextInt();
            System.out.printf("两数相除的结果为%d\n",i1/i2);
        }catch(Exception ex){
            System.out.printf("除数不能为 0");
        }catch(ArithmeticException ae){
            System.out.printf("其他原因");
        }
    }
}
```

在此程序中，Exception 类的范围比 ArithmeticException 类的范围大，但是将 Exception 类放在了前面，将 ArithmeticException 类放在了后面，导致输出以下错误信息：

已捕捉到异常 java.lang.ArithmeticException

（5）try 语句和 catch 语句之间不能存在除注释语句之外的任何语句，catch 语句和 finally 语句之间同理，否则程序会出现错误，如以下代码：

```java
import java.util.Scanner;
public class test{
    public static void main(String[] args){
        try{
            Scanner scanner=new Scanner(System.in);
            int i1=scanner.nextInt();
            int i2=scanner.nextInt();
            System.out.printf("两数相除的结果为%d\n",i1/i2);
        }
        System.out.printf("插入一条语句");
        catch(Exception ex){
            System.out.printf("除数不能为0");
        }
    }
}
```

在此代码中，try 语句和 catch 语句之间插入了一条输出语句，导致程序出现如图 12.4 所示的错误信息。

图 12.4　错误信息

（6）当 catch 语句中存在 return 时，会先执行 finally 语句，再执行 return 语句退出。

（7）try-catch-finally 语句可以嵌套到另一个 try-catch-finally 语句的 try、catch 或 finally 语句中，如以下代码：

```java
import java.util.Scanner;
public class test{
    public static void main(String[] args){
        try{
            Scanner scanner=new Scanner(System.in);
```

```
            int i1=scanner.nextInt();
            int i2=scanner.nextInt();
            System.out.printf("两数相除的结果为%d\n",i1/i2);
        }catch(Exception ex){
            System.out.printf("除法运算中的除数不能为 0\n");
            try{
                int result=10%0;
                System.out.printf("余数为%d\n",result);
            }catch(Exception exp){
                System.out.printf("取余运算中的除数不能为 0\n");
            }
        }
    }
}
```

当除数输入 0 后，运行结果如下：

除法运算中的除数不能为 0
取余运算中的除数不能为 0

12.2.2　声明抛出异常

在 Java 语言中，如果一个方法生成了某种异常，但是该方法并不能确定该如何处理此异常，则必须将异常传递给调用者，由调用者来处理。此时，这个方法应显式地声明抛出异常，表明该方法将不对这些异常进行处理，而由该方法的调用者负责处理。声明抛出异常需要使用 throws 语句实现。其语法形式如下：

throws exceptionList

其中，exceptionList 表示异常列表。当有多个异常时，可以使用逗号隔开。

当声明好抛出异常后，对于异常的处理，可以有两种方式，第一种是使用 try-catch-finally 语句，第二种是调用者继续声明抛出异常。下面将讲解这两种处理方式。

（1）使用 try-catch-finally 语句：当声明好抛出异常后，可以使用 try-catch-finally 语句对异常进行处理，如以下代码：

```
public class test{
    static void classForName() throws Exception{
        Class.forName("");
    }
    public static void main(String[] args){
        try{
            classForName();
        }catch(Exception ex){
            System.out.printf("错误为%s",ex.toString());
        }
    }
}
```

运行结果如下：

错误为 java.lang.ClassNotFoundException:

（2）调用者继续声明抛出异常：调用者继续声明抛出异常也是对抛出的异常进行处理的

一种方式，如以下代码：

```
public class test{
    static void classForName() throws Exception{
        Class.forName("");
    }
    public static void main(String[] args) throws Exception{
        classForName();
    }
}
```

在此代码中，main()方法继续声明抛出异常，此时 Java 虚拟机会对抛出的异常进行处理。

12.2.3 自定义异常

很多时候，Java 类库预定义的异常类并不是程序员所希望的。此时，程序员可以自定义异常。自定义异常需要使用 throw 语句实现。

【示例 12-2】下面将自定义一个异常。代码如下：

```
class Person{
    int age;
    void setAge(int age) throws Exception{
        if(age<=200){
            this.age=age;
        }else{
            throw new Exception("目前人类的年龄并没有超过 200");
        }
    }
}
public class test{
    public static void main(String[] args) throws Exception{
        Person person=new Person();
        person.setAge(300);
    }
}
```

运行结果如图 12.5 所示。

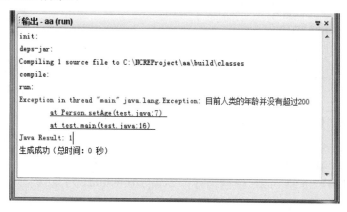

图 12.5 运行结果

12.3 断　　言

断言是对程序逻辑的某种假设进行验证的方法。使用断言可以帮助程序员排查代码的逻辑错误，创建稳定、不易出现错误的程序。本节将讲解如何使用断言。

12.3.1 创建断言

在使用断言之前，首先需要创建断言。这时，需要使用 assert 关键字。使用该关键字创建断言有两种方式。下面将依次讲解这两种方式。

（1）第一种创建断言的语法形式如下：

```
assert expression;
```

其中，expression 代表一个布尔类型的表达式。如果该表达式的值为 true，就继续正常运行；如果为 false，则退出程序。

助记：assert 是一个英文单词，本身意思就是断言，其发音为[əˈsɜ:t]。

【示例 12-3】下面将使用第一种方式创建断言。代码如下：

```java
public class test{
    public static void main(String[] args) throws Exception{
        int i=10;
        System.out.println("Testing Assertion that x==500");
        assert i==500;
        System.out.println("Testing passed");
    }
}
```

运行结果如图 12.6 所示。

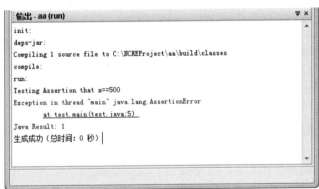

图 12.6　运行结果

（2）第二种创建断言的语法形式如下：

```
assert expression1 : expression2
```

其中，expression1 是一个布尔表达式，expression2 可以是任意表达式。如果 expression1 为 true，则程序忽略 expression2，继续运行；如果 expression1 为 false，则运行 expression2，然后退出程序。

【示例 12-4】下面将使用第二种方式创建断言。代码如下：

```
public class test{
    public static void main(String[] args) throws Exception{
        int i=10;
        System.out.println("Testing Assertion that x==500");
        assert i==500:"Assertion failed!";
        System.out.println("Testing passed");
    }
}
```

运行结果如图 12.7 所示。

图 12.7　运行结果

注意：在示例 12-3 和示例 12-4 中可以看到，如果 expression 和 expression1 为 false 时，就会引发 AssertionError。在第二种创建断言的方式中，expression2 一般是字符串，用于对 AssertionError 的描述。

12.3.2　启用断言

断言功能默认关闭。如果需要使用这个功能，就要手动启用它。根据执行程序的方式不同，启用断言的方式有两种，分别为使用命令行 java 启用和在开发工具中启用。

1.　使用命令行 java 启用

程序员可以使用命令行 java 启用断言。下面将以 E 盘中的 test.java 文件为例，使用 java 启用断言，具体操作步骤如下：

注意：test.java 文件中的代码就是示例 12-4 中的代码，并且此文件生成的 test.class 文件也在 E 盘中。

（1）打开"命令提示符"窗口。

（2）输入以下命令：

```
java –ea test
```

（3）按回车键后，断言就启用了，并会运行 test.java 文件中的代码，如图 12.8 所示。

图 12.8　启用断言

在以上命令中，-ea 参数用来打开所有用户类的断言。除了此参数外，还有其他参数能控制断言，如表 12.2 所示。

表 12.2　控制断言的参数

参　　数	功　　能
-ea	启用所有用户类的断言
-da	关闭所有用户类的断言
-ea:<classname>	启用 classname 的断言
-da:<classname>	关闭 classname 的断言
-ea:<packagename>	启用 packagename 包的断言
-da:<packagename>	关闭 packagename 包的断言
-ea:…	启用默认包（无名包）的断言
-da:…	关闭默认包（无名包）的断言
-ea:<packagename>…	启用 packagename 包和其子包的断言
-da:<packagename>…	关闭 packagename 包和其子包的断言
-esa	启用系统类的断言
-dsa	关闭系统类的断言

2．在开发工具中启用

很多开发工具都提供了断言的功能。下面将以 NetBeans 工具为例，讲解如何启用断言。

（1）使用 NetBeans 工具打开 Java 程序。

（2）选择"文件"|"×××属性"命令，打开"项目属性-×××"对话框。

（3）选择"运行"选项，打开"运行"面板。

（4）在"VM 选项"文本框中输入-ea 参数即可，如图 12.9 所示。

图 12.9　启用断言

注意：断言在 JDK 1.4 及以上版本中才可以使用。

12.3.3 使用断言

断言的使用是一个比较复杂的问题，因为涉及程序的风格、断言运用的目标等。所以，在 Java 语言中，常见的断言用法有 3 种，分别为内在不变式、控制流不变式、后置条件和类不变式。下面将依次讲解这 3 种用法。

1. 内在不变式

在程序中，有时要假设某种情况总是存在或总是不存在。这时，可以使用内在不变式断言来确保假设的正确性，如以下代码：

```
public class test{
    public static void main(String[] args){
        int i = 10;
        if(i>0){
            System.out.printf("i 为正数");
        }else{
            assert i==0:"i 不能为负数";
        }
    }
}
```

在此代码中，假设 i 的值为 0，并且永远不可能为负。因此一旦出现负数，就说明程序错误。如果不使用断言，一般很难找到错误；而如果在代码中使用断言，就会使代码清晰，并且保证在 i 出现负值后会报告。

2. 控制流不变式

控制流不变式使用在 if-else 和 switch 选择语句中。程序员可以在不应该发生的控制流上加 assert false 语句，检查不可能出现的值，如以下代码：

```
public class test{
    public static void main(String[] args){
        int i = 4;
        switch(i){
            case 1:
                System.out.printf("i 是%d",i);
                break;
            case 2:
                System.out.printf("i 是%d",i);
                break;
            default:
                assert false:"i 是无效的值";
                break;
        }
    }
}
```

在此代码中，i 的值只可以是 1 和 2。如果 i 是其他值，就说明出现了逻辑错误。

3. 后置条件和类不变式

后置条件是指方法执行后对变量值或关系进行验证，如以下代码：

```java
class NumericalClass{
    int i=10;
    int geti(){
        return i;
    }
    int reduction(){
        int result=i;
        if(result>0){
            result--;
        }
        assert result <= geti();
        return result;
    }
}
public class test{
    public static void main(String[] args){
        NumericalClass numerical=new NumericalClass();
        System.out.printf("%d\n",numerical.reduction());
    }
}
```

在此代码中，对变量值 i 进行了验证，该值应小于或等于在 geti()方法中获取的值，如果大于在 geti()方法中获取的值，就说明出现了逻辑错误。

类不变式是指调用类中的每个方法后，对类或实例的变量值进行测试，如以下代码：

```java
class Student{
    int age;
    boolean isValidAge(int otherAge){
        return otherAge > 0;
    }
    boolean hasValidState(){
        return isValidAge(age);
    }
    Student(int age){
        this.age=age;
        assert hasValidState():"无效";
    }
}
public class test{
    public static void main(String[] args){
        Student student=new Student(-10);
    }
}
```

在此代码中，对 age 实例变量的值进行了测试，该值应大于 0，如果小于 0，就说明出现了逻辑错误。

12.4　小　　结

通过对本章的学习，读者需要知道以下内容。

□ 在 Java 中，凡是导致程序无法正常执行的错误都被称为异常。

□ 为了处理异常，Java 语言提供了异常机制。该机制由两个部分组成，分别为抛出异常和捕获异常。

□ 在 Java 语言中，当抛出异常后，可以使用 try-catch-finally 语句对异常进行捕获，并进行相应处理。

□ 声明抛出异常需要使用 throws 语句实现。

□ 自定义异常需要使用 throw 语句实现。

□ 断言是对程序逻辑的某种假设进行验证的方法。

12.5　习　　题

一、填空题

1．在 Java 中，凡是导致程序无法正常执行的错误都被称为＿＿＿＿＿＿＿。

2．在代码中，错误一般分为两种，一种是＿＿＿＿＿＿＿错误，另一种是＿＿＿＿＿＿＿错误。

3．在 Java 语言中，异常机制由两个部分组成，分别为＿＿＿＿＿＿＿异常和＿＿＿＿＿＿＿异常。

4．所有的异常类都是由＿＿＿＿＿＿＿类派生的，而该类又是由 Object 类派生的。

5．Java 语言处理异常的方式有两种，分别为＿＿＿＿＿＿＿异常和＿＿＿＿＿＿＿异常。

6．断言的 3 种常见用法是＿＿＿＿＿＿＿、＿＿＿＿＿＿＿、后置条件和类不变式。

二、选择题

1．在 Java 中，对异常进行捕获的语句是（　　　）。
　　A．try-catch-finally 语句　　　　　　　B．for 语句
　　C．throw 语句　　　　　　　　　　　　D．throws 语句

2．自定义异常需要使用的语句是（　　　）。
　　A．try-catch-finally 语句　　　　　　　B．for 语句
　　C．throw 语句　　　　　　　　　　　　D．throws 语句

3．声明抛出异常需要使用的语句是（　　　）。
　　A．try-catch-finally 语句　　　　　　　B．for 语句
　　C．throw 语句　　　　　　　　　　　　D．throws 语句

三、找错题

请指出以下代码中的两处错误。

```
import java.util.Scanner;
public class test{
    public static void main(String[] args){
        try{
```

```
        Scanner scanner=new Scanner(System.in);
        int i1=scanner.nextInt();
        int i2=scanner.nextInt();
        System.out.printf("两数相除的结果为%d\n",i1/i2);
    }catch(Exception ex){
        System.out.printf("除法运算中的其他异常\n");
        try{
            int result=10%0;
            System.out.printf("余数为%d\n",result);
        }
    }catch(ArithmeticException ae){
        System.out.printf("除数不能为 0\n");
    }
    }
}
```

四、编程题

1．使用代码捕获在求余运算中，除数不能为 0 的情况。

2．创建一个 Person 类。在此类中，为 setSex(String)方法自定义一个异常，这个异常为"性别只可以是 man 或 woman"。

第3篇 高级语法篇

第 13 章 数组和字符串

在 Java 编程中，有时会为每个数据定义一个变量，这样就可以在不同位置使用这个数据。但是当存在大量相同类型数据时，再为每个数据都定义变量就有点儿不切实际了。这样不仅会导致变量过多，而且不便于管理。Java 提供了数组来解决这一问题。数组是用来存储相同类型数据的集合。字符串可以理解为字符类型（char）数据的集合。本章将讲解数组和字符串的相关内容。

13.1 数 组

数组是用来存储相同类型数据的集合。使用数组可以方便地管理数据。本节将讲解什么是数组、如何声明和创建一维数组、如何使用一维数组中的元素、遍历数组、如何声明和创建二维数组、如何使用二维数组中的元素、如何使用 Arrays 类等内容。

13.1.1 什么是数组

本小节将讲解数组的概念、数组的访问方式、数组的优点、与数组相关的概念、数组的分类等内容。

1. 数组的概念

在前面提到了，数组就是用来存储相同类型数据的集合，即它可以统一存储相同类型的数据。

2. 数组的访问方式

可以通过下标对数组中存放的元素进行顺序访问，即下标为 0 时访问的是数组中的第一个元素，下标为 1 时访问的是数组中的第二个元素，依次类推。

3. 数组的优点

数组的优点在于，不需要为每个数据都命名，采用编号方式（下标）即可，可以简化数据管理和操作的工作量。例如，计算班级数学平均分、及格人数、优秀人数时，不在意每个成绩属于谁，只在意数值，所以不需要为每个数值都定义一个变量，只要采用数组，将这些分数存储起来就可以了。

4. 与数组相关的概念

数组的数据类型：数组中包含的元素的类型。

数组的长度：数组中包含的元素的个数。

数组下标：从 0 开始，一直到长度-1 结束。

5. 数组的分类

在 Java 中，数组根据维度数分为 3 种，分别为一维数组、二维数组和多维数组。下面将依次介绍这 3 种数组。

一维数组：维度数为 1 的数组，即只有一个下标的数组，它是一个相关变量的列表。一维数组是最简单、最常用的数组。

二维数组：维度数为 2 的数组，即有两个下标的数组，其中这两个下标分别为行号和列号。可将二维数组看成一个一维数组，但是数组中的每个元素又是一个一维数组。

多维数组：维度数大于 2 的数组，如三维数组、四维数组等。

注意：在 Java 中，一般使用一维数组和二维数组的居多。所以下面只介绍这两种数组的使用。

13.1.2　声明一维数组

在使用一维数组之前，首先需要声明一维数组。声明一维数组的形式有两种，语法形式如下：

```
数据类型　数组名[];
数据类型　[]数组名;
```

【示例 13-1】 下面将声明一个整型数组，这个数组的名称为 myArray。代码如下：

```java
public class test{
    public static void main(String[] args){
        int myArray[];
    }
}
```

在声明一维数组时，方括号（[]）内必须是空的，否则程序会出现错误。

【示例 13-2】 下面将演示错误的数组声明方式。代码如下：

```java
public class test{
    public static void main(String[] args){
        int myArray[2];
    }
}
```

在此代码中，方括号内此时不为空，导致程序出现如图 13.1 所示的错误信息。

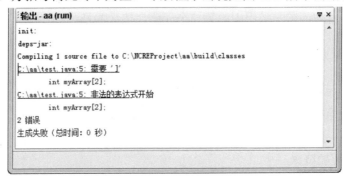

图 13.1　错误信息

13.1.3 创建一维数组

在 Java 中，一维数组是对象。所以，在声明数组之后，并不能立即使用，还需要为其进行实例化创建。创建一维数组有 4 种方式，分别为使用 new 关键字创建、使用值创建、使用 clone()方法创建及引用其他数组创建。下面将依次讲解这 4 种创建方式。

1. 使用 new 关键字创建

使用 new 关键字创建一维数组的语法形式如下：

数组名=new 数据类型[数组长度];

【示例 13-3】下面将先声明一个整型数组，名称为 myArray；然后使用 new 关键字创建一维数组。代码如下：

```
public class test{
    public static void main(String[] args){
        int myArray[];
        myArray=new int[5];
    }
}
```

使用 new 关键字创建一维数组时需要遵循以下规则。

（1）数组长度不能为空，否则程序会出现错误，如以下代码：

```
public class test{
    public static void main(String[] args){
        int myArray[];
        myArray=new int[];
    }
}
```

在此代码中，没有指定数组长度，导致输出以下错误信息：

缺少数组维数

（2）等号（＝）左右两边的数据类型必须相同，否则程序会出现错误，如以下代码：

```
public class test{
    public static void main(String[] args){
        int myArray[];
        myArray=new boolean[6];
    }
}
```

在此代码中，等号左边为整型，右边为布尔类型。左右两边的类型不同，导致输出以下错误信息：

不兼容的类型

（3）使用 new 关键字创建一维数组时，无法对数组中的元素进行初始化，但是系统会自动对其进行初始化。对于数值类型，它的值为 0；对于布尔类型，它的值为 false；对于类，它的值为 null。

2. 使用值创建

使用值创建一维数组就是为数组赋初始值，即初始化数组。其语法形式如下：

数据类型 数组名[]={数值 1,数值 2,数值 3,...,数值 n};

其中，大括号（{}）中的内容是初始化的元素表，又称初始值表。编译器会根据初始值表中的元素个数为数组分配内存空间。

【示例 13-4】下面将使用值创建一个整型数组，名称为 myArray。数组中的元素为 1～5。代码如下：

```java
public class test{
    public static void main(String[] args){
        int myArray[]={1,2,3,4,5};
    }
}
```

使用值创建一维数组时，可将 new 关键字创建和值创建合并在一行。其语法形式如下：

数组名=new 数组类型[]{数值 1,数值 2,数值 3,...,数值 n}

【示例 13-5】下面将声明和创建一个一维数组。代码如下：

```java
public class test{
    public static void main(String[] args){
        int myArray[]=new int[]{1,2,3,4,5};
    }
}
```

3. 使用 clone()方法创建

使用 clone()方法创建一维数组就是将原有数组克隆，并给新数组赋值，此时新数组和原有数组的长度及里面的元素都是一样的。其语法形式如下：

数组名=(数据类型 [])另一个数组名.clone();

【示例 13-6】下面将使用 clone()方法创建一维数组。代码如下：

```java
public class test{
    public static void main(String[] args){
        int myArray[]={1,2,3,4,5};
        int otherArray[];
        otherArray=(int [])myArray.clone();
    }
}
```

使用 clone()方法创建一维数组时需要遵循以下规则。

（1）原有数组和新数组的类型必须完全一致，否则程序会出现错误，如以下代码：

```java
public class test{
    public static void main(String[] args){
        short myArray[]={1,2,3,4,5};
        int otherArray[];
        otherArray=(int [])myArray.clone();
    }
}
```

在此代码中，myArray 数组和 otherArray 数组的类型不一致，导致输出以下错误信息：

不可转换的类型

（2）语法中的"(数据类型 [])"可以省略不写，如以下代码：

```java
public class test{
    public static void main(String[] args){
```

```
        int myArray[]={1,2,3,4,5};
        int otherArray[];
        otherArray=myArray.clone();
    }
}
```

（3）在使用 clone()方法创建完一维数组之后，原有数组和新数组是相互独立的，不再有任何关联。

4. 引用其他数组

使用该方式创建一维数组相当于为已有数组起别名，两个数组名指定的其实是一组数据。其语法形式如下：

```
数组名=其他数组名;
```

【示例 13-7】下面将使用引用其他数组的方式创建一维数组。代码如下：

```
public class test{
    public static void main(String[] args){
        int myArray[]={1,2,3,4,5};
        int otherArray[];
        otherArray=myArray;
    }
}
```

在使用引用其他数组的方式创建一维数组后，无论是对原有数组还是对新数组进行操作时，都会相互影响。

5. 4 种方式对比

（1）使用 new 关键字、使用 clone()方法和引用其他数组这 3 种创建一维数组的方式，既可以和声明数组分开写，也可以写在一行。以使用 new 关键字创建为例，其语法形式如下：

```
数据类型　数组名[]=new 数据类型[数组长度];
数据类型　[]数组名=new 数据类型[数组长度];
```

【示例 13-8】下面将声明和创建一维数组写在一行。代码如下：

```
public class test{
    public static void main(String[] args){
        int myArray[]=new int[5];
    }
}
```

（2）使用值创建一维数组只可以和声明一维数组写在一行，不可以分开写，否则就会出现错误，如以下代码：

```
public class test{
    public static void main(String[] args){
        int myArray[];
        myArray={1,2,3,4,5};
    }
}
```

在此代码中，数组声明和创建分开写了，导致出现如图 13.2 所示的错误。

图 13.2　错误信息

13.1.4　使用一维数组中的元素

使用一维数组中的元素，通常就是对这个数组中元素的访问。访问元素可以采用下标法。其语法形式如下：

数组名[下标]

【示例 13-9】下面将获取一维数组中下标为 2 的元素。代码如下：

```java
public class test{
    public static void main(String[] args){
        int myArray[]={1,2,3,4,5};
        System.out.printf("下标为 2 的元素为%d",myArray[2]);
    }
}
```

运行结果如下：

下标为 2 的元素为 3

注意：在使用一维数组中的元素时，需要注意元素的下标。元素的下标的范围是 0~length-1。如果超出这个范围，将会抛出异常，退出正常流程，如以下代码：

```java
public class test{
    public static void main(String[] args){
        int myArray[]={1,2,3,4,5};
        System.out.printf("下标为 2 的元素为%d",myArray[10]);
    }
}
```

在此代码中，下标超出了范围，导致程序抛出如图 13.3 所示的异常。

图 13.3　抛出异常

13.1.5　遍历数组

当数组中的元素很多时，使用下标法一一访问该数组中的元素就有些烦琐了。为了解决这一问题，Java 提供了遍历数组功能。所谓遍历数组就是访问数组中的每个元素。实现遍历数组有两种方式，分别为基本方式和使用 for each 语句。

1.　基本方式

遍历数组可以使用前面讲解的循环语句来实现，如 for 语句、while 语句等。通过这种方式可以对数值进行初始化。

【示例 13-10】下面将使用 for 语句对数组中的元素进行初始化，然后再使用 while 语句输出数组中的每个元素。代码如下：

```java
public class test{
    public static void main(String[] args){
        int myArray[]=new int[5];
        for(int i=0;i<myArray.length;i++){
            myArray[i]=i;
        }
        System.out.printf("myArray 数组中的元素如下：\n");
        int j=0;
        while(j<myArray.length){
            System.out.printf("下标为%d 的元素为%d\n",j,myArray[j]);
            j++;
        }
    }
}
```

运行结果如下：

```
myArray 数组中的元素如下：
下标为 0 的元素为 0
下标为 1 的元素为 1
下标为 2 的元素为 2
下标为 3 的元素为 3
下标为 4 的元素为 4
```

2.　使用 for each 语句

for each 语句是 Java 5 及以上版本具有的特性，是 for 语句的简化循环方式。使用 for each 语句遍历数组的语法形式如下：

```java
for(数组类型 变量名:数组名){
    语句;
}
```

【示例 13-11】下面将输出数组中的元素。代码如下：

```java
public class test{
    public static void main(String[] args){
        String myArray[]={"SDK","Java","JDK"};
        System.out.printf("myArray 数组中的元素如下：\n");
```

```
        for(String i:myArray){
            System.out.printf("%s\n",i);
        }
    }
}
```

运行结果如下：

```
myArray 数组中的元素如下：
SDK
Java
JDK
```

13.1.6　声明二维数组

和一维数组类似，在使用二维数组之前，首先需要声明二维数组。声明二维数组的形式有 3 种。其语法形式如下：

```
数据类型  数组名[][];
数据类型  []数组名[];
数据类型  [][]数组名;
```

【示例 13-12】下面将声明一个整型二维数组，这个数组的名称为 myArray。代码如下：

```
public class test{
    public static void main(String[] args){
        int myArray[][];
    }
}
```

13.1.7　创建二维数组

二维数组也是一个对象，所以在声明数组之后，同样不能立即使用，还需要为其进行实例化创建。创建二维数组有 5 种方式，分别为使用 new 关键字创建、使用 new 关键字分批创建、使用值创建、使用 clone()方法创建及引用其他二维数组。下面将依次讲解这 5 种创建方式。

1．使用 new 关键字创建

使用 new 关键字创建二维数组的语法形式如下：

```
数组名[][]=new 数据类型[行数][列数];
```

其中，"行数"指定的是二维数组的长度；"列数"指定的是每个元素的长度。

【示例 13-13】下面将声明一个 3 行 4 列的整型二维数组，名称为 myArray，然后使用 new 关键字创建二维数组。代码如下：

```
public class test{
    public static void main(String[] args){
        int myArray[][];
        myArray=new int[3][4];
    }
}
```

在此代码中，创建了一个 3 行 4 列的整型二维数组，即该数组由 3 个一维数组组成，每个一维数组的长度为 4。使用 new 关键字创建二维数组时，如果没有初始化数组，系统会自动对其进行初始化。对于数值类型，初始值为 0；对于布尔类型，初始值为 false；对于类，初始值为 null。所以，可将该数组想象成如图 13.4 所示的样子。

0	0	0	0
0	0	0	0
0	0	0	0

图 13.4　myArray 数组

注意： 使用该方式创建数组有一个缺点，数组的每行元素必须一样多，有时会造成资源浪费。

2. 使用 new 关键字分批创建

使用 new 关键字创建二维数组时，可以首先创建数组本身，即创建一个二维数组，对应这个数组中的元素对象，可以再使用 new 关键字分批创建，即为每个元素创建一维数组对象。其语法形式如下：

数组名[下标]=new 数据类型[长度];

【示例 13-14】下面将使用 new 关键字分批创建二维数组。代码如下：

```
public class test{
    public static void main(String[] args){
        int myArray[][]=new int[3][];
        myArray[0]=new int[1];
        myArray[1]=new int[2];
        myArray[2]=new int[3];
    }
}
```

在此代码中，首先创建了一个 3 行的整型二维数组，即该数组中有 3 个一维数组，然后使用 new 关键字分批创建一维数组。最后可将该数组想象成如图 13.5 所示的样子。

图 13.5　myArray 数组

3. 使用值创建

使用值创建二维数组就是为数组赋初始值，即初始化数组。其语法形式如下：

数据类型　数组名[][]={{初始值表 1},{初始值表 2},…,{初始值表 n}};

其中，每个初始值表都是对一维数组的初始化，"初始值表 i"对应的是二维数组中的第 i 个元素，如初始值表 1 对应的就是二维数组中的第 1 个元素。在二维数组中有多少个初始值表，就表示该数组的长度是多少。

【示例 13-15】下面将使用值创建一个整型二维数组，其名称为 myArray。代码如下：

```
public class test{
    public static void main(String[] args){
        int myArray[][]={{1,2,3},{4,5},{6,7,8,9}} ;
    }
}
```

在此代码中创建了一个二维数组。其中，第 1 行是{1,2,3}，第 2 行是{4,5}，第 3 行是{6,7,8,9}。所以，可将该数组想象成如图 13.6 所示的样子。

1	2	3	
4	5		
6	7	8	9

图 13.6　myArray 数组

4. 使用 clone()方法创建

使用 clone()方法创建二维数组就是对原有二维数组进行克隆，并赋值给新数组，此时新数组和原有数组的长度及里面的元素都是一样的。其语法形式如下：

数组名=(数据类型 [][])其他二维数组名.clone();

注意：在使用 clone()方法创建二维数组的语法形式中，"(数据类型 [][])"是可以省略的。

【示例 13-16】下面将使用 clone()方法创建二维数组。代码如下：

```java
public class test{
    public static void main(String[] args){
        int myArray[][]={{1,2},{3,4,5},{6,7,8,9}};
        int otherArray[][];
        otherArray=(int [][])myArray.clone();
    }
}
```

在使用 clone()方法创建完二维数组之后，原有数组和新数组是相互独立的，不再有任何关联。

5. 引用其他二维数组

使用该方式创建二维数组相当于为现有二维数组起别名，两个数组名指定的是同一组数据。其语法形式如下：

数组名=其他二维数组名;

在使用引用其他二维数组的方式创建二维数组后，无论是对原有数组还是对新数组进行操作时，都会相互影响。

【示例 13-17】下面将使用引用其他二维数组的方式创建数组。代码如下：

```java
public class test{
    public static void main(String[] args){
        int myArray[][]={{1,2},{3,4,5},{6,7,8,9}};
        int otherArray[][];
        otherArray=myArray;
    }
}
```

注意：使用 new 关键字创建、使用 clone()方法创建及引用其他数组这 3 种创建二维数组的方式，既可以和声明数组分开写，也可以写在一行。以使用 new 关键字创建为例，其语法形式如下：

数据类型 数组名[][]=new 数据类型[行数][列数];
数据类型 []数组名[]=new 数据类型[行数][列数];

数据类型 [][]数组名=new 数据类型[行数][列数];

注意：使用值创建二维数组只可以和声明二维数组写在一行，不可以分开写，否则就会出现错误。

13.1.8 使用二维数组中的元素

在创建完二维数组之后，就可以使用二维数组中的元素了。在 Java 中，可以采用下标法使用数组中的元素。其语法形式如下：

数组名.[行号][列号]

【示例 13-18】下面将使用嵌套循环初始化二维数组中的元素，然后使用 for each 嵌套访问该数组中的元素。代码如下：

```
public class test{
    public static void main(String[] args){
        int y=97;
        char myArray[][]=new char[3][4];
        for(int i=0;i<myArray.length;i++){
            for(int j=0;j<myArray[i].length;j++){
                char data=(char)y;
                myArray[i][j]=data;
                y++;
            }
        }
        System.out.printf("myArray 数组中的元素如下：\n");
        for(char ch[]:myArray){
            for(char cha:ch){
                System.out.printf("%c ",cha);
            }
            System.out.printf("\n");
        }
    }
}
```

运行结果如下：

```
myArray 数组中的元素如下：
a b c d
e f g h
i j k l
```

注意：在使用下标法时，需要注意下标的范围。

13.1.9 使用 Arrays 类

Java 提供了专门用于对数组进行操作的 Arrays 类，该类包含在 java.util 包中。Arrays 类中包含了操作数组的各种方法。这些方法都是静态的。其中，最常见的方法有 4 个，用于实现填充、比较、排序及查找。下面将依次讲解这几种操作。

1. 填充

fill()方法可将指定值填充到指定数组的每个元素中。其语法形式如下：

```
Arrays.fill(数组名,元素值);
```

【示例 13-19】下面将使用 fill()方法将 myArray 字符串数组中的每个元素填充为字符串 Hello。代码如下：

```
import java.util.Arrays;
public class test{
    public static void main(String[] args){
        String myArray[]=new String[5];
        Arrays.fill(myArray,"Hello");
        System.out.printf("myArray 数组中包含的元素如下：\n");
        for(String str:myArray){
            System.out.printf("%s\n",str);
        }
    }
}
```

运行结果如下：

```
myArray 数组中包含的元素如下：
Hello
Hello
Hello
Hello
Hello
```

注意：如果程序员只想为数组中的某个范围填充指定值，可以使用 fill()方法的另一种形式。其语法形式如下：

```
Arrays.fill(数组名,开始索引,结束索引,元素值);
```

其中，"开始索引"指定的是要使用指定值填充的第一个元素的索引；"结束索引"指定的是要使用指定值填充的最后一个元素的索引。

注意：指定值填充的范围是从"开始索引"位置开始，到"结束索引-1"位置结束。

【示例 13-20】下面将使用 fill()方法将 myArray 字符串数组中下标为 2～4 的元素（不包含 4）填充为字符串 Hello。代码如下：

```
import java.util.Arrays;
public class test{
    public static void main(String[] args){
        String myArray[]=new String[5];
        Arrays.fill(myArray,2,4,"Hello");
        System.out.printf("myArray 数组中包含的元素如下：\n");
        for(String str:myArray){
            System.out.printf("%s\n",str);
        }
    }
}
```

运行结果如下：

```
myArray 数组中包含的元素如下：
null
```

```
null
Hello
Hello
null
```

2. 比较

equals()方法会比较两个数组，判断数组中的元素值是否相等。其语法形式如下：

```
Arrays.equals(数组名 1,数组名 2);
```

【示例 13-21】下面将使用 equals()方法判断 myArray 和 otherArray 这两个数组中的元素值是否相等。代码如下：

```java
import java.util.Arrays;
public class test{
    public static void main(String[] args){
        int myArray[]={1,2,3,4,5};
        int otherArray[]={1,2,3,4,5};
        if(Arrays.equals(myArray,otherArray)){
            System.out.printf("两个数组中的元素值相等");
        }else{
            System.out.printf("两个数组中的元素值不相等");
        }
    }
}
```

运行结果如下：

```
两个数组中的元素值相等
```

3. 排序

有时数组中的元素顺序是无序的，不便于顺序处理。为了解决这一问题，可以使用 sort()方法对这些元素进行排序。其语法形式如下：

```
Arrays.sort(数组名);
```

注意：使用 sort()方法进行的排序是升序排序，即从小到大进行排序。

【示例 13-22】下面将对 myArray 数组中的元素进行排序。代码如下：

```java
import java.util.Arrays;
public class test{
    public static void main(String[] args){
        int myArray[]={5,1,2,4,3};
        System.out.printf("排序前 myArray 数组中包含的元素如下：\n");
        for(int data:myArray){
            System.out.printf("%d\n",data);
        }
        Arrays.sort(myArray);
        System.out.printf("排序后 myArray 数组中包含的元素如下：\n");
        for(int data:myArray){
            System.out.printf("%d\n",data);
        }
    }
}
```

运行结果如下：

排序前 myArray 数组中包含的元素如下：

5

1

2

4

3

排序后 myArray 数组中包含的元素如下：

1

2

3

4

5

注意： 如果只想为数组中某个范围的元素进行排序，可以使用 sort()方法的另一种形式。其语法形式如下：

```
Arrays.sort(数组名,开始索引,结束索引);
```

其中，"开始索引"指定的是要排序的第一个元素的索引；"结束索引"指定的是要排序的最后一个元素的索引。

注意： 排序的范围是从"开始索引"位置开始，到"结束索引-1"位置结束。

【示例 13-23】 下面将使用 sort()方法对 myArray 字符串数组中下标为 1～4 的元素（不包含 4）进行排序。代码如下：

```java
import java.util.Arrays;
public class test{
    public static void main(String[] args){
        int myArray[]={5,3,1,4,2};
        System.out.printf("排序前 myArray 数组中包含的元素如下：\n");
        for(int data:myArray){
            System.out.printf("%d\n",data);
        }
        Arrays.sort(myArray,1,4);
        System.out.printf("排序后 myArray 数组中包含的元素如下：\n");
        for(int data:myArray){
            System.out.printf("%d\n",data);
        }
    }
}
```

运行结果如下：

排序前 myArray 数组中包含的元素如下：

5

3

1

4

2

排序后 myArray 数组中包含的元素如下：

5

1

3
4
2

4. 查找

当数组中的元素很多时，如果要查找数组中是否包含指定的值，可以使用 binarySearch() 方法。其语法形式如下：

Arrays.binarySearch(数组名,要查找的值);

当要查找的值在数组中时，会返回这个值在数组中的索引；如果不在，将返回负数。

【示例 13-24】下面将查找 myArray 数组中是否包含字符 e。代码如下：

```java
import java.util.Arrays;
public class test{
    public static void main(String[] args){
        char chArray[]={'b','a','e','d','c'};
        int index=Arrays.binarySearch(chArray,'e');
        System.out.printf("元素'e'在数组中的位置是%d",index);
    }
}
```

运行结果如下：

元素'e'在数组中的位置是2

上文中提到的 binarySearch() 方法会对整个数组进行查找。如果只是想在数组的某个范围中进行查找，可以使用 binarySearch() 方法的另一种形式。其语法形式如下：

Arrays.binarySearch(数组名,开始索引,结束索引,要查找的值);

其中，"开始索引"指定的是要查找的第一个元素的索引；"结束索引"指定的是要查找的最后一个元素的索引。

注意： 查找的范围是从"开始索引"位置开始，到"结束索引-1"位置结束。

【示例 13-25】下面将使用 binarySearch() 方法对 myArray 数组中下标为 1～4 的元素（不包含 4）进行查找，查找是否有字符 b。代码如下：

```java
import java.util.Arrays;
public class test{
    public static void main(String[] args){
        char chArray[]={'b','a','e','d','c'};
        int index=Arrays.binarySearch(chArray,1,4,'b');
        System.out.printf("元素'b'在数组中的位置是%d",index);
    }
}
```

在此代码中，虽然数组中包含字符 b，但是在下标为 1～4（不包含）的范围内没有字符 b。运行结果如下：

元素'b'在数组中的位置是-3

13.2　字　符　串

字符串可以理解为存储字符类型（char）的集合。Java 专门提供了用来处理字符串的类——String 类和 StringBuffer 类。本节将基于这两种类讲解字符串的使用。

13.2.1 声明字符串对象

在使用字符串之前，需要对字符串对象进行声明。其语法形式如下：

```
String 对象名;
```

【示例 13-26】下面将声明一个字符串对象 str。代码如下：

```java
public class test{
    public static void main(String[] args){
        String str;
    }
}
```

13.2.2 创建字符串对象

String 是一个类，所以在声明对象之后，还需要进行实例化创建。在 Java 中，创建字符串对象有 3 种方式，分别为使用 new 关键字创建、使用值创建及使用字符串常量转换。

注意：String 类被包含在 java.lang 包中。

1. 使用 new 关键字创建

使用 new 关键字创建字符串对象的语法形式如下：

```
对象名=new String(字符串字面量);
```

【示例 13-27】下面将使用该方式创建字符串对象。代码如下：

```java
public class test{
    public static void main(String[] args){
        String str;
        str=new String("Java");
        System.out.printf("字符串为%s",str);
    }
}
```

运行结果如下：

```
字符串为 Java
```

2. 使用值创建

使用值创建字符串对象的语法形式如下：

```
对象名=字符串字面量;
```

【示例 13-28】下面将使用该方式创建字符串对象。代码如下：

```java
public class test{
    public static void main(String[] args){
        String str;
        str="JDK";
        System.out.printf("字符串为%s",str);
    }
}
```

运行结果如下：

字符串为 JDK

注意：使用 new 关键字创建和使用值创建字符串对象的方式，既可以和声明字符串分开写，也可以写在一行。以使用 new 关键字创建为例，其语法形式如下：

String 对象名=new String(字符串字面量);

3. 使用字符串常量转换

在 Java 中，任意一个字符串常量都会自动转换为字符串对象。它可以使用 String 类中的实例方法和属性。其语法形式如下：

字符串字面量.方法名();

13.2.3　访问字符串

String 类提供了很多用来访问字符串的方法，常用方法如表 13.1 所示。

表 13.1　访问字符串的常用方法

方　法　名	功　　　能
length()	获取当前字符串的长度
charAt()	获取指定位置处的字符
indexOf()	获取指定字符在字符串中首次出现的位置
lastIndexOf()	获取字符最后出现在字符串中的位置
getChars()	将字符串中的字符复制到目标字符数组中
getBytes()	使用平台的默认字符集将此 String 编码为字节序列，并将结果存储到新的字节数组中
toCharArray()	将字符串生成一个字符型数组并返回

【示例 13-29】下面将创建一个字符串对象 str，然后获取字符串的长度、位置 2 的字符、字符 a 首次出现的位置等。代码如下：

```
public class test{
    public static void main(String[] args){
        String str="Java";
        System.out.printf("字符串长度为%d\n",str.length());
        System.out.printf("位置 2 的字符为%s\n",str.charAt(2));
        System.out.printf("字符 a 首次出现的位置为%d\n",str.indexOf("a"));
        System.out.printf("字符 a 最后出现的位置为%d\n",str.lastIndexOf("a"));
        System.out.printf("字节数组中的元素有：\n");
        byte byteArray[]=str.getBytes();
        for (int i=0;i<str.length();i++){
            System.out.printf("%d\n",byteArray[i]);
        }
        System.out.printf("字符数组中的元素有：\n");
        char charArray[]=new char[100];
        str.getChars(0,str.length(),charArray,0);
        for (int i=0;i<str.length();i++){
            System.out.printf("%s\n",charArray[i]);
```

```
            }
        }
    }
```

运行结果如下：

字符串长度为 4

位置 2 的字符为 v

字符 a 首次出现的位置为 1

字符 a 最后出现的位置为 3

字节数组中的元素有：

74

97

118

97

字符数组中的元素有：

J

a

v

a

13.2.4　修改字符串

字符串创建之后，还可以对其进行修改。下面将讲解 4 种修改字符串的方式，分别为修改字符串中字母的大小写、连接字符串、替换字符串及截取字符串。

1.　修改字符串中字母的大小写

使用 String 类的 toUpperCase()方法和 toLowerCase()方法可以修改字符串中字母的大小写。下面将依次介绍这两个方法。

（1）toUpperCase()方法可将字符串中所有的小写字母变为大写字母，并生成新字符串。其语法形式如下：

```
String 字符串对象名.toUpperCase();
```

（2）toLowerCase()方法可将字符串中所有的大写字母变为小写字母，并生成新字符串。其语法形式如下：

```
String 字符串对象名.toLowerCase();
```

【示例 13-30】下面将对字符串 Java 分别进行大写和小写转换。代码如下：

```java
public class test{
    public static void main(String[] args){
        String str="Java";
        String upper=str.toUpperCase();
        System.out.printf("将字符串全部大写：%s\n",upper);
        String lower=str.toLowerCase();
        System.out.printf("将字符串全部小写：%s\n",lower);
    }
}
```

运行结果如下：

将字符串全部大写：JAVA

将字符串全部小写：java

2. 连接字符串

String 类的 concat()方法可以实现两个字符串的连接，并生成新字符串。其语法形式如下：

String 字符串对象名.concat(字符串字面量);

【示例 13-31】下面将字符串 Hello 和字符串 Java 进行连接。代码如下：

```java
public class test{
    public static void main(String[] args){
        String str="Hello";
        String concatStr=str.concat(" Java");
        System.out.printf("字符串连接后为%s\n",concatStr);
    }
}
```

运行结果如下：

字符串连接后为 Hello Java

3. 替换字符串

String 类的 replace()方法可以实现字符串的替换功能，并生成新字符串。其语法形式如下：

String 字符串对象名.replace(原字符,新字符);

其中，"原字符"是需要被替换的字符，"新字符"是替换的字符。

【示例 13-32】下面将字符串 HelloA 中的 A 替换为 B。代码如下：

```java
public class test{
    public static void main(String[] args){
        String str="HelloA";
        System.out.printf("替换前：%s\n",str);
        String rStr=str.replace('A','B');
        System.out.printf("替换后：%s\n",rStr);
    }
}
```

运行结果如下：

替换前：HelloA
替换后：HelloB

4. 截取字符串

截取字符串可以获取一个子字符串。在 String 类中，此功能需要使用 substring()方法。其语法形式如下：

String 字符串对象名.substring(开始索引,结束索引);

其中，截取的范围是从"开始索引"位置开始，到"结束索引-1"位置结束。

【示例 13-33】下面将截取字符串 Hello Java 中的 ell 字符串。代码如下：

```java
public class test{
    public static void main(String[] args){
        String str="Hello Java";
        System.out.printf("字符串：%s\n",str);
        String subStr=str.substring(1,4);
        System.out.printf("截取的字符串：%s\n",subStr);
    }
```

```
    }
```

运行结果如下：

字符串：Hello Java
截取的字符串：ell

注意：如果没有指明结束索引，那么截取的范围就是从起始位置开始，一直到字符串结束，如以下代码：

```
public class test{
    public static void main(String[] args){
        String str="HelloWorld";
        String subStr=str.substring(3);
        System.out.printf("截取的字符串为%s\n",subStr);
    }
}
```

运行结果如下：

截取的字符串为 loWorld

13.2.5 使用 StringBuffer 类

前面讲解的字符串都基于 String 类。使用该类型创建的字符串有一个不足之处，就是每次修改时都会生成一个新对象。频繁修改会造成资源浪费。为了避免这类问题的发生，Java 提供了 StringBuffer 类，该类被包含在 java.lang 包中。下面将讲解该类的使用。

1. 声明对象

在使用 StringBuffer 类之前，首先需要声明 StringBuffer 对象。其语法形式如下：

StringBuffer 对象名;

2. 创建对象

在声明对象之后，还需要进行实例化创建。此时需要使用 new 关键字创建。其语法形式如下：

对象名=new StringBuffer(字符串字面量);

注意：StringBuffer 对象的声明和创建既可以分开写，也可以写在一行。

【示例 13-34】 下面将声明和创建一个 StringBuffer 对象。代码如下：

```
public class test{
    public static void main(String[] args){
        StringBuffer strB=new StringBuffer("Hello");
        System.out.printf("对象的内容为%s\n",strB);
    }
}
```

3. 修改字符串

StringBuffer 提供了很多方法。其中，大部分方法都在 String 类中出现过。下面将讲解 5 个 StringBuffer 类独有的字符串修改方法，分别为追加字符串、添加字符串、修改字符串中的字符、反转字符串、删除字符或子字符串。

（1）追加字符串：在字符串后面添加另一个字符串。实现该功能需要使用 append()方法。

其语法形式如下：

```
StringBuffer 对象名.append(字符串字面量);
```

其中，"字符串字面量"是要追加的字符串。

【示例 13-35】下面将在字符串 Hello 后追加一个 Java 字符串。代码如下：

```
public class test{
    public static void main(String[] args){
        StringBuffer strB=new StringBuffer("Hello");
        System.out.printf("追加前的内容为%s\n",strB);
        strB.append("Java");
        System.out.printf("追加后的内容为%s\n",strB);
    }
}
```

运行结果如下：

```
追加前的内容为 Hello
追加后的内容为 HelloJava
```

（2）添加字符串：在字符串的指定位置添加另一个字符串。实现该功能需要使用 insert() 方法。其语法形式如下：

```
StringBuffer 对象名.insert(索引,字符串字面量);
```

其中，"索引"是要插入的位置，"字符串字面量"是要添加的字符串。

【示例 13-36】下面将在字符串 Hello 的索引值为 2 的位置插入 Java 字符串。代码如下：

```
public class test{
    public static void main(String[] args){
        StringBuffer strB=new StringBuffer("Hello");
        System.out.printf("添加前的内容为%s\n",strB);
        strB.insert(2,"Java");
        System.out.printf("添加后的内容为%s\n",strB);
    }
}
```

运行结果如下：

```
添加前的内容为 Hello
添加后的内容为 HeJavallo
```

（3）修改字符串中的字符：如果要修改字符串中指定位置的字符，可以使用 setCharAt() 方法实现。其语法形式如下：

```
StringBuffer 对象名.setCharAt(索引,新字符);
```

其中，"索引"是要修改字符在字符串中的位置，"新字符"是要修改为的字符。

【示例 13-37】下面将字符串 Hello 中的 e 字符修改为 a 字符。代码如下：

```
public class test{
    public static void main(String[] args){
        StringBuffer strB=new StringBuffer("Hello");
        System.out.printf("修改前的内容为%s\n",strB);
        strB.setCharAt(1,'a');
        System.out.printf("修改后的内容为%s\n",strB);
    }
}
```

运行结果如下：

修改前的内容为 Hello
修改后的内容为 Hallo

（4）反转字符串：使用 StringBuffer 类创建的字符串是可以进行反转的，即 abc 反转之后是 cba。此功能的实现需要使用 reverse()方法。其语法形式如下：

StringBuffer 对象名.reverse();

【示例 13-38】下面将字符串反转。代码如下：

```java
public class test{
    public static void main(String[] args){
        StringBuffer strB=new StringBuffer("ABC");
        System.out.printf("反转前的内容为%s\n",strB);
        strB.reverse();
        System.out.printf("反转后的内容为%s\n",strB);
    }
}
```

运行结果如下：

反转前的内容为 ABC
反转后的内容为 CBA

（5）删除字符或子字符串：StringBuffer 类创建的字符串可以进行字符或子字符串的删除操作。

其中，deleteCharAt()方法可以删除字符串中指定位置的字符。其语法形式如下：

StringBuffer 对象名.deleteCharAt(索引);

其中，"索引"指的是要删除字符在字符串中的位置。

delete()方法可以删除字符串中指定范围的子字符串。其语法形式如下：

StringBuffer 对象名.delete(开始索引,结束索引);

其中，删除的范围是从"开始索引"位置开始，到"结束索引-1"位置结束。

【示例 13-39】下面将实现字符串中字符和子字符串的删除。代码如下：

```java
public class test{
    public static void main(String[] args){
        StringBuffer strB=new StringBuffer("ABCDEFG");
        System.out.printf("删除前的内容为%s\n",strB);
        strB.deleteCharAt(2);
        System.out.printf("删除后的内容为%s\n",strB);
        strB.delete(1,4);
        System.out.printf("再次删除后的内容为%s\n",strB);
    }
}
```

运行结果如下：

删除前的内容为 ABCDEFG
删除后的内容为 ABDEFG
再次删除后的内容为 AFG

13.2.6　其他操作

本小节将讲解关于字符串的其他操作，如比较字符串、输入字符串等。

1. 比较字符串

如果要比较两个字符串中的字符是否相等，可以使用 equals()方法。其语法形式如下：

字符串对象名.equals(字符串字面量);

【示例 13-40】下面将判断两个字符串是否相等。代码如下：

```java
public class test{
    public static void main(String[] args){
        String str="Hello";
        if(str.equals("Java")){
            System.out.printf("两个字符串相等");
        }else{
            System.out.printf("两个字符串不相等");
        }
    }
}
```

运行结果如下：

两个字符串不相等

2. 输入字符串

在上文中，字符串都是在代码中指定的。如果想让用户输入字符串，该怎么办呢？Java 提供了两个类来解决这一问题，分别为 JOptionPane 类和 Scanner 类。下面将依次讲解这两个类。

（1）JOptionPane 类：可以显示一个对话框。该对话框有 4 种形式，其中一种就是输入对话框，即可以让用户在此对话框中输入字符串。该类包含在 javax.swing 包中。

【示例 13-41】下面将使用 JOptionPane 创建一个可以让用户输入字符串的对话框。代码如下：

```java
import javax.swing.JOptionPane;
public class test{
    public static void main(String[] args){
        JOptionPane.showInputDialog(null,"输入字符串");
    }
}
```

运行程序，会弹出如图 13.7 所示的"输入"对话框，可在该对话框的文本框中输入字符串。

图 13.7 "输入"对话框

（2）Scanner 类：可让用户在控制台输入内容，如字符串，当按回车键后，会输出同样的内容。

【示例 13-42】下面将实现控制台的输入字符串功能。代码如下：

```
import java.util.Scanner;
public class test{
    public static void main(String[] args){
        Scanner scanner=new Scanner(System.in);
        System.out.println("输入一个名字");
        String name=scanner.nextLine();
        System.out.printf("输入的名字为%s",name);
    }
}
```

运行程序，会看到如图 13.8 所示的结果，可在文本框中输入字符串。

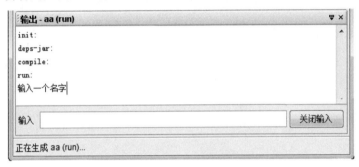

图 13.8　运行结果

13.3　小　　结

通过对本章的学习，读者需要知道以下内容。

❑ 数组是用来存储相同类型数据的集合。使用数组可以方便地管理数据。

❑ 创建一维数组有 4 种方式，分别为使用 new 关键字创建、使用值创建、使用 clone() 方法创建及引用其他数组。

❑ 所谓遍历数组就是访问数组中的每个元素。实现遍历数组有两种方式，分别为基本 方式和使用 for each 语句。

❑ 创建二维数组有 5 种方式，分别为使用 new 关键字创建、使用 new 关键字分批创建、 使用值创建、使用 clone() 方法创建及引用其他二维数组。

❑ Arrays 类是专门用于对数组进行操作的类。

❑ 字符串可以理解为存储字符类型（char）的集合。Java 专门提供了用来处理字符串的 类——String 类和 StringBuffer 类。

13.4　习　　题

一、填空题

1．访问数组中的元素可以采用_____法。

2．Java 提供了专门用于对数组进行操作的_____类，该类包含在_____包中。

3．Java 专门提供了两个用来处理字符串的类，分别为_____类和 StringBuffer 类。

4．获取当前字符串的长度可以使用_____方法。

二、选择题

1. 以下代码的运行结果是（　　）。

```
public class test{
    public static void main(String[] args){
        char myArray[][]={{'a','b','c','d'},{'e','f','g','h'},{'i','j','k','l'}};
        System.out.printf("%c",myArray[1][2]);
    }
}
```

    A．a　　　　　　　　B．g　　　　　　　　C．j　　　　　　　　D．l

2. 以下（　　）不是创建字符串对象的方法。

    A．使用 new 关键字创建　　　　　　B．使用值创建

    C．使用字符串常量创建　　　　　　D．使用 clone()方法创建

3. 以下代码的运行结果是（　　）。

```
public class test{
    public static void main(String[] args){
        String str="Hello";
        System.out.printf("字符串长度为%d\n",str.length());
        System.out.printf("位置 2 的字符为%s\n",str.charAt(2));
        System.out.printf("字符 l 首次出现的位置为%d\n",str.indexOf("l"));
        System.out.printf("字符 l 最后出现的位置为%d\n",str.lastIndexOf("l"));
    }
}
```

    A．字符串长度为 5　　　　　　　　B．字符串长度为 6
       位置 2 的字符为 l　　　　　　　　 位置 2 的字符为 e
       字符 l 首次出现的位置为 2　　　　 字符 l 首次出现的位置为 3
       字符 l 最后出现的位置为 3　　　　 字符 l 最后出现的位置为 4

    C．字符串长度为 5　　　　　　　　D．字符串长度为 5
       位置 2 的字符为 e　　　　　　　　 位置 2 的字符为 l
       字符 l 首次出现的位置为 3　　　　 字符 l 首次出现的位置为 3
       字符 l 最后出现的位置为 3　　　　 字符 l 最后出现的位置为 4

4. 以下代码所用的创建数组的方式为（　　）。

```
public class test{
    public static void main(String[] args){
        int myArray[];
        myArray=new int[10];
    }
}
```

    A．使用 new 关键字创建　　　　　　B．使用值创建

    C．使用 clone()方法创建　　　　　　D．引用其他数组

5. 获取指定位置的字符需要使用的方法是（　　）。

    A．indexOf()　　　B．charAt()　　　C．lastIndexOf()　　　D．getChars()

6. 以下代码的运行结果是（　　）。

```
public class test{
```

```
    public static void main(String[] args){
        String str="Hello";
        String upper=str.toUpperCase();
        System.out.printf("大写后的字符串为%s\n",upper);
        String concatStr=str.concat(" China");
        System.out.printf("连接后为%s\n",concatStr);
        String rStr=str.replace('l','k');
        System.out.printf("替换后为%s\n",rStr);
        String subStr=str.substring(2,5);
        System.out.printf("截取的字符串为%s\n",subStr);
    }
}
```

A. 大写后的字符串为 HELLO
   连接后为 HelloChina
   替换后为 Hekko
   截取的字符串为 ello

B. 大写后的字符串为 HELLO
   连接后为 Hello China
   替换后为 Hekko
   截取的字符串为 llo

C. 大写后的字符串为 HELLo
   连接后为 HelloChina
   替换后为 Hekko
   截取的字符串为 llo

D. 大写后的字符串为 HELLO
   连接后为 Hello China
   替换后为 Heko
   截取的字符串为 llo

三、简答题

简述创建二维数组的 5 种方式。

四、找错题

以下是 3 种创建一维数组的方式，其中存在 3 处错误，请指出。

```
public class test{
    public static void main(String[] args){
        char oneArray=new char[];
        char twoArray[];
        twoArray={'a','b','c'};
        int threeArray[]={1,2};
        char four[]=(char [])threeArray.clone();
    }
}
```

五、编程题

1. 声明一个字符数组，数组的名称为 chArray。

2. 声明并创建一个一维数组，名称为 chArray，包含的元素为 a、b、c、d。然后获取并输出该数组中下标为 2 的元素。

3. 使用 for 语句为字符数组 chArray 赋初始值，这些值为 A、B、C、D。然后使用 for each 语句获取该数组中的每个值。

4. 声明一个字符型的二维数组，数组的名称为 chArray。

5. 使用 5 种创建二维数组的方式创建包含 5 个字符的 3 行 4 列的数组，数组的名称分别为 oneArray、twoArray、threeArray、fourArray 及 fiveArray。

6. 根据以下输出结果编写代码。在编写代码时，要求使用 fill()方法填充数组。

数组中的元素有 0
数组中的元素有 0
数组中的元素有 6
数组中的元素有 6
数组中的元素有 0
数组中的元素有 0

第 14 章 文　　件

文件是程序开发中常用的数据存储方式。在 Java 语言中，文件是一种常见的输入/输出数据集合，所以文件操作是数据输入/输出操作的一种形式，也是常见的基础操作。本章将详细讲解如何读/写文件。

14.1　输入/输出

输入/输出就是程序与外部设备进行数据交流的操作。在 Java 语言中，文件是一种常见的数据集合。学习文件操作，首先需要掌握 Java 中的输入/输出操作。本节将讲解与输入/输出相关的内容，其中包括流、Java 的输入/输出类体系及控制台的输入/输出。

14.1.1　流

流是 Java 语言中数据输入/输出的基本形式。它对数据进行了抽象化处理，简化了数据处理的复杂度。下面将讲解什么是流、流的方向及流的分类。

1. 什么是流

在 Java 开发中，输入/输出设备类型众多。例如，输入设备有键盘、网卡、鼠标等；输出设备有显示器、打印机等。设备不同，通信的数据形式也不同。流就是对这些输入/输出设备的抽象表示，模糊化设备之间的不同。

2. 流的方向

根据输入/输出的不同，流有两个方向，即输入和输出。其中，输入的流称为输入流，输出的流称为输出流。这两种流需要从软件角度和硬件角度进行介绍。

软件角度：对于软件来说，输入和输出是相对的，如程序 A 在向程序 B 写入数据，如图 14.1 所示，此时对于程序 A 来说，它就是输出数据到程序 B，此时的流就是输出流；对于程序 B 来说，它读取了程序 A 中的数据，此时的流就是输入流。

图 14.1　流的方向（软件角度）

硬件角度：输入流表示从外部设备流入计算机内存的数据序列，输出流表示从计算机内存流向外部设备的数据序列，如图 14.2 所示。

3. 流的分类

根据数据类型的不同，流可以分为两种，一种是字节流，另一种是字符流。以下就是对这两种流的介绍。

字节流：用于处理 8 位二进制数。字节流又分为多种小类，如字节输入流、字节输出流、过滤字节输入流等。

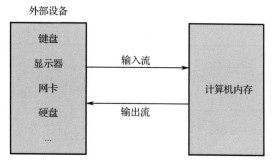

图 14.2　流的方向（硬件角度）

字符流：这里的字符指 Unicode 编码表示的字符，用 16 位二进制数表示（双字节）。字符流也分为各种小类，如字符输入流、字符输出流等。

14.1.2　Java 的输入/输出类体系

Java 提供的所有与输入/输出相关的接口和类都封装在 java.io 包中。以下就是对这些类的详细介绍。

1．接口

java.io 包提供了 6 个接口，如表 14.1 所示。

表 14.1　接口

接　口　名	功　　能
DataInput	处理字节流
DataOutput	
ObjectInput	处理对象流
ObjectOutput	
FileNameFilter	用于筛选文件名
Serializable	处理对象流；凡是用于输入/输出的对象，在传输前都要实现这个接口；不含有任何抽象方法或常量，只是一个对象串行化的开关

2．抽象类和基础类

java.io 包中提供了 4 个抽象类和 4 个基础类。其中，抽象类如表 14.2 所示，基础类如表 14.3 所示。

表 14.2　抽象类

类　　名	功　　能
InputStream	处理字节流
OutputStream	
Reader	处理字符流
Writer	

表 14.3　基础类

类　名	功　能
FilterInputStream	处理过滤流；是 InputStream 和 OutputStream 的子类
FilterOutputStream	
InflaterInputStream	处理压缩流
InflaterOutputStream	

3. 字节输入/输出流类

字节输入流类都是抽象类 InputStream 的子类，共有 8 个，如表 14.4 所示。

表 14.4　字节输入流类

类　名	功　能
AudioInputStream	音频（声频）输入流；在 javax.sound.sampled 包中，但却继承了 java.io 包中的抽象类 InputStream
ByteArrayInputStream	字节数组输入流；可用于从内存中读取数据
FileInputStream	对磁盘文件涉及的数据进行处理
PipedInputStream	实现线程之间的通信
FilterInputStream	过滤器输入流基础类；其各个子类定义了过滤的类型和方法；不能被实例化
SequenceInputStream	将多个输入流首尾相连，得到一个新的输入流
StringButterInputStream	允许应用程序创建输入流，其中读取的字节由字符串的内容提供；从 JDK 1.1 以后就不推荐使用了
ObjectInputStream	继承了抽象类 InputStream，又实现了 ObjectInput 接口；对象在传输前首先需要实现 Serializable 接口

与字节输入流类相对的是字节输出流类，共有 5 个，如表 14.5 所示。它们都是抽象类 OutputStream 的子类。

表 14.5　字节输出流类

类　名	功　能
ByteArrayOutputStream	字节数组输出流；将 1 个字节数组作为输出流，用于存储输出数据的内部字节数组长度，可按照需要增加
FileOutputStream	用于对磁盘文件涉及的数据流进行输出处理，即向一个文件对象写入数据
PipedOutputStream	与 PipedInputStream 相对，在两个线程通信过程中成对出现
FilterOutputStream	过滤器输入流基础类；和 FilterInputStream 相对，不能直接被实例化；所有的输出过滤类都是它的子类
ObjectOutputStream	继承了抽象类 OutputStream，又实现了 ObjectOutput 接口

4. 过滤字节输入/输出流类

过滤字节输入流类都是基础类 FilterInputStream 的子类，共有 8 个，如表 14.6 所示。

表 14.6　过滤字节输入流类

类　名	功　能
BufferedInputStream	使用缓冲区对输入流进行性能优化
CheckedInputStream	带数据校验的输入流；在 java.util.zip 包中，但却继承了 java.io 包中的基础类 FilterInputStream
DigestInputStream	以"理解"或"摘要"的方式过滤数据；在 java.security 包中，但却继承了 java.io 包中的基础类 FilterInputStream
InflaterInputStream	压缩过滤流，这里的过滤指的是文件类型的过滤；在 java.util.zip 包中，但却继承了 java.io 包中的基础类 FilterInputStream
LineNumberInputStream	可以记录所读取数据的行数，已不推荐使用了
PushBackInputStream	对字节输入流进行过滤，过滤方式是向前读入 1 字节后推回
DataInputStream	在读入字节型数据时，进行 Java 基本数据类型判断和过滤
CipherInputStream	由抽象类 InputStream 和一个 Cipher（密码）组成；其 read() 方法在读入时，对数据进行加/解密操作

与过滤字节输入流类相对的是过滤字节输出流类，共有 7 个，如表 14.7 所示。它们都是基础类 FilterOutputStream 的子类。

表 14.7　过滤字节输出流类

类　名	功　能
BufferedOutputStream	与 BufferedInputStream 类相对；使用缓冲区优化字节数据进行传送
CheckedOutputStream	带数据校验的字节输出流；在 java.util.zip 包中，但却继承了 java.io 包中的基础类 FilterOutputStream
DigestOutputStream	该类与 DigestInputStream 相对；在 java.security 包中，但却继承了 java.io 包中的基础类 FilterInputStream；和 java.security 包中的另一个类 MessageDigest 相配合，进行输出流和消息摘要过滤
DeflaterOutputStream	与 InflaterInputStream 相对；对输入压缩文件进行解压、过滤和输出
PrintStream	是字节输出流特有的类，将 Java 的基本数据转换成字符串表示
DataOutputStream	与 DataInputStream 相对，进行字节输出的基本数据类型判断，或者说以二进制形式向字节输出流中写入一个单个的 Java 基本数据类型
CipherOutputStream	由一个抽象类 OutputStream 和一个 Cipher 组成；其 write() 方法在将数据写出到抽象 OutputStream 之前，先对该数据进行加/解密操作

5. 压缩文件输入/输出流类

基础类 InflaterInputStream 有 3 个子类，被称为压缩文件输入流类，如表 14.8 所示。它们是以字节压缩为特征的过滤流。

表 14.8　压缩文件输入流类

类　名	功　能
GZIPInputStream	用于输入以 GZIP 格式进行压缩的文件，是对输入文件类型的一种解压过滤；在 java.util.zip 包中，但却继承了 java.io 包中的基础类 FilterInputStream
ZipInputStream	用于输入 ZIP 格式的文件，是对文件类型格式的一种解压过滤；在 java.util.zip 包中，但却继承了 java.io 包中的基础类 FilterInputStream
JarInputStream	用于输入 jar 格式的文件；在 java.util.jar 包中，是 ZipInputStream 类的子类

与基础类 InflaterInputStream 相对的是基础类 InflaterOutputStream，也有 3 个子类，被称为压缩文件输出流类，如表 14.9 所示。

表 14.9　压缩文件输出流类

类　名	功　能
GZIPOutputStream	与 GZIPInputStream 相对，用于对 Deflater 格式的数据进行压缩过滤；在 java.util.zip 包中，但却继承了 java.io 包中的 DeflaterOutputStream 类
ZipOutputStream	处理后的文件类型是 ZIP 格式，用于对 Deflater 格式的数据进行压缩过滤；在 java.util.zip 包中，但却继承了 java.io 包中的 DeflaterOutputStream 类
JarOutputStream	与 JarInputStream 相对，过滤处理的是 JAR 格式的文件；在 java.util.jar 包中，是 ZipOutputStream 类的子类

6. 字符输入/输出流类

字符输入流都是抽象类 Reader 的子类，共有 9 个，如表 14.10 所示。

表 14.10　字符输入流类

类　名	功　能
BufferedReader	带缓冲区的字符输入流；相当于字符流的 InputStream
LineNumberReader	BufferedReader 类的一个子类，在缓冲输入流的基础上又增加了文本行计数功能；代替了 LineNumberInputStream 类
CharArrayReader	读入字符数组，将一个字符数组作为其返回数据的数据源
FilterReader	抽象类，但是没有抽象方式
PushBackReader	FilterReader 类的子类；在读入一个字符流的时候，向前读入一个字符再推回，推回的字符还可以扩展为字符数组或字符数组的一部分；是 PushBackReader 类在字符流中的替代
InputStreamReader	以字节输入流为数据源的字符输入流；可将字节码翻译成字符码
FileReader	InputStreamReader 类的子类，用于从文件中读取文本
PipedReader	与 PipedWriter 类相对，用于线程之间的字符通信
StringReader	用于将一个字符串作为一个字符输入流来使用，作用类似于 CharArrayReader 类

字符输出流都是抽象类 Writer 的子类，共有 8 个，如表 14.11 所示。

表 14.11　字符输出流类

类　名	功　能
BufferedWriter	带缓冲区的字符输出流
CharArrayWriter	与 CharArrayReader 相对；写入的是一个内部的字符数组
FilterWriter	一个抽象类
OutputStreamWriter	将字符翻译成字节输出
FileWriter	OutputStreamWriter 类的子类，用于向一个文件写入文本
PipedWriter	与 PipedWriter 类相对，用于线程之间的字符通信
PrintWriter	字符输出流特有的类，可将数据的字符串表示作为字符流输出
StringWriter	一个将字符写成字符串的字符输出流

7. 同时具备输入和输出功能的流

RandomAccessFile 是 java.io 包中的一个具备输入和输出功能的流。该类同时实现了
DataInput 和 DataOutput 接口，并直接继承了 Object 类。由于可以随机访问，所以可以在文件
的任意位置读/写数据。

8. 基本体系图

为了便于读者更加直观地了解流类的体系结构，下面分别按字节流和字符流给出输入/输
出类体系图，如图 14.3 和图 14.4 所示。其中，单线框表示的是基础类，双线框表示的是抽象
类，虚线框表示的是接口。

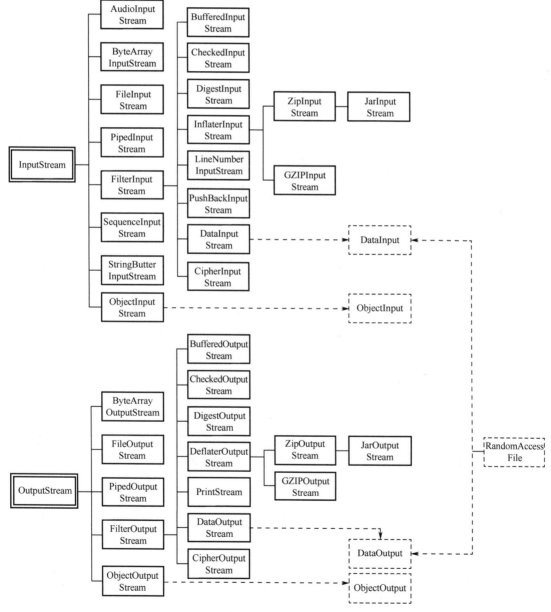

图 14.3　字节流体系图

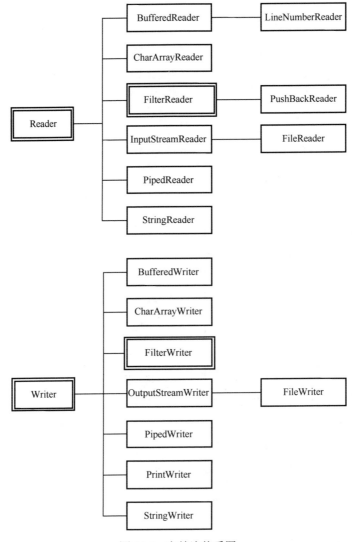

图 14.4　字符流体系图

14.1.3　控制台的输入/输出

在 JDK 1.5 之前，要为控制台输入数据是一件相当麻烦的事情。从 JDK 1.5 开始，便增加了一个处理控制台输入的 Scanner 类。该类包含在 java.util 包中。例如，前文讲解的控制台的输出就使用了 System.out.printf()方法。本小节将详细讲解如何在控制台中输入/输出数据。

1. 控制台输入

Scanner 是控制台输入类，前文对此类进行过介绍。在使用它之前，首先需要构建一个 Scanner 对象，并让它附属于标准的输入流 System.in。其语法形式如下：

Scanner 对象名=new Scanner(System.in);

构建好对象之后，就可以使用它的输入方法实现各种类型的输入操作了。这些方法已具体介绍过，这里就不再介绍了。

2. 控制台输出

控制台输出数据常使用的是 System.out.printf()方法。本书中也是使用此方法将数据输出在控制台的。此方法又被称为格式化输出。其语法形式如下：

System.out.printf("格式控制字符串",参数表);

其中，"参数表"是要输出的数据项（简称输出项）；"格式控制字符串"是由 0 个或多个格式转换说明组成的一个字符串序列。格式转换说明的语法形式如下：

%格式修饰符 格式转换符

格式转换说明将对应输出项的内容，按输出格式转换符的要求生成字符序列，并按格式修饰符的要求进行输出。

其中，"格式修饰符"（可以省略）用于修饰输出的数据；"格式转换符"用于数据的输出。

该方法提供了 12 个格式修饰符，如表 14.12 所示。

表 14.12　格式修饰符

格式修饰符	功　　能
+	输出整数和负数前面的符号
空格	在整数之前添加空格
m.n	输出项总共占 m 位，小数点部分占 n 位
0	当输出项宽度不够时，在数字前面补 0
-	左对齐，后面补空格
(	将负数输出在括号内
,	数字每 3 位添加一个 ","，作为分隔符
#	如果是浮点数，输出小数点，即便小数部分为 0；如果是十六进制或八进制数，添加前缀 0x 或 0
^	十六进制数以大写形式输出
$	指定将被格式化的参数索引
<	格式化前面描述的参数

该方法提供了 14 个格式转换符，如表 14.13 所示。

表 14.13　格式转换符

格式转换符	功　　能
b 或 B	输出布尔值
h 或 H	输出哈希值
s 或 S	输出字符串
c 或 C	以字符形式输出，只输出一个字符
d	以十进制形式输出整数
o	以八进制形式输出整数（不输出前缀 0）
x 或 X	以十六进制形式输出整数（不输出前缀 0x）
e 或 E	以标准指数形式输出单、双精度数，数字部分的小数位数为 6 位
f	以小数形式输出单、双精度数，隐含输出 6 位小数

格式转换符	功　　能
g 或 G	用%f 或%e 输出宽度较短的一种格式，不输出无意义的 0
a 或 A	以十六进制形式输出浮点数
t 或 T	日期和时间转换字符的前缀
%	输出%本身
n	输出与平台有关的行分隔符

14.2　文　件　操　作

输入/输出操作一般以文件为单位。Java 提供了专门用来处理文件的类 File。该类可用来管理文件系统中的普通文件和目录。下面将详细讲解普通文件的常见操作（创建和管理文件/目录），以及随机文件和压缩文件的常见操作。

14.2.1　创建文件/目录

程序员可通过 File 类创建文件/目录。本小节将依次讲解如何创建文件/目录。

1. 创建文件

使用 File 类创建文件需要完成以下两个步骤。

（1）创建指定文件的 File 对象。File 是一个类，在使用时，要先创建文件，并为其指定文件名。其语法形式如下：

```
File 对象名=new File(文件名);
```

其中，"文件名"是一个字符串常量。

（2）使用 createNewFile()方法创建文件。在创建好 File 对象后，就可以使用该类的实例方法 createNewFile()创建文件了。其语法形式如下：

```
File 对象名.createNewFile();
```

【示例 14-1】下面将在 E 盘的根目录下创建一个 test.txt 文件。代码如下：

```java
import java.io.File;
public class test{
    public static void main(String[] args) throws Exception{
        File file = new File("E:\\test.txt");
        file.createNewFile();
    }
}
```

运行程序后，会在 E 盘的根目录下创建一个 test.txt 文件。

注意：为了避免对文件进行重复创建，可以使用 exists()方法对要创建的文件进行判断，判断其是否存在，如果存在，就不需要再创建。其语法形式如下：

```
File 对象名.exists();
```

【示例 14-2】下面将判断在 E 盘的根目录下是否存在 test.txt 文件。如果不存在，则创建该文件。代码如下：

```
import java.io.File;
public class test{
    public static void main(String[] args) throws Exception{
        File file = new File("E:\\test.txt");
        if(file.exists()){
            System.out.printf("test.txt 文件存在");
        }else{
            file.createNewFile();
        }
    }
}
```

2. 创建目录

可将目录看成文件夹。创建目录可通过以下两个步骤实现。

（1）创建指定目录的 File 对象。这一步和创建文件的第一步是一样的，只不过在创建 File 对象时需要将文件名改为目录。

（2）使用 mkdirs()方法创建目录。在创建好 File 对象后，就可以使用该类的实例方法 mkdirs() 创建目录了。其语法形式如下：

```
File 对象名.mkdirs();
```

【示例 14-3】下面将在 E 盘的根目录下创建一个 test\class 目录。代码如下：

```
import java.io.File;
public class test{
    public static void main(String[] args) throws Exception{
        File file = new File("E:\\test\\class");
        file.mkdirs();
    }
}
```

运行程序后，会在 E 盘的根目录下创建一个 test\class 目录。

注意：为了避免对目录进行重复创建，可以使用 exists()方法对要创建的目录进行判断，判断其是否存在，如果存在，就不需要再创建。

14.2.2　管理文件/目录

File 类提供了多个方法对文件/目录进行管理，如获取文件属性、获取目录信息、删除文件/目录等。以下将讲解如何管理文件/目录。

1. 获取文件属性

文件属性一般指文件的特性和描述性信息，如文件名称、文件长度、是否可读、是否可写、修改时间等。文件属性可以进行获取也可以进行修改。下面将依次讲解对文件属性的这两种操作。

（1）要获取文件属性，可以使用表 14.14 中的方法。

表 14.14　获取文件属性的方法

方 法 名	功 能
getName()	获取文件/目录的名称

方 法 名	功 能
getPath()	获取文件/目录的路径
canRead()	文件是否可读
canWrite()	文件是否可写
isHidden()	文件是否可见
lastModified()	文件最近一次修改时间（单位为毫秒）
length()	文件长度

【示例 14-4】下面将获取文件属性。代码如下：

```java
import java.io.File;
public class test{
    public static void main(String[] args) throws Exception{
        File file = new File("E:\\test.txt");
        file.createNewFile();
        System.out.printf("文件名称：%s\n",file.getName());
        System.out.printf("文件路径：%s\n",file.getPath());
        System.out.printf("文件最近一次修改时间：%d\n",file.lastModified());
        System.out.printf("文件长度：%d\n",file.length());
        if(file.canRead()){
            System.out.printf("文件可读\n");
        }else{
            System.out.printf("文件不可读\n");
        }
    }
}
```

运行结果如下：

```
文件名称：test.txt
文件路径：E:\test.txt
文件最近一次修改时间：1551340022806
文件长度：0
文件可读
```

（2）除了可以获取文件属性外，还可以对文件的一些属性进行修改。File 类提供了多个方法，可对文件属性进行修改，如表 14.15 所示。

表 14.15　设置文件属性的方法

方 法 名	功 能
renameTo()	修改文件名称
setLastModified()	设置文件最近一次修改时间
setReadOnly()	设置文件只可以进行读操作

【示例 14-5】下面将对文件的属性进行修改。代码如下：

```java
import java.io.File;
public class test{
    public static void main(String[] args) throws Exception{
```

```
File file = new File("E:\\class.txt");
file.createNewFile();
System.out.printf("修改之前的修改时间：%s\n",file.lastModified());
file.setLastModified(100);
System.out.printf("修改之后的修改时间：%s\n",file.lastModified());
System.out.printf("修改之前的文件是否可写：%s\n",file.canWrite());
file.setReadOnly();
System.out.printf("修改之后的文件是否可写：%s\n",file.canWrite());
    }
}
```

运行结果如下：

```
修改之前的修改时间：1551341000313
修改之后的修改时间：100
修改之前的文件是否可写：true
修改之后的文件是否可写：false
```

2. 获取目录信息

获取目录信息主要是指获取目录下的文件和子目录信息。这时可以使用 list()方法实现。其语法形式如下：

```
File 对象名.list();
```

该方法返回的是一个字符串数组。

注意：除了可以使用 list()方法获取目录下所有的文件/目录外，还可以使用 listFiles()方法获取目录中的所有文件。

如果要判断指定的对象是目录还是文件，可以使用 isDirectory()或 isFile()方法。其中，isDirectory()方法用来判断指定的文件对象是否是目录，isFile()方法用来判断指定的文件对象是否是文件。其语法形式如下：

```
File 对象名.isDirectory();
File 对象名.isFile();
```

【示例 14-6】下面将遍历 E 盘下的 test 目录。此目录下的内容如图 14.5 所示。代码如下：

```
import java.io.File;
public class test{
    public static void main(String[] args) throws Exception{
        String dirname="E:\\test";
        File file = new File(dirname);
        String s[]=file.list();
        //遍历指定目录中的内容
        for(int i=0;i<s.length;i++){
            File f=new File(dirname+"/"+s[i]);
            if(f.isFile()){
                System.out.printf("%s is file\n",s[i]);
            }else{
                System.out.printf("%s is directory\n",s[i]);
            }
        }
    }
}
```

图 14.5 test 目录下的内容

运行结果如下：

```
class is directory
Manager.txt is file
mydemo is directory
Person.txt is file
Student.html is file
```

3. 删除文件/目录

为了对文件/目录进行更好的管理，需要将不再使用的文件/目录删除。此功能的实现可以使用 delete()方法。其语法形式如下：

```
File 对象名.delete();
```

该方法会返回一个布尔类型的值。当为 true 时，表示删除成功；当为 false 时，表示删除失败。

【示例 14-7】下面将在示例 14-1 中创建的文件删除。代码如下：

```java
import java.io.File;
public class test{
    public static void main(String[] args) throws Exception{
        File file = new File("E:\\test.txt");
        if(file.delete()){
            System.out.printf("删除文件成功");
        }else{
            System.out.printf("删除文件失败");
        }
    }
}
```

运行结果如下：

```
删除文件成功
```

14.2.3 随机文件操作

在 Java 中，除了可以使用 File 类处理文件外，还可以使用 RandomAccessFile 类来处理文件。该类又被称为随机文件类，是 Object 类的直接子类。该类提供了比 File 类还要完善的功能，如对文件的输入/输出操作。本节将详细讲解该类。

1. 创建随机文件

创建随机文件就是创建指定文件的 RandomAccessFile 对象。其语法形式如下：

RandomAccessFile 对象名=new RandomAccessFile(文件名,打开模式);

其中，"文件名"是一个字符串常量；"打开模式"是指文件以何种方式打开。Java 提供了 4 种文件打开模式，现介绍如下。

r：以只读方式打开。

rw：以读/写方式打开。

rws：以读/写方式打开，相对于 rw 模式，还要求将文件内容的每个更新都同步写入底层存储设备中。

rwd：以读/写方式打开，与 rws 类似，只是将文件的内容同步更新到磁盘中，而不修改文件的元数据。

2. 写入数据

在创建好随机文件后，就可以使用 RandomAccessFile 类提供的写入数据的方法写入数据了，这些方法都是实例方法，如表 14.16 所示。

表 14.16　写入数据的方法

方　法　名	功　　能
write(byte[])	将字节数组中的数据写入文件
write(byte[],int,int)	将字节数组中从指定位置起的指定个数据写入文件
write(int)	将整型数据写入文件
writeBoolean()	将布尔型数据写入文件
writeByte()	将字节型数据写入文件
writeBytes()	将字节型序列写入文件
writeChar()	将字符型数据写入文件
writeChars()	将字符型序列写入文件
writeDouble()	将双精度数据写入文件，占 8 字节，高字节在前
writeFloat()	将单精度数据写入文件，占 4 字节，高字节在前
writeInt()	将整型数据写入文件，占 4 字节，高字节在前
writeLong()	将长整型数据写入文件，占 8 字节，高字节在前
writeShort()	将短整型数据写入文件，占 2 字节，高字节在前
writeUTF()	将字符串写入文件，采用 UTF-8 编码

【示例 14-8】下面将为 E 盘根目录下的 test.txt 空文件写入字符串数据。代码如下：

```java
import java.io.*;
public class test{
    public static void main(String[] args) throws Exception{
        String fileName="E:\\test.txt";
        RandomAccessFile raf=new RandomAccessFile(fileName,"rw");
        raf.writeUTF("世界上唯一不变的就是变化，世界上唯一可能的就是不可能。");
```

```
        }
    }
```

运行程序，会看到如图 14.6 所示的结果。

图 14.6　写入数据

注意：在图 14.6 中，写入的字符串前面多了一个空格和一个字母 Q，其实这是两个乱码，表示长度。因为 writeUTF()方法在写入时会和读取方法 readUTF()相对应，所以需要使用最前面的 2 字节表示长度。

3. 读取数据

RandomAccessFile 类提供了很多读取数据的方法，这些方法都是实例方法，如表 14.17 所示。

表 14.17　读取数据的方法

方　法　名	功　　　能
read()	从文件中读取数据
read(byte[])	从文件中读取字节型数据，并存储在数组中，读取的字节数最多为指定数组的长度
read(byte[],int,int)	从文件中读取字节型数据，并存储在指定数组中从指定位置开始的位置，读取的字节数最多为指定的长度
readBoolean()	从文件中读取 1 个布尔型数据
readByte()	从文件中读取 1 个字节型数据
readChar()	从文件中读取 1 个字符型数据
readDouble()	从文件中读取 1 个双精度数据
readFloat()	从文件中读取 1 个单精度数据
readFully(byte[])	从文件中读取字节型数据，读取的字节数就是指定数组的长度。如果文件长度不够，则用重复数据填充
readFully(byte[],int,int)	从文件中读取字节型数据，读取的字节数就是指定数组的长度。如果文件长度不够，则用重复数据填充，并存储在数组中从指定位置开始的位置
readInt()	从文件中读取整数类型数据
readLine()	从文件中读取下一行数据
readLong()	从文件中读取长整型数据
readShort()	从文件中读取短整型数据
readUnsignedByte()	从文件中读取无符号的字节型数据
readUnsignedShort()	从文件中读取无符号的短整型数据
readUTF()	从文件中读取采用 UTF-8 编码的字符串

【示例 14-9】 下面将读取 E 盘根目录下 test.txt 文件中的内容。代码如下：

```
import java.io.*;
public class test{
    public static void main(String[] args) throws Exception{
        String fileName="E:\\test.txt";
        RandomAccessFile raf=new RandomAccessFile(fileName,"rw");
        String str=raf.readUTF();
        System.out.printf(str);
    }
}
```

运行结果如下：

世界上唯一不变的就是变化，世界上唯一可能的就是不可能。

14.2.4　压缩文件操作

为了便于管理文件，也为了节省空间，通常可将文件压缩为 ZIP、JAR、GZIP 等格式的文件。这类文件被称为压缩文件。在使用这些文件之前，需要将这类文件进行解压。在 Java 中，可以使用在上文中提到的 ZipOutputStream 类和 ZipInputStream 类对 ZIP 格式的文件进行压缩和解压缩。这两个类封装在 java.util.zip 包中。本小节将讲解如何对文件进行压缩和解压缩。

1．压缩

ZipOutputStream 类可以实现文件的压缩。具体实现步骤如下。

（1）创建压缩文件。使用 ZipOutputStream 类实现文件的压缩，首先需要创建一个新的压缩文件。其语法形式如下：

ZipOutputStream　对象名=new ZipOutputStream(OutputStream 对象);

注意：这个过程又被称为创建 ZIP 输出流。

其中，OutputStream 类是一个抽象类，所以这里需要使用此类的子类，一般使用 FileOutputStream。该类实例化对象的语法形式如下：

FileOutputStream　对象名=new FileOutputStream(文件名);

其中，"文件名"是要进行压缩的文件的文件名。

（2）设置压缩项。创建好压缩文件后，需要使用 putNextEntry()方法为压缩文件设置压缩项，即在压缩文件中添加空文件。其语法形式如下：

ZipOutputStream 对象名.putNextEntry(ZipEntry 对象);

其中，ZipEntry 表示压缩项。ZipEntry 实例化对象的语法形式如下：

ZipEntry　对象名=new ZipEntry(压缩项名称);

其中，"压缩项名称"是一个字符串。

（3）将文件内容写入压缩项中。使用 write()方法将要压缩文件的内容写入压缩项中。其语法形式如下：

ZipOutputStream 对象名.write(要写入的数据);

（4）关闭 ZIP 输出流。当文件内容全部写入压缩项中后，就可以使用 close()方法将 ZIP 输出流关闭。此时就实现了压缩功能。其语法形式如下：

ZipOutputStream 对象名.close();

【示例 14-10】下面将 E 盘根目录下的 test.txt 文件压缩。代码如下：

```
import java.io.*;
import java.util.zip.*;
public class test{
    public static void main(String[] args) throws Exception{
        String fileName="E:\\test.txt";                              //指定要压缩的文件
        File file=new File(fileName);
        File zipFile=new File("E:\\test.zip");                        //指定压缩文件的名称
        InputStream input=new FileInputStream(file);
        ZipOutputStream zipOut=new ZipOutputStream(new FileOutputStream(zipFile));//创建压缩流对象
        zipOut.putNextEntry(new ZipEntry(file.getName()));            //设置压缩项
        int temp=0;
        //将读取的内容进行压缩输出
        while((temp=input.read()) != -1){
            zipOut.write(temp);
        }
        input.close();
        zipOut.close();
    }
}
```

运行程序，会在 E 盘根目录下生成一个压缩文件，如图 14.7 所示。

图 14.7　运行结果

注意：ZipOutputStream 类不仅可以压缩文件，而且可以压缩文件夹。例如，以下代码用于对 E 盘根目录下的 test 文件夹进行压缩。在此文件夹中存放了 5 个文件，如图 14.8 所示。

```
import java.io.*;
import java.util.zip.*;
public class test{
    public static void main(String[] args) throws Exception{
        String fileName="E:\\test";                                  //指定要压缩的文件夹
```

```
File file=new File(fileName);
File zipFile=new File("E:\\test.zip");                              //指定压缩文件的名称
ZipOutputStream zipOut=new ZipOutputStream(new FileOutputStream(zipFile));
InputStream input=null;
int temp=0;
//判断是否是文件夹
if(file.isDirectory()){
    File lists[]=file.listFiles();
    //遍历文件
    for(int i=0;i<lists.length;i++){
        input=new FileInputStream(lists[i]);
        zipOut.putNextEntry(new ZipEntry(file.getName()+"\\"+lists[i].getName()));
        //将读取的内容进行压缩输出
        while((temp=input.read()) != -1){
            zipOut.write(temp);
        }
        input.close();
    }
}
zipOut.close();
}
}
```

图 14.8　test 文件夹中的文件

运行程序，会在 E 盘根目录下生成一个压缩文件，此文件是对 test 文件夹的压缩，如图 14.9 所示。

2．解压缩

解压缩正好和压缩相反，是指将压缩后的文件恢复到压缩之前的样子。这时，可以使用 ZipInputStream 类来实现文件的解压缩。具体实现步骤如下。

（1）创建 ZIP 输入流对象。ZipInputStream 是一个类。在使用之前，需要进行实例化创建。其语法形式如下：

ZipInputStream 对象名=new ZipInputStream(InputStream 对象);

其中，InputStream 类是一个抽象类，所以这里需要使用此类的子类，一般使用 FileInputStream。该类实例化对象的语法形式如下：

FileInputStream 对象名=new FileInputStream(文件名);

其中，"文件名"是要进行解压缩的压缩文件名。

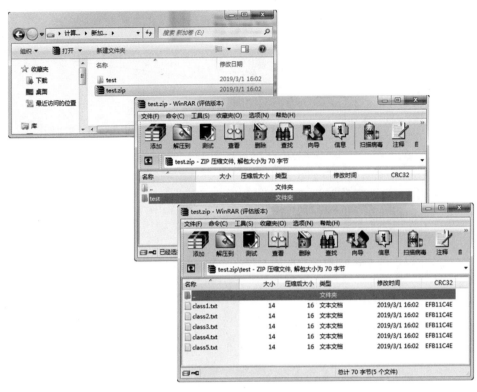

图 14.9　运行结果

（2）获取压缩项。在创建好 ZIP 输入流对象后，需要使用 getNextEntry()方法获取压缩项。其语法形式如下：

FileInputStream 对象名.getNextEntry();

（3）创建文件/目录。获得压缩项后，可以通过压缩项的名称创建文件/目录。

（4）将压缩项内容写入文件。在创建好的文件中，将压缩项中的内容写入。

（5）关闭 ZIP 输入流。使用 close()方法关闭 ZIP 输入流，此时就实现了解压缩功能。

【示例 14-11】下面将示例 14-10 中的压缩文件解压缩。代码如下：

```java
import java.io.*;
import java.util.zip.*;
public class test{
    public static void main(String[] args) throws Exception{
        File file =new File("E:\\test.zip");                          //指定要解压缩的文件
        ZipInputStream zipInput=new ZipInputStream(new FileInputStream(file));
        File outFile=null;
        ZipFile zipFile=new ZipFile(file);
        OutputStream out=null;
        InputStream input=null;
        ZipEntry entry=null;
        //遍历压缩项
        while((entry = zipInput.getNextEntry())!=null){
            outFile=new File("E:\\" + entry.getName());
            //判断输出文件夹是否存在，如果不存在需要创建
            if(!outFile.getParentFile().exists()){
```

```
                outFile.getParentFile().mkdir() ;
            }
            //判断输出文件是否存在，如果不存在需要创建
            if(!outFile.exists()){
                outFile.createNewFile() ;
            }
            input = zipFile.getInputStream(entry);
            out = new FileOutputStream(outFile);
            int temp = 0 ;
            //将读取的内容进行输出
            while((temp=input.read())!=-1){
                out.write(temp);
            }
            input.close();
            out.close();
        }
        input.close() ;
    }
}
```

运行程序，会实现 test.zip 压缩文件的解压缩操作。

注意：以上讲解的是对 ZIP 格式的文件进行压缩和解压缩。如果要对 JAR 格式的文件进行压缩和解压缩，可以使用 java.util.jar 包中的 JarOutputStream 类和 JarInputStream 类实现。如果要对 GZIP 格式的文件进行压缩和解压缩，可以使用 java.util.zip 包中的 GZIPOutputStream 类和 GZIPInputStream 类。这些类实现压缩和解压缩的步骤都是类似的。

14.3　字　节　流

字节流用于处理 8 位二进制数。在 Java 中，字节流根据流的方向可分为两种，分别为字节输入流和字节输出流。本节将详细讲解这两种字节流。

14.3.1　字节输入流

在 Java 中，所有的字节输入流都继承自 InputStream 抽象类。在字节输入流中，DataInputStream 类非常重要，被称为字节数据输入流。该类不仅继承了 InputStream 类，而且实现了 DataInput 接口。该类的构造方法的参数是 FileInputStream 文件输入流类型（可以用来获取二进制文件中的字节数据）。DataInputStream 类包含可以用来读取各种类型数据的方法，如表 14.18 所示。

表 14.18　DataInputStream类的方法

方　法　名	功　　能
read(byte[])	从包含的输入流中读取字节型数据，并存储在缓冲区的字节数组中
read(byte[],int,int)	从包含的输入流中读取字节型数据，并存储在指定数组中从指定位置开始的位置，读取的字节数最多为指定数组的长度

方 法 名	功 能
readBoolean()	读取 1 个字节型数据。如果该字节非零则返回 true，否则返回 false
readByte()	读取并返回 1 个字节型数据
readChar()	读取 2 个字节型数据，并返回 1 个 char 值
readDouble()	读取 8 个输入字节型数据，并返回 1 个 double 值
readFloat()	读取 4 个输入字节型数据，并返回 1 个浮点值
readFully(byte[] b)	从输入流中读取一些字节型数据，并将它们存储到缓冲区的数组 b 中
readFully(byte[],int,int)	从输入流中读取指定长度的字节型数据
readInt()	读取 4 个字节型数据，并返回 1 个整型数据
readLine()	从输入流中读取下一行文本
readLong()	读取 8 个字节型数据，并返回 1 个长整型数据
readShort()	读取 2 个字节型数据，并返回 1 个短整型数据
readUnsignedByte()	读取 1 个无符号的字节型数据，范围为 0～255
readUnsignedShort()	读取 2 个字节型数据，并返回 0～65535 范围内的 int 值
readUTF()	读取以 UTF-8 格式编码的字符串
readUTF(DataInput)	读取以 UTF-8 格式编码的 Unicode 字符串，然后作为字符串返回

【示例 14-12】下面将使用 DataInputStream 类读取 E 盘根目录下的 test.txt 文件中的内容，该文件中的内容是"世界上唯一不变的就是变化，世界上唯一可能的就是不可能。"代码如下：

```java
import java.io.*;
public class test{
    public static void main(String[] args) throws IOException{
        String name="E:\\test.txt";
        File file=new File(name);
        DataInputStream in = new DataInputStream(new FileInputStream(file));
        System.out.printf(in.readUTF());
    }
}
```

运行结果如下：
世界上唯一不变的就是变化，世界上唯一可能的就是不可能。

14.3.2 字节输出流

在 Java 中，所有的字节输出流都继承自 OutputStream 抽象类。在字节输出流中，DataOutputStream 类非常重要，被称为字节数据输出流。该类不仅继承了 OutputStream 类，而且实现了 DataOutput 接口。该类的构造方法的参数是 FileOutputStream 文件输出流类型（可以用来将字节数据写入二进制文件）。DataOutputStream 类包含可以用来写入各种类型数据的方法，如表 14.19 所示。

表 14.19 DataOutputStream类的方法

方 法 名	功 能
write(byte[], int, int)	将指定的字节数组中从特定位置开始的指定个字节型数据写入输出流中
write(int)	将参数的低 8 位写入输出流中
writeBoolean(boolean)	将布尔型数据作为 1 个字节型数据写入输出流中
writeByte(int)	将整型数据作为 1 个字节型数据写入输出流中
writeBytes(String)	将字符串作为字节序列写入输出流中
writeChar(int)	将字符型数据作为 2 个字节型数据写入输出流中
writeChars(String)	将字符串作为字符序列写入输出流中
writeDouble(double)	使用 Double 类中的 doubleToLongBits()方法，将 double 参数转换为长整型数据，然后将该长整型数据作为 8 个字节型数据写入输出流中
writeFloat(float)	使用 Float 类中的 floatToIntBits()方法，将 float 参数转换为整型数据，然后将该整型数据作为 4 个字节型数据写入输出流中
writeInt(int)	将整型数据作为 4 个字节型数据写入输出流中
writeLong(long)	将长整型数据作为 8 个字节型数据写入输出流中
writeShort(int)	将短整型数据作为 2 个字节型数据写入输出流中
writeUTF(String)	使用 UTF-8 编码及与机器无关的方式将字符串写入输出流中

【示例 14-13】下面将使用 DataOutputStream 类向 E 盘根目录下的 test.txt 文件写入"好好学习，天天向上"字符串。代码如下：

```
import java.io.*;
public class test{
    public static void main(String[] args) throws IOException{
        String name="E:\\test.txt";
        File file=new File(name);
        DataOutputStream out = new DataOutputStream(new FileOutputStream(file));
        out.writeUTF("好好学习，天天向上");
    }
}
```

运行结果如图 14.10 所示。

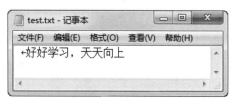

图 14.10 运行结果

14.4 字 符 流

在 Java 中，字符使用 2 字节的 Unicode 编码表示。对于它的处理需要使用到字符流。根据流的方向，字符流被分为字符输入流和字符输出流。本节将详细讲解这两种流。

14.4.1 字符输入流

在 Java 中，所有的字符输入流都继承了 Reader 类。在字符输入流中，FileReader 类非常重要，它可以从一个文本文件中读取采用 Unicode 编码的字符。该类使用的方法都继承自 Reader 类。Reader 类包含了 6 个比较常用的方法，如表 14.20 所示。

表 14.20　Reader类的常用方法

方　法　名	功　　能
read()	从输入流中读取单个字符，返回一个整数值。如果输入流结束，则返回-1
read(char[])	从输入流中读取的字符数最多为指定数组的长度，将其存入该数组中，并返回实际读入的字符数
read(char[], int, int)	是个抽象方法，从输入流中读取的字符数最多为指定的长度，将其存入指定数组中，并从指定起始位置开始存储
read(CharBuffer)	尝试将字符读入指定的字符缓冲区
skip(long)	从输入流中最多跳过 n 个字符，并返回实际跳过的字符数
close()	关闭输入流

【示例 14-14】下面将使用 FileReader 类读取 E 盘根目录下 test.txt 文件中的内容。该文件中的内容是 Hello。代码如下：

```java
import java.io.*;
public class test{
    public static void main(String[] args) throws IOException{
        String name="E:\\test.txt";
        FileReader fr=new FileReader(name);
        char ch[]=new char[5];
        fr.read(ch);
        System.out.printf("文件中的字符如下：\n");
        for(char c:ch){
            System.out.printf("%c\n",c);
        }
    }
}
```

运行结果如下：

```
文件中的字符如下：
H
e
l
l
o
```

14.4.2 字符输出流

和字符输入流相对的就是字符输出流。在 Java 中，所有的字符输出流都继承了 Writer 类。

在字符输出流中，PrintWriter 类非常重要，它的功能正好和 FileReader 类的相反，用于向一个文本文件中写入采用 Unicode 编码的文本。该类提供了写入各种类型数据的方法，如表 14.21 所示。

表 14.21　PrintWriter类的方法

方　法　名	功　　能
print(boolean)	写入布尔型数据
print(char)	写入字符
print(char[])	写入字符数组
print(double)	写入双精度数据
print(float)	写入单精度数据
print(int)	写入整型数据
print(long)	写入长整型数据
print(Object)	写入对象
print(String)	写入字符串
printf(Locale, String, Object...)	使用指定格式的字符串和参数将格式化的字符串写入
printf(String, Object...)	
println()	通过写入行分隔符字符串终止该行
println(boolean x)	写入布尔型数据，然后终止该行
println(char x)	写入字符，然后终止该行
println(char[] x)	写入字符数组，然后终止该行
println(double x)	写入双精度数据，然后终止该行
println(float x)	写入单精度数据，然后终止该行
println(int x)	写入整型数据，然后终止该行
println(long x)	写入长整型数据，然后终止该行
println(Object x)	写入对象，然后终止该行
println(String x)	写入字符串，然后终止该行
write(char[])	写入字符型数据
write(char[], int, int)	写入字符数组的某一部分
write(int)	写入单个字符
write(String)	写入字符串
write(String, int, int)	写入字符串的某一部分

【示例 14-15】下面将使用 Write 类向 E 盘根目录下的 test.txt 文件写入 Hello Java 的字符串。代码如下：

```
import java.io.*;
public class test{
    public static void main(String[] args) throws IOException{
        String name="E:\\test.txt";
        PrintWriter out=new PrintWriter(name);
        out.println("Hello Java");
```

```
        out.close();
    }
}
```

运行结果如图 14.11 所示。

图 14.11　运行结果

14.5　对　象　流

对象流可以进行对象的写入或读取操作，也就是执行了串行化（把一个对象转换为字节流）和反串行化（把字节流反串行化成对象）的操作。根据流的方向，对象流被分为对象输入流和对象输出流。本节将详细讲解这两种流。

14.5.1　对象输入流

对象输入流使用 ObjectInputStream 类，该类是 InputStream 类的子类，从输入流中读取 Java 对象。ObjectInputStream 类提供了读取各种数据类型的方法，如表 14.22 所示。

表 14.22　ObjectInputStream类的方法

方　法　名	功　　能
defaultReadObject()	从输入流中读取当前类的非静态和非瞬态的字段
read()	从输入流中读取 1 个字节型数据
read(byte[], int, int)	从输入流中读取字节数组
readBoolean()	从输入流中读取布尔型数据
readByte()	从输入流中读取 8 位的字节
readChar()	从输入流中读取字符
readClassDescriptor()	从输入流中读取类描述符
readDouble()	从输入流中读取双精度数据
readFields()	从输入流中按名称读取持久字段，并使其可用
readFloat()	从输入流中读取单精度数据
readFully(byte[])	从输入流中读取字节
readFully(byte[], int, int)	
readInt()	从输入流中读取整型数据
readLine()	从输入流中读取下一行数据，该方法已被废弃
readLong()	从输入流中读取长整型数据
readObject()	从输入流中读取对象
readShort()	从输入流中读取短整型数据

续表

方　法　名	功　　能
readUnshared()	从输入流中读取"非共享"对象
readUnsignedByte()	从输入流中读取无符号字节型数据
readUnsignedShort()	从输入流中读取无符号整型数据
readUTF()	从输入流中以 UTF-8 格式读取字符串

14.5.2　对象输出流

对象输出流使用 ObjectOutputStream 类，该类是 OutputStream 的子类，将 Java 对象写入输出流中。ObjectOutputStream 类提供了写入各种数据类型的方法，如表 14.23 所示。

表 14.23　ObjectOutputStream类的方法

方　法　名	功　　能
defaultWriteObject()	将当前类的非静态和非瞬态字段写入输出流中
write(byte[])	写入一个字节数组
write(byte[], int, int)	写入字节数组的某一部分
write(int val)	写入字节
writeBoolean(boolean)	写入布尔类型的数据
writeByte(int)	写入整型数据
writeBytes(String)	将字符串作为字节序列写入输出流中
writeChar(int)	写入字符
writeChars(String)	将字符串作为字符序列写入输出流中
writeDouble(double)	写入双精度数据
writeFields()	将缓冲的字段写入输出流中
writeFloat(float)	写入单精度数据
writeInt(int)	写入一个 32 位的整型数据
writeLong(long)	写入一个 64 位的长整型数据
writeObject(Object)	将指定的对象写入输出流中
writeShort(int)	写入一个 16 位的短整型数据
writeUnshared(Object)	将"非共享"对象写入输出流中
writeUTF(String)	将以 UTF-8 格式的字符串写入输出流中

【示例 14-16】下面将使用 ObjectOutputStream 类将对象写入 E 盘根目录下的 test.txt 文件中，然后使用 ObjectInputStream 类读取该文件。代码如下：

```java
import java.io.*;
//创建一个类，让其实现 Serializable 接口
class Students implements Serializable {
    String name;
    int age;
    Students(String name,int age){
```

```
            this.name=name;
            this.age=age;
        }
    }
    public class test{
        public static void main(String[] args) throws Exception{
            //创建数组对象
            Students studentArray[]=new Students[3];
            studentArray[0]=new Students("Jane",8);
            studentArray[1]=new Students("Jim",10);
            studentArray[2]=new Students("Jily",9);
            String name="E:\\test.txt";
            File file=new File(name);
            //将数组对象写入输出流
            ObjectOutputStream out=new ObjectOutputStream(new FileOutputStream(name));
            out.writeObject(studentArray);
            //从输入流中读取数组对象
            ObjectInputStream in=new ObjectInputStream(new FileInputStream(name));
            Students otherArray[]=(Students[])in.readObject();
            int i=1;
            //遍历输出
            for(Students s:otherArray){
                System.out.printf("第%d 个学生叫%s,年龄为%d\n",i,s.name,s.age);
                i++;
            }
        }
    }
```

运行结果如下：

第 1 个学生叫 Jane,年龄为 8
第 2 个学生叫 Jim,年龄为 10
第 3 个学生叫 Jily,年龄为 9

注意：在要操作的对象类中一定要实现 Serializable 接口，该接口没有任何方法，只作为一个"标记者"，用来表明实现了这个接口的类可以考虑串行化。如果没有实现该接口，程序就会出现错误，如以下代码：

```
    import java.io.*;
    //创建一个类
    class Students{
        String name;
        int age;
        Students(String name,int age){
            this.name=name;
            this.age=age;
        }
    }
    public class test{
        public static void main(String[] args) throws Exception{
            Students studentArray[]=new Students[2];
```

```
        studentArray[0]=new Students("Tom",8);
        studentArray[1]=new Students("Jim",10);;
        String name="E:\\test.txt";
        File file=new File(name);
        //将数组对象写入输出流
        ObjectOutputStream out=new ObjectOutputStream(new FileOutputStream(name));
        out.writeObject(studentArray);
    }
}
```

在此代码中，Students 类没有实现 Serializable 接口，导致程序抛出如图 14.12 所示的异常。

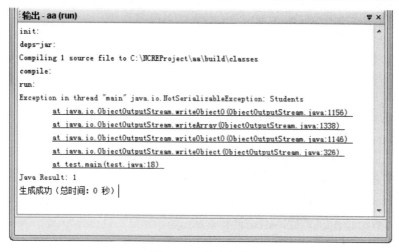

图 14.12　抛出异常

14.6　正则表达式

正则表达式是一种描述匹配检索规则的字符串，主要用于对字符串的模式匹配。在 JDK 1.4 之后，Java 推出 java.util.regex 包，直接支持正则表达式。该包包含两个类，分别为 Pattern 类和 Matcher 类。这两个类都是与正则表达式相关的类。本节将详细讲解这两个类。

14.6.1　Pattern 类

在 Java 中，所有的正则表达式都需要编译成模式对象，才可以实现快速模式匹配的功能。本节将讲解正则表达式的组成及如何编译成模式对象。

1. 正则表达式的组成

正则表达式一般由普通字符和元字符组成，如以下代码：

```
runoo+b
```

这个正则表达式的意思是可以匹配 runoob、runooob、runoooooob 等。runoo 和 b 都是普通字符，而+是一个元字符，表示前面的字符至少出现一次。

其中，普通字符就是大小写字母、数字等；元字符则是具有特殊含义的字符。表 14.24 列出了常用元字符。

表 14.24　常用元字符

元　字　符	功　　能
\	将下一个字符标记为一个特殊字符、原义字符、向后引用或八进制转义符。例如，\\n 匹配\n，\n 匹配换行符，序列\\匹配\，而\(则匹配(
^	匹配输入字符串的开始位置
$	匹配输入字符串的结束位置
*	匹配前面的子表达式零次或多次。例如，zo*可以匹配 z 和 zoo
+	匹配前面的子表达式一次或多次。例如，zo+可以匹配 zo 和 zoo，但不可以匹配 z
?	匹配前面的子表达式零次或一次。例如，do(es)?可以匹配 do 或 does
{n}	n 是一个非负整数，匹配确定的 n 次。例如，o{2}不可以匹配 Bob 中的 o，但是可以匹配 food 中的两个 o
{n,}	n 是一个非负整数，至少匹配 n 次。例如，o{2,}不可以匹配 Bob 中的 o，但可以匹配 foooood 中所有的 o。o{1,}等价于 o+。o{0,}则等价于 o*
{n,m}	m 和 n 均为非负整数，其中 n 小于或等于 m，最少匹配 n 次且最多匹配 m 次。例如，o{1,3}将匹配 foooood 中的前 3 个 o。o{0,1} 等价于 o?。需要注意，逗号和两个数之间不能有空格
(pattern)	匹配 pattern 并获取这一匹配
x|y	匹配 x 或 y。例如，z|food 可以匹配 z 或 food，(z|f)ood 则可以匹配 zood 或 food
[xyz]	字符集合，匹配所包含的任意一个字符。例如，[abc]可以匹配 plain 中的 a
[^xyz]	负值字符集合，匹配未包含的任意字符。例如，[^abc]可以匹配 plain 中的 p、l、i、n
[a-z]	字符范围，匹配指定范围内的任意字符。例如，[a-z]可以匹配 a～z 范围内的任意小写字母字符
[^a-z]	负值字符范围，匹配不在指定范围内的任意字符。例如，[^a-z]可以匹配不在 a～z 范围内的任意字符
\b	匹配一个单词边界，指单词和空格间的位置。例如，er\b 可以匹配 never 中的 er，但不可以匹配 verb 中的 er
\B	匹配非单词边界。例如，er\B 可以匹配 verb 中的 er，但不可以匹配 never 中的 er
\cx	匹配由 x 指明的控制字符。x 的值必须在 A～Z 或 a～z 范围内；否则将 c 视为一个原义 c 字符。例如，\cM 匹配一个 Control-M 或回车符
\d	匹配一个数字字符，等价于[0-9]
\D	匹配一个非数字字符，等价于[^0-9]
\s	匹配任何空白字符，包括空格、制表符、换页符等
\S	匹配任何非空白字符
\w	匹配字母、数字、下画线，等价于[A-Za-z0-9_]
\W	匹配非字母、数字、下画线，等价于[^A-Za-z0-9_]
\xn	匹配 n，其中 n 为十六进制转义值。十六进制转义值必须为确定的两个数字长。例如，\x41 匹配 A，\x041 则等价于\x04&1。正则表达式中可以使用 ASCII 编码
\num	匹配 num，其中 num 是一个正整数，是对所获取的匹配的引用。例如，(.)\1 匹配两个连续的相同字符
\n	标识一个八进制转义值或一个向后引用。如果\n 之前至少有 n 个获取的子表达式，则 n 为向后引用；如果 n 为八进制数字（0～7），则 n 为一个八进制转义值

2. 编译成模式对象

上文提到了，Java 中的正则表达式都需要编译成模式对象。实现此功能需要使用到 Pattern 类。该类的 compile()方法可以将指定的正则表达式编译成模式对象。其语法形式如下：

Pattern 对象名=Pattern.compile(正则表达式,匹配标志);

其中，"正则表达式"是一个字符串；"匹配标志"表示表达式字符的某些属性。Java 提供了 9 个匹配标志，现介绍如下。

CASE_INSENSITIVE：不区分美国 ASCII 编码的大小写。

UNICODE_CASE：当和 CASE_INSENSITIVE 一起使用时，使用 Unicode 编码。

MULTILINE：^和$匹配行首和行尾。

UNIX_LINES：在多行模式下匹配^和$时，只有\n 表示行结束符。

DOTALL：符号.用来匹配任何字符，包括行结束符。

CANON_EQ：等价于 Unicode 字符的规范表达方式。

LITERAL：指定模式的输入字符串就会作为字面值字符序列来对待。输入序列中的元字符或转义序列不具有任何特殊意义。

UNICODE_CHARACTER_CLASS：启用 Unicode 版本的预定义字符类和 POSIX 字符类。指定其标志后，预定义字符类和 POSIX 字符类符合 Unicode 技术标准。

COMMENTS：将忽略空白和在结束行之前以#开头的嵌入式注释。

注意：在该方法中，匹配标志可以省略不写。

14.6.2　Matcher 类

Matcher 类是一个匹配器，它依据 Pattern 对象对字符串展开匹配检查。下面将讲解如何创建 Matcher 对象、实现匹配、获取更多详细信息及替换子字符串。

1. 创建 Matcher 对象

在 Matcher 类中，构造方法都是私有的，所以只可以通过 Pattern 中的实例方法 matcher() 进行创建。其语法形式如下：

Matcher 对象名=Pattern 对象名.matcher(字符序列);

2. 实现匹配

在创建好 Matcher 对象后，就可以实现匹配操作了。Matcher 对象提供了 3 个可以用来实现匹配的方法，分别为 matches()、lookingAt()和 find()方法。下面将详细讲解这 3 个方法。

（1）matches()方法对整个字符串进行匹配。其语法形式如下：

Matcher 对象名.matches();

该方法的返回值为布尔类型值。只有当整个字符串都匹配了，才可以返回 true；反之，返回 false。

【示例 14-17】下面将使用 matches()方法进行匹配。代码如下：

```
import java.util.regex.*;
public class test{
    public static void main(String[] args){
        String patternString="\\d";
        Pattern p=Pattern.compile(patternString);
        Matcher m=p.matcher("18Age");
        boolean b=m.matches();
        System.out.printf("匹配状况为%b",b);
```

```
        }
    }
```

该代码使用 18Age 字符串与数字字符进行匹配，由于 Age 不能被匹配，所以匹配不成功，会返回 false。运行结果如下：

匹配状况为 false

（2）lookingAt()方法对字符串前面的部分进行匹配。其语法形式如下：

Matcher 对象名.lookingAt();

该方法的返回值为布尔类型值。只有匹配到字符串前面的部分时，才返回 true；反之，返回 false。

【示例 14-18】下面将使用 lookingAt()方法进行匹配。代码如下：

```java
import java.util.regex.*;
public class test{
    public static void main(String[] args){
        String patternString="\\d";
        Pattern p=Pattern.compile(patternString);
        Matcher m=p.matcher("Tom18Age");
        boolean b=m.lookingAt();
        System.out.printf("匹配状况为%b",b);
    }
}
```

该代码使用 Tom18Age 字符串与数字字符进行匹配。由于字符串的前面部分是 Tom，不能被匹配，所以匹配不成功，返回 false。运行结果如下：

匹配状况为 false

（3）find()方法对字符串进行匹配，匹配到的字符串可以在任何位置。其语法形式如下：

Matcher 对象名.find();

该方法的返回值为布尔类型值。只要子字符串与匹配器的模式匹配，就返回 true；反之，返回 false。

【示例 14-19】下面将使用 find()方法进行匹配。代码如下：

```java
import java.util.regex.*;
public class test{
    public static void main(String[] args){
        String patternString="\\d";
        Pattern p=Pattern.compile(patternString);
        Matcher m=p.matcher("Tom18Age");
        boolean b=m.find();
        System.out.printf("匹配状况为%b",b);
    }
}
```

该代码使用 Tom18Age 字符串与数字字符进行匹配。其中，子字符串 18 匹配成功，所以返回 true。运行结果如下：

匹配状况为 true

3. 获取更多详细信息

匹配成功后，如果想得到更多详细信息，可以使用 Matcher 的实例方法 start()、end()和

group()。下面将依次介绍这 3 个方法。

start()方法：返回匹配到的子字符串在字符串中的索引位置。

end()方法：返回匹配到的子字符串的最后一个字符之后的索引位置。

group()方法：返回匹配到的子字符串。

【示例 14-20】下面将使用 start()、end()和 group()方法，获取匹配到的子字符串的详细信息。代码如下：

```
import java.util.regex.*;
public class test{
    public static void main(String[] args){
        String patternString="\\d+";
        Pattern p=Pattern.compile(patternString);
        Matcher m=p.matcher("aabb6677cc");
        m.find();
        System.out.printf("子字符串的索引位置：%d\n",m.start());
        System.out.printf("子字符串的最后一个字符之后的索引位置：%d\n",m.end());
        System.out.printf("子字符串为%s\n",m.group());
    }
}
```

运行结果如下：

```
子字符串的索引位置：4
子字符串的最后一个字符之后的索引位置：8
子字符串为 6677
```

很多情况下，会出现类似以下形式的正则表达式。

```
((A)(B(C)))
```

该正则表达式中出现了括号，在 Matcher 类中，使用一对括号表示一个组，组的序号就是左括号出现的序列。该正则表达式中存在 4 个组，分别为((A)(B(C)))、(A)、(B(C))、(C)。如果要获取与匹配组相关的详细信息，可以使用 Matcher 的实例方法 start()、end()、group()和 groupCount()。下面将依次介绍这 4 个方法。

start()方法：返回与指定组匹配到的子字符串在字符串中的索引位置。

end()方法：返回与指定组匹配到的子字符串的最后一个字符在字符串中的索引位置。

group()方法：返回与指定组匹配到的子字符串。

groupCount()方法：返回匹配组的数量。

【示例 14-21】下面将使用 start()、end()、group()和 groupCount()获取与匹配组相关的详细信息。代码如下：

```
import java.util.regex.*;
public class test{
    public static void main(String[] args){
        String patternString="(ca)(t)";
        Pattern p=Pattern.compile(patternString);
        Matcher m=p.matcher("I hava a t,you have two cats");①
        m.find();
        int gc=m.groupCount();
```

---

① 此处故意写为 I hava a t，为了演示 t 不会匹配(ca)(t)，而 cat 会匹配(ca)(t)两次。

```
            System.out.printf("匹配组有%d 个,相关的详细信息如下: \n",gc);
            //遍历获取与匹配组相关的详细信息
            for(int i=0;i<gc;i++){
                System.out.printf("第%d 组的详细信息\n",i+1);
                System.out.printf("子字符串的索引位置: %d\n",m.start(i));
                System.out.printf("子字符串的最后一个字符之后的索引位置: %d\n",m.end(i));
                System.out.printf("子字符串为%s\n",m.group(i));
            }
        }
    }
```

运行结果如下:

```
匹配组有 2 个,相关的详细信息如下:
第 1 组的详细信息
子字符串的索引位置: 25
子字符串的最后一个字符之后的索引位置: 28
子字符串为 cat
第 2 组的详细信息
子字符串的索引位置: 25
子字符串的最后一个字符的索引位置: 27
子字符串为 ca
```

4. 替换子字符串

在 Java 中,匹配到的子字符串通常会用来进行替换操作。Matcher 类提供了 3 个替换方法,分别为 replaceAll()、replaceFirst()和 appendReplacement()方法。下面将依次介绍这 3 个方法。

replaceAll()方法: 使用指定字符串替换所有匹配成功的子字符串。

replaceFirst()方法: 使用指定字符串替换第一个匹配成功的子字符串。

appendReplacement()方法: 使用指定字符串替换匹配成功的子字符串,并将替换后的子字符串及其之前到上次匹配子字符串之后的字符串添加到指定的 StringBuffer 对象中。

【示例 14-22】下面将实现子字符串的替换功能。代码如下:

```java
import java.util.regex.*;
public class test{
    public static void main(String[] args){
        String patternString="Tom";
        Pattern p=Pattern.compile(patternString);
        String str="I am Tom,I like swimming";
        System.out.printf("替换前: %s\n",str);
        Matcher m=p.matcher(str);
        m.find();
        String otherStr=m.replaceFirst("Lily");
        System.out.printf("替换后: %s\n",otherStr);
    }
}
```

运行结果如下:

```
替换前: I am Tom,I like swimming
替换后: I am Lily,I like swimming
```

14.7　小　　结

通过对本章的学习，读者需要知道以下内容。

❑ 输入/输出就是程序与外部设备进行数据交流的操作。

❑ 流就是对输入/输出设备的抽象表示，模糊化设备之间的不同。

❑ Java 提供的所有与输入/输出相关的接口和类都封装在 java.io 包中。

❑ Java 提供了专门用来处理文件的类 File。该类可用来管理文件系统中的普通文件和目录。

❑ 字节流用于处理 8 位二进制数。在 Java 中，字节流根据流的方向可分为两种，分别为字节输入流和字节输出流。其中，在字节输入流中，DataInputStream 类非常重要，被称为字节数据输入流；在字节输出流中，DataOutputStream 类非常重要。

❑ 字符流分为字符输入流和字符输出流。其中，在字符输入流中，FileReader 类非常重要；在字符输出流中，PrintWriter 类非常重要。

❑ 对象流分为对象输入流和对象输出流。其中，在对象输入流中，ObjectInputStream 类非常重要；在对象输出流中，ObjectOutputStream 类非常重要。

❑ 正则表达式是一种描述匹配检索规则的字符串，主要用于对字符串的模式匹配。该表达式可以使用 java.util.regex 包中的 Pattern 类和 Matcher 类实现。

14.8　习　　题

一、填空题

1．压缩和解压缩 ZIP 格式的文件需要使用到_____类和_____类。

2．输入/输出就是程序与_____设备进行数据交流的操作。

3．根据输入/输出的不同，流有两个方向，分别为_____和_____。

4．Java 提供了专门用来处理文件的类_____。该类可用来管理文件系统中的普通_____和_____。

二、选择题

1．字节输入流需要基于的抽象类是（　　　）。

　　A．InputStream　　　　　　　　　　B．Reader

　　C．FilterInputStream　　　　　　　　D．Writer

2．Scanner 类是在（　　　）版本中增加的。

　　A．JDK 1.2　　　　B．JDK 1.5　　　　C．JDK 1.8　　　　D．JDK 1.9

3．mkdirs()方法的功能是（　　　）。

　　A．创建文件　　　　B．创建目录　　　　C．删除文件　　　　D．删除目录

4．以下代码的输出结果是（　　　）。

```
import java.io.*;
public class test{
    public static void main(String[] args) throws Exception{
```

```
        File file = new File("D:\\class.txt");
        DataOutputStream out=new DataOutputStream(new FileOutputStream(file));
        out.writeChars("Hello");
        DataInputStream in=new DataInputStream(new FileInputStream(file));
        System.out.printf("%c",in.readChar());
    }
}
```

A. H   B. e   C. l   D. e

三、简答题

RandomAccessFile 类提供了几种打开模式？分别是什么？

四、编程题

1. 在下面横线处填上适当的代码，实现判断 class.txt 文件是否存在，如果不存在则需要创建文件，然后输出文件名称、路径、修改时间、是否可写、是否可读及是否可见。

```
import java.io.File;
public class test{
    public static void main(String[] args) throws Exception{
        File file = new File("E:\\class.txt");
        if(_____){
            System.out.printf("文件已创建");
        }else{
            _____;
        }
        System.out.printf("文件名称：%s\n",_____);
        System.out.printf("文件路径：%s\n",_____);
        System.out.printf("修改时间：%s\n",_____);
        System.out.printf("文件是否可写：%s\n",_____);
        System.out.printf("文件是否可读：%s\n",_____);
        System.out.printf("文件是否可见：%s\n",_____);
    }
}
```

2. 在下面横线处填上适当的代码，实现在 class.txt 文件中输入内容，然后进行读取。

```
import java.io.*;
public class test{
    public static void main(String[] args) throws Exception{
        String file = "D:\\class.txt";
        _____;
        out.println("Tom");
        FileReader fr=_____;
        char ch[]=new char[5];
        _____;
        System.out.printf("文件中的字符如下：\n");
        for(char c:ch){
            System.out.printf("%c\n",c);
        }
    }
}
```

3．编写代码，在 D 盘根目录下创建一个目录 myTest，并在创建之前先判断该目录是否存在。

4．编写代码，在 D 盘根目录下的 class.txt 空文件中写入一个字符 d，然后读取该文件，再获取这个字符，并输出。

5．创建一个 Staff 的类。该类中有 2 个实例变量，分别为 name、wage，然后将 3 个 Staff 的对象写入 D 盘根目录下的 class.txt 文件中。第一个对象的 name 为 Mike，wage 为 5000；第二个对象的 name 为 Bert，wage 为 6000；第三个对象的 name 为 Lei，wage 为 10800。

第 15 章 线 程

线程可以提高程序的执行吞吐率，有效利用系统资源，并改善用户之间的通信效率。从 Java 代码角度看，线程是一个程序的执行流。本章将讲解与线程相关的内容。

15.1 线程概述

线程是一个程序的执行流，是程序执行流的最小单元，被包含在进程中。本节将讲解什么是线程、Java 的线程模型等内容。

15.1.1 什么是线程

线程是相对于进程而提出的概念。所以，要了解线程，首先需要了解进程。

1. 进程

进程是程序依次动态执行的过程。它对应了从代码加载、执行到执行完毕的过程。这个过程也是进程本身从产生、发展到消亡的过程。一个进程可分为两个部分，分别为要执行的指令和执行指令时所需的各种系统资源，如 CPU、内存等。

2. 线程

线程是进程中的实际运作单位。在 Java 体系中，一个线程指的是进程中的一个顺序单一的控制流。如果程序不创建线程对象，那么系统会创建一个主线程。

3. 多线程

进程中可以同时包含多个线程，每个线程并行执行不同的任务。这样就达到了多任务处理的目的。Java 支持多线程程序设计，因此程序员可以写出 CPU 最大利用率的高效程序。在实际开发中，多线程程序设计就是将程序任务分成多个并行执行的子任务，然后通过创建多个并行执行的线程来完成多个子任务。

15.1.2 Java 的线程模型

在 Java 体系中，线程模型就是虚拟 CPU、执行代码和操作数据三者的封装体，如图 15.1 所示。其中，执行代码和操作数据是相互独立的，执行代码可以与其他线程共享，也可以不共享；同样，操作数据可以与其他线程共享，也可以不共享。

在 Java 中，线程模型通过 java.lang 包中的 Thread 类进行描述和声明。程序的线程都是 Thread 类的实例。在 Java 中，除了 Thread 类可以支持线程外，还有其他一些类支持。下面将简要介绍这些类。

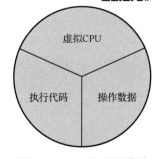

图 15.1 Java 的线程模型

1．Thread 类

在 Java 中，线程对象都是使用 Thread 类实现的。该类声明并实现了 Java 中的线程。程序员可通过继承 Thread 类，声明属于自己的线程，也可以使用 Runnable 接口。

2．Runnable 接口

在 Java 中，声明了 Runnable 接口，目标是为各种线程提供线程体，即实现 run()方法。

3．Object 类

Object 类是所有类的根。它声明了线程交互的方法，即 wait()和 notify()方法。

4．ThreadGroup 类

ThreadGroup 类用来实现线程组，并提供对线程组或组中每个线程进行操作的方法。

5．ThreadDeath 类

ThreadDeath 类一般用于"杀死"线程。

这 5 个类/接口的基本体系如图 15.2 所示。

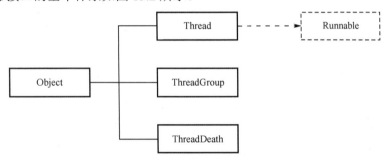

图 15.2　5 个类/接口的基本体系

15.2　创　建　线　程

在使用或操作线程前，需要先对其进行创建。在 Java 中，创建线程的方式有两种，分别为继承 Thread 类和实现 Runnable 接口。本节将依次讲解这两种方式。

15.2.1　继承 Thread 类

使用该方式创建线程需要完成以下两个步骤。

（1）让一个类继承 Thread 类。这样，该类就具有了线程的特性。其语法形式如下：

```
class 类名称 extends Threads{
    …
    修饰符 run(){
        线程体的定义
    }
    …
}
```

注意：在 Java 的线程模型中，执行代码和操作数据又被称为线程体，虚拟 CPU 会在创建线程时自动封装到 Thread 类的实例中。然后线程体通过创建的对象传递给 Thread 类的构造方法。线程体是程序员自定义的。在 Thread 类中，线程体可以使用 run() 方法定义，即覆盖 run()方法。

（2）实例化对象，即创建线程。由于需要实例化的类继承了 Thread 类，所以可以直接实例化，不需要进行转化。

注意：线程被创建好后不会自动启动，需要调用 start()方法。其语法形式如下：

```
Thread 对象名.start();
```

【示例 15-1】下面将使用继承 Thread 类的方式创建线程。代码如下：

```java
import java.io.*;
//创建 Persons 类，让其继承 Thread 类
class Persons extends Thread{
    int age=0;
    //覆盖 run()方法
    public void run(){
        while(true){
            System.out.printf("age=%d\n",age++);
            if(age==6){
                break;
            }
        }
    }
}
public class test{
    public static void main(String[] args){
        //创建线程
        Persons t1=new Persons();
        Persons t2=new Persons();
        //启动线程
        t1.start();
        t2.start();
    }
}
```

在此代码中，Persons 类继承了 Thread 类。在 main()方法中，创建了两个 Persons 类的实例对象，即创建了两个线程 t1 和 t2，然后使用 start()方法启动线程。其中，Persons 类的 run()方法就是线程体；age 就是线程的数据。当启动线程 t1、t2 后，程序从 Persons 类对象的 run()方法开始执行，每个线程分别输出 5 个年龄。运行结果如下：

```
age=0
age=0
age=1
age=2
age=3
age=4
age=5
age=1
```

```
age=2
age=3
age=4
age=5
```

15.2.2　实现 Runnable 接口

如果自定义的线程类还要继承其他类，就不能使用继承 Thread 类的方式。此时，需要使用另一种方式——实现 Runnable 接口。这是因为 Java 不支持多继承，但可以实现多个接口。使用该方式创建线程也需要完成两个步骤。

（1）让一个类实现 Runnable 接口。其语法形式如下：

```
class  类名称  implements Runnable{
    …
    修饰符  run(){
        线程体的定义
    }
    …
}
```

在 Runnable 接口中，可以使用 run()方法对线程体进行定义。

（2）创建线程对象。线程都需要使用 Thread 类，但是实现了接口的类并不是 Thread 类，所以需要使用 Thread 类的构造方法创建线程。此时，这个方法的参数就是实现接口的类的对象。其语法形式如下：

```
Thread  对象名=new Thread(类的对象);
```

其中，"类的对象"是实现 Runnable 接口的类的对象。

【示例 15-2】下面将实现 Runnable 接口来创建线程。代码如下：

```
import java.io.*;
//创建 Persons 类，让其实现 Runnable 接口
class Persons implements Runnable{
    int age=0;
    //覆盖 run()方法
    public void run(){
        while(true){
            System.out.printf("age=%d\n",age++);
            if(age==6){
                break;
            }
        }
    }
}
public class test{
    public static void main(String[] args){
        //创建线程
        Thread t1=new Thread(new Persons());
        Thread t2=new Thread(new Persons());
        //启动线程
```

```
            t1.start();
            t2.start();
        }
    }
```

在此代码中，Persons 类实现了 Runnable 接口，并在 run()方法中实现了线程体的功能。在 main()方法中， Persons 类的两个实例对象分别创建了 t1 和 t2 线程，然后使用 start()方法启动了它们。运行结果如下：

```
    age=0
    age=1
    age=2
    age=3
    age=4
    age=5
    age=0
    age=1
    age=2
    age=3
    age=4
    age=5
```

15.3　操　作　线　程

在创建好线程之后，就可以对线程进行操作了，如设置线程优先级、改变线程状态等。本节将讲解如何操作线程。

15.3.1　线程的基本操作

Thread 类包含很多方法。其中，一些方法可完成对线程的基本操作，如表 15.1 所示。

表 15.1　完成对线程的基本操作的方法

方　法　名	功　　能
getName()	获取线程名称
setName()	设置线程名称
sleep()	让正在运行的线程睡眠（暂停）
yield()	让正在运行的线程暂停，同时允许其他线程执行
join()	等待线程终止
interrupt()	中断线程
currentThread()	获取当前正在执行的线程
isAlive()	判断是否正常活动
stop()	让正在运行的线程停止
suspend()	让正在运行的线程暂停

注意：stop()和 suspend()方法已被弃用。

【**示例 15-3**】下面将使用表 15.1 中的方法对线程进行一些基本操作。代码如下：

```java
import java.io.*;
//创建 ThreadName 类，让其继承 Thread 类
class ThreadName extends Thread{
    public void run(){
        Thread t=Thread.currentThread();
        String name=t.getName();
        System.out.printf("name=%s\n",name);
    }
}
public class test{
    public static void main(String[] args){
        ThreadName t1=new ThreadName();              //创建线程 t1
        //判断线程 t1 是否处于活动状态
        if(t1.isAlive()){
            System.out.printf("线程 t1 正常活动\n");
        }else{
            System.out.printf("线程 t1 非正常活动\n");
        }
        t1.start();                                   //启动线程 t1
        ThreadName t2=new ThreadName();              //创建线程 t2
        t2.start();                                   //启动线程 t2
    }
}
```

运行结果如下：

```
线程 t1 非正常活动
name=Thread-0
name=Thread-1
```

从运行结果可以看出，每个线程都是有名称的。如果不对线程的名称进行设置，则默认的形式为"Thread-数值"。如果要修改线程的名称，有两种方式：一种是使用在表 15.1 中提到的 setName()方法；另一种是在创建 Thread 对象时指定名称。其语法形式有两种，如下所示：

```
Thread 线程对象=new Thread(线程的名称);
Thread 线程对象=new Thread(类的对象,线程的名称);
```

其中，"类的对象"是实现 Runnable 接口的类的对象；"线程的名称"是一个字符串。

15.3.2 设置线程优先级

当一个程序中存在多个线程时，这些线程会按照线程的优先级执行。下面将讲解什么是线程优先级、线程调度及如何设置线程优先级。

1. 线程优先级

线程优先级是指线程在被系统调度执行时的优先执行级别。在多线程程序中，往往是多个线程同时等待被调度执行，然而每个线程的重要程度往往是不一样的。这时，重要的线程就应该优先执行。

2. 线程调度

上文提到了调度，这里的调度就是线程调度。所谓线程调度，就是在单个 CPU 上以某种顺序运行多个线程。在 Java 中，线程调度分为两种，分别为基于优先级的抢先式调度和分时调度。下面将依次进行讲解。

抢先式调度：Java 基于线程的优先级选择高优先级的线程运行。该线程将持续运行，直到它中止运行，或其他高优先级线程成为可运行线程。在后一种情况中，低优先级线程被高优先级线程抢占运行。

注意：在 Java 运行系统中，可以按优先级设置多个线程等待池，JVM 先运行高优先级池中的线程。当高优先级池空后，才考虑低优先级池。

分时调度：每个池中的等待线程轮流运行。这时，线程可能逐个运行，也可能不是。具体情况需要由 JVM 决定。

3. 设置线程优先级

线程优先级是可以进行重新设置的，使用 Thread 类中的 setPriority()方法即可实现。其语法形式如下：

```
Thread  对象名.setPriority(新的优先级);
```

其中，"新的优先级"是一个整型数值，范围为 1～10（包含 1 和 10）。Thread 类中提供了 3 个与线程优先级相关的静态常量，分别为 MIN_PRIORITY、NORM_PRIORITY 和 MAX_PRIORITY。这个"新的优先级"也可以设置为这 3 个静态常量中的一个。以下是对这 3 个静态常量的介绍。

MIN_PRIORITY：最小优先级，即 1。

NORM_PRIORITY：默认优先级，即 5。

MAX_PRIORITY：最大优先级，即 10。

【示例 15-4】下面将改变两个线程的优先级。代码如下：

```java
import java.io.*;
//创建 Persons 类，让其继承 Thread 类
class Persons extends Thread{
    public void run(){
        for(int i=0;i<5;i++){
            System.out.printf("Persons\n");
        }
    }
}
//创建 Students 类，让其继承 Thread 类
class Students extends Thread{
    public void run(){
        for(int i=0;i<5;i++){
            System.out.printf("Students\n");
        }
    }
}
public class test{
```

```
        public static void main(String[] args){
            //创建线程
            Persons t1=new Persons();
            Students t2=new Students();
            //设置线程的优先级
            t1.setPriority(1);
            t2.setPriority(10);
            //启动线程
            t1.start();
            t2.start();
        }
    }
```

在此代码中，创建了两个线程 t1 和 t2，然后对 t1 和 t2 的优先级进行了设置，t2 的优先级高于 t1，所以 t2 会优先执行。运行结果如下：

```
Students
Students
Students
Students
Students
Persons
Persons
Persons
Persons
Persons
```

可以使用 Thread 中的 getPriority()方法获取线程优先级，该方法的返回值是一个整型值，如以下代码：

```
import java.io.*;
class Persons extends Thread{
    public void run(){
        System.out.printf("Persons\n");
    }
}
public class test{
    public static void main(String[] args){
        Persons t=new Persons();
        System.out.printf("优先级为%d\n",t.getPriority());
        t.start();
    }
}
```

运行结果如下：

```
优先级为 5
Persons
```

15.3.3　线程并发和锁

并发是指在一段时间内同时做多个事情，比如在 13～14 点洗碗、洗衣服等。在具有多线程的程序中，多个线程都是并发执行的。本节将讲解并发带来的问题，以及如何解决并发问题等内容。

1. 并发的问题

当多个线程并发执行时，这些线程就会访问相同的内存空间。这样，很可能会导致数据丢失，如以下代码：

```java
import java.io.*;
//创建 ReadData 类，让其继承 Thread 类
class ReadData extends Thread {
    FileReader fr;
    char data[]=new char[100];
    public ReadData(FileReader fr){
        this.fr=fr;
    }
    public void run(){
        try{
            fr.read(data);
        }catch(IOException ioe){
        }
        for(char c:data){
            System.out.printf("%c\n",c);
        }
    }
}
//创建 WriteData 类，让其继承 Thread 类
class WriteData extends Thread {
    DataOutputStream out;
    public WriteData(DataOutputStream out){
        this.out=out;
    }
    public void run(){
        char c;
        for(int i=0;i<100;i++){
            c=(char)(Math.random()*26+'A');
            try{
             out.writeChar(c);
            }catch(IOException ioe){
            }
        }
    }
}
public class test{
    public static void main(String[] args) throws IOException{
        String name="E:\\test.txt";
        File file = new File(name);
        DataOutputStream out=new DataOutputStream(new FileOutputStream(file));
        WriteData t1=new WriteData(out);               //创建线程 t1
```

```
        FileReader fr=new FileReader(name);
        ReadData t2=new ReadData(fr);                          //创建线程 t2
        //启动线程
        t1.start();
        t2.start();
    }
}
```

在此代码中创建了两个线程，一个用于将数据写到文件中，另一个用于读取文件中的数据，由于线程并发执行，所以会导致在写入或读取数据时数据丢失。

2. 使用锁

为了解决并发带来的问题，需要使用到锁。在 Java 语言中，锁可以通过 synchronized 关键字实现。使用这个关键字实现的锁被称为同步锁。该关键字可以修饰某段代码。被修饰的代码在线程开始执行时会被锁定，其他线程不能执行该代码，直到当前线程完全解除锁定。

synchronized 关键字修饰的代码可以是 4 种。下面将依次进行讲解。

（1）修饰一个代码块：被修饰的代码块称为同步语句块，其作用范围是大括号括起来的部分，作用对象是调用这个代码块的对象。其语法形式如下：

```
synchronized(this){
    …
}
```

（2）修饰一个方法：被修饰的方法称为同步方法，其作用范围是整个方法，作用对象是调用这个方法的对象。其语法形式如下：

```
修饰符 synchronized 返回值类型 方法名(参数列表){
    …
}
```

（3）修饰一个静态方法：其作用范围是整个静态方法，作用对象是这个类的所有对象。其语法形式如下：

```
修饰符 synchronized static 返回值类型 方法名(参数列表){
    …
}
```

（4）修饰一个类：其作用范围是 synchronized 后面括号括起来的部分，作用对象是这个类的所有对象。其语法形式如下：

```
synchronized(类名.class){
    …
}
```

【示例 15-5】下面将在多线程中添加同步锁。代码如下：

```
import java.io.*;
//创建 Assets 类
class Assets{
    int amount=0;
    //计算总资产的同时实现同步锁
    public synchronized void income(int amount){
        this.amount += amount;
    }
    //计算总资产的同时实现同步锁
```

```java
    public synchronized void pay(int amount){
        this.amount -= amount;
    }
    //获取总资产
    public int getAmount(){
        return amount;
    }
}
//创建 AmountInCome 类，让其继承 Thread 类
class AmountInCome extends Thread{
    Assets a;
    int amount=0;
    public AmountInCome(Assets a){
        this.a=a;
    }
    public void run(){
        for(int i=1;i<6;i++){
            amount=(int)(Math.random()*1000);
            a.income(amount);
            System.out.printf("第%d 笔收入后，总资产为%d\n",i,a.getAmount());
        }
    }
}
//创建 AmountPay 类，让其继承 Thread 类
class AmountPay extends Thread{
    Assets a;
    int amount=0;
    public AmountPay(Assets a){
        this.a=a;
    }
    public void run(){
        for(int i=1;i<6;i++){
            amount=(int)(Math.random()*1000);
            a.pay(amount);
            System.out.printf("第%d 笔支出后，总资产为%d\n",i,a.getAmount());
        }
    }
}
public class test{
    public static void main(String[] args) {
        Assets a=new Assets();
        //创建线程
        AmountInCome t1=new AmountInCome(a);
        AmountPay t2=new AmountPay(a);
        //启动线程
        t1.start();
        t2.start();
    }
}
```

在此代码中，Assets 类的 income()方法和 pay()方法被 synchronized 关键字进行了修饰，这时 Java 将为 Assets 类的对象设置一个锁。调用 Assets 类的 income()方法或 pay()方法的线程会获得这个锁，然后进入 synchronized 修饰的代码块，其他线程将不能再调用这些方法，直到 Assets 类的对象被解锁。

运行结果如下：

```
第 1 笔收入后，总资产为 527
第 2 笔收入后，总资产为 1388
第 3 笔收入后，总资产为 1628
第 4 笔收入后，总资产为 2555
第 5 笔收入后，总资产为 2720
第 1 笔支出后，总资产为 2715
第 2 笔支出后，总资产为 2013
第 3 笔支出后，总资产为 1459
第 4 笔支出后，总资产为 621
第 5 笔支出后，总资产为-225
```

3. 防止死锁

在上文中讲解了 synchronized 关键字实现的锁。调用被 synchronized 修饰的代码块，会获得一个锁，除非这个锁被解除，否则其他线程都不能进行访问。所以，一个线程可能在等待一个对象，而这个对象又在等待另一个对象，依次类推。这就造成了都想得到资源却又都得不到，线程不能继续运行的结果，这就是死锁。

在日常生活中，也会遇到死锁，如 A 和 B 两个人正准备吃饭，此时餐桌上只有一双筷子，A 拿起了一支筷子，他只需要等待拿另一支筷子就可以吃饭了，但这时 B 也拿起了一支筷子，也在等待拿另一支筷子，此时就进入了一个死锁状态，谁也不能进行下一步，即吃饭。导致死锁的原因在于 A 和 B 在等待另一支筷子时都占用了一支筷子。

在 Java 中，要防止死锁，应确保在获取多个锁时，在所有的线程中都以相同的顺序获取锁；在释放锁时，要按加锁的反序释放锁。

15.3.4　线程交互

在很多情况下，当某个线程进入 synchronized 关键字修饰的代码块后，共享数据的状态并不满足它的需求，此时它要等待其他线程将共享数据的状态改变为它所需要的。但是有时它占用了对象的锁，其他线程是无法对共享数据进行操作的。为了解决这一问题，Java 提供了 3 个方法，分别为 wait()、notify()和 notifyAll()。这 3 个方法可以实现线程之间的交互，它们是 Object 类的方法。下面将依次讲解这 3 个方法。

1. wait()方法

该方法会通知当前线程进入睡眠状态，直到其他线程调用 notify()方法唤醒它。在睡眠之前，线程会释放掉所占有的锁标志。这样，其占用的 synchronized 代码块就可以被其他线程使用了。

2. notify()

该方法会唤醒在该 synchronized 代码块中第一个调用 wait()方法的线程（第一个进入睡眠状态的线程）。这时，该线程会从线程等待池状态进入锁标志等待池中，因为该线程没有立刻获取锁。

3. notifyAll()

该方法和 notify()方法一样，也是唤醒调用 wait()方法的线程，只不过该方法是唤醒所有调用 wait()方法的线程。

【示例 15-6】下面将实现线程之间的交互。代码如下：

```java
import java.io.*;
//创建一个 MyStack 类
class MyStack{
    int idx=0;
    char[] data=new char[6];
    //进栈的同时实现同步锁
    public synchronized void push(char c){
        this.notify();
        data[idx]=c;
        idx++;
    }
    //出栈的同时实现同步锁
    public synchronized char pop(){
        while(data.length==0){
            try{
                this.wait();
            }catch(InterruptedException e){
            }
        }
        idx--;
        return data[idx];
    }
    public int getIdx(){
        return idx;
    }
}
//创建 PushClass 类，让其继承 Thread 类
class PushClass extends Thread{
    MyStack s;
    char c;
    public PushClass(MyStack s){
        this.s=s;
    }
    public void run(){
        //遍历实现进栈
        for(int i=0;i<100;i++){
```

```
                    if(s.getIdx()<5){
                        c=(char)(Math.random()*26+'A');
                        s.push(c);
                        System.out.printf("进栈字符%c\n",c);
                        try{
                            Thread.sleep(300);
                        }catch(InterruptedException e){
                        }
                    }
                }
            }
    }
//创建 PopClass 类，让其继承 Thread 类
class PopClass extends Thread{
    MyStack s;
    char c;
    public PopClass(MyStack s){
        this.s=s;
    }
    public void run(){
        //遍历实现出栈
        for(int i=0;i<5;i++){
            if(s.getIdx()>0){
                c=s.pop();
                System.out.printf("出栈字符%c\n",c);
                try{
                    Thread.sleep(300);
                }catch(InterruptedException e){
                }
            }
        }
    }
}
public class test{
    public static void main(String[] args) {
        MyStack s=new MyStack();
        //创建并启动线程 push1
        PushClass push1=new PushClass(s);
        push1.start();
        //创建并启动线程 push2
        PushClass push2=new PushClass(s);
        push2.start();
        //创建并启动线程 pop1
        PopClass pop1=new PopClass(s);
        pop1.start();
        //创建并启动线程 pop2
        PopClass pop2=new PopClass(s);
        pop2.start();
```

```
        }
    }
```

在此代码中，首先创建了一个堆栈 MyStack，然后创建了两个基于线程的类 PushClass 和 PopClass。其中，PushClass 类会向堆栈中压入数据，PopClass 类会从堆栈中弹出数据。MyStack 类的 pop() 方法中添加了一个 wait() 方法。这样，当线程的等待被中断时，如果堆栈中仍然为空，则需要继续等待。它确保了在线程执行出栈操作时堆栈中是有数据的。运行结果如下：

```
进栈字符 R
进栈字符 E
出栈字符 E
出栈字符 R
进栈字符 D
进栈字符 P
出栈字符 P
出栈字符 D
进栈字符 L
进栈字符 R
出栈字符 R
出栈字符 L
进栈字符 Y
进栈字符 R
出栈字符 R
出栈字符 Y
进栈字符 C
进栈字符 N
出栈字符 N
出栈字符 C
进栈字符 F
进栈字符 N
进栈字符 H
进栈字符 D
进栈字符 S
```

15.3.5　改变线程状态

线程一旦被创建，就开启了它的生命周期。这个生命周期会在它死亡的瞬间结束。线程在整个生命周期中会处于不同的状态。

1. 线程状态

在 Java 中，线程有 5 种状态，分别为新建状态、就绪状态、运行状态、阻塞状态和死亡状态。下面将依次讲解这 5 种状态。

新建状态（New）：线程刚被创建时所处的状态。

就绪状态（Runnable）：一旦处于该状态，说明此线程已经做好了准备，等待获取 CPU 权限。由于此时没有获取 CPU 权限，所以线程不会被执行。

运行状态（Running）：线程运行时所处的状态。

阻塞状态（Blocked）：运行的线程现在不能继续运行，则处于该状态。

死亡状态（Dead）：结束整个生命周期。

2.　改变状态

线程会依据条件，从一种状态进入另一种状态；也可以使用线程的调度方法改变状态，如图 15.3 所示。下面将详细进行讲解。

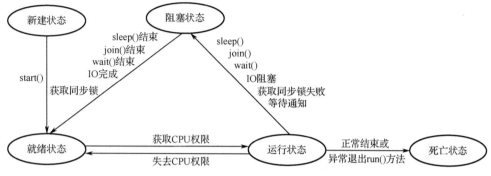

图 15.3　状态的改变

（1）新建状态：调用线程类的构造方法，创建一个线程。此时线程处于新建状态。

（2）就绪状态：对新建的线程使用 start()方法，线程从新建状态进入就绪状态。

（3）运行状态：处于就绪状态的线程获取了 CPU 权限后，会进入运行状态。进入运行状态后，线程的状态会有 3 种变迁方式。

① 如果线程正常结束或异常退出 run()方法，会进入死亡状态。

② 如果当前线程失去了 CPU 权限，会进入就绪状态。

③ 如果发生以下情况，线程进入阻塞状态。

线程调用了 sleep()、join()或 wait()方法；

线程调用一个阻塞式 IO 方法，在该方法返回之前，该线程会进入阻塞状态；

线程获取 synchronized 同步锁失败（如锁被其他线程所占用），会进入阻塞状态；

线程在等待某个通知（notify）。

（4）阻塞状态：线程进入阻塞状态后，遇到以下 4 种情况就由阻塞状态进入就绪状态。

① 如果线程是调用 sleep()方法进入的阻塞状态，当睡眠时间到后，会进入就绪状态。

② 如果线程是调用 join()方法进入的阻塞状态，当线程减少或等待时间到时，会进入就绪状态。

③ 如果线程是调用一个阻塞式 IO 方法进入的阻塞状态，当该方法返回后，会进入就绪状态。

④ 如果线程是获取 synchronized 同步锁失败进入的阻塞状态，当该线程获取同步锁后，会进入就绪状态。

15.3.6　线程组

在 Java 中，每个线程都有它所属的线程组。本节将讲解什么是线程组、如何创建和使用线程组等内容。

1. 线程组的概念

所谓线程组就是线程的集合，在线程组中可以包含线程和其他线程组，如图 15.4 所示。

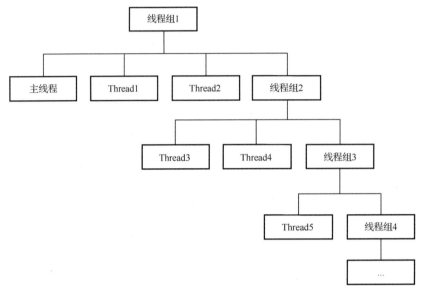

图 15.4　线程组

注意：在 Java 中，线程组是由 java.lang 包中的 ThreadGroup 类实现的。

2. 创建线程组

使用线程组可以对线程进行批量管理。要使用线程组，首先需要创建线程组，即对 ThreadGroup 类进行实例化。实例化 ThreadGroup 类有两种形式。其语法形式如下：

```
ThreadGroup 线程组对象=new ThreadGroup(线程组的名称);
ThreadGroup 线程组对象=new ThreadGroup(父线程组,线程组的名称);
```

其中，"线程组的名称"是一个字符串。

如果要在指定的线程组中创建一个线程，可以使用以下 3 个语法形式。

```
Thread 线程对象=new Thread(线程组对象,类的对象);
Thread 线程对象=new Thread(线程组对象,类的对象,线程的名称);
Thread 线程对象=new Thread(线程组对象,线程的名称);
```

其中，"类的对象"是实现 Runnable 接口的类的对象；"线程的名称"是一个字符串。

【示例 15-7】下面将创建一个名称为 One Group of Thread 的线程组，然后在此线程组中创建一个线程。代码如下：

```
public class test{
    public static void main(String[] args) {
        ThreadGroup group=new ThreadGroup("One Group of Thread");    //创建线程组 group
        Thread t=new Thread(group,"myThread");                       //在线程组 group 中创建线程
    }
}
```

3. 使用线程组

在创建好线程组之后，就可以使用线程组了。可以批量设置线程组中的线程。ThreadGroup

类提供了多个操作线程组的方法。其中，常用方法如表 15.2 所示。

表 15.2　ThreadGroup 类的常用方法

方 法 名	功 能
activeCount()	返回线程组及其子组中的活动线程数
activeGroupCount()	获取线程组及其子组中的活动组数
enumerate(Thread)	将线程组及其子组中的每个活动线程复制到指定的数组中
getName()	获取线程组的名称
getParent()	获取线程组的父线程组
getMaxPriority()	获取线程组的最大优先级
setMaxPriority(int pri)	设置线程组的最大优先级
interrupt()	中断线程组中的所有线程
list()	显示有关此线程组的信息
toString()	返回线程组的字符串表示形式

【示例 15-8】下面将使用表 15.2 中的方法对线程组进行一些基本操作。代码如下：

```java
import java.io.*;
public class test{
    public static void main(String[] args){
        ThreadGroup parentGroup=new ThreadGroup("One Group of Thread");  //创建线程组 parentGroup
        //在线程组 parentGroup 中创建线程组 group
        ThreadGroup group=new ThreadGroup(parentGroup,"Two Group of Thread");
        //在线程组 group 中创建线程 t1、t2、t3
        Thread t1=new Thread(group,"oneThread");
        Thread t2=new Thread(group,"twoThread");
        Thread t3=new Thread(group,"threeThread");
        //启动线程 t1、t2
        t1.start();
        t2.start();
        //输出线程组的相关内容
        System.out.printf("parent 为%s\n",group.getParent().toString());
        System.out.printf("Name 为%s\n",group.getName());
        System.out.printf("activeCount 为%d\n",group.activeCount());
    }
}
```

运行结果如下：

```
parent 为java.lang.ThreadGroup[name=One Group of Thread,maxpri=10]
Name 为Two Group of Thread
activeCount 为2
```

15.4　小　结

通过对本章的学习，读者需要知道以下内容。

❑ 在 Java 体系中，一个线程指的是进程中的一个顺序单一的控制流。

□ 在 Java 体系中，线程模型由虚拟 CPU、执行代码和操作数据封装而成。

□ 线程模型通过 java.lang 包中的 Thread 类进行描述和声明。

□ 如果自定义的线程类还要继承其他类，需要使用实现 Runnable 接口的方式。

□ 操作线程包括基本操作 (获取线程名称、中断线程、获取当前正在执行的线程等)、设置线程优先级、线程并发和锁、线程交互、改变线程状态、线程组的相关操作等。

15.5 习　　题

一、填空题

1. 创建线程的两种方式分别为_____和_____。

2. 在 Java 中，线程之间的交互可以使用_____、_____和 notifyAll()方法。

3. 在 Java 体系中，一个线程指的是进程中的_____顺序单一的控制流。

4. 在 Java 体系中，线程模型就是虚拟 CPU、执行_____和操作_____的封装体。

二、选择题

1. 下列说法正确的是（　　）。

　　A. 在进程中可以有 1 个或多个线程存在

　　B. 在线程中可以有 1 个或多个进程存在

　　C. 线程是程序的依次动态执行过程

　　D. 如果程序不创建线程对象，那么系统不会存在线程

2. 线程模型封装的内容为（　　）。

　　A. 虚拟 CPU　　　　　　　　　　　　B. 虚拟 CPU、执行代码

　　C. 执行代码　　　　　　　　　　　　D. 虚拟 CPU、执行代码和操作数据

三、简答题

简述 Java 中线程的状态分为哪 5 种。

四、编程题

1. 在下面横线处填上适当的代码，实现使用 Runnable 接口来创建线程。

```
import java.io.*;
class Hello implements ____{
    int age=0;
    public void run(){
        for(int i=0;i<5;i++){
            System.out.printf("Hello\n");
        }
    }
}
public class test{
    public static void main(String[] args) {
        Thread t1=____

        ____
```

```
        }
    }
```

2. 在下面横线处填上适当的代码，将线程的优先级设置为 10，并输出优先级。

```
import java.io.*;
public class test{
    public static void main(String[] args) {
        Thread t1=new Thread();
        t1.____;
        System.out.printf("当前线程的优先级为%d",_____);
        t1.start();
    }
}
```

第 16 章　图形用户界面

图形用户界面简称 GUI，是用户与计算机之间进行交互的图形化操作界面，由于该界面比较直观，所以更容易用户接受。在 Java 中主要通过 AWT 和 Swing 对图形用户界面进行设计。本章将讲解如何使用这两个包设计图形用户界面。

16.1　基 本 概 念

一般一个图形用户界面的程序由 3 个部分组成，分别为组件、布局管理和事件处理。本节将详细介绍这 3 个部分。

16.1.1　组件

组件是图形用户界面的基本部分，又称部件或控件，用来和用户进行交互。常量的组件有按钮、文本框、滚动条等。组件必须放在容器中才可以显示出来，不可以独立显示。容器是用来放置组件和其他容器的，就像一个篮子，而组件就是篮子中的物件。

注意：容器其实也是组件的一种，为了区分容器和按钮、文本框等组件，可将容器称为容器组件，将按钮、文本框等组件称为基本组件。

16.1.2　布局管理

在图形用户界面的程序中，至关重要的环节就是布局管理。所谓布局管理，就是对放置在容器中的组件的位置和大小进行管理。Java 针对布局管理提供了一套解决方案——布局管理器。每个容器中都有一个布局管理器，当容器需要对组件进行定位或判断其大小时，就会调用布局管理器。通过布局管理器生成的可以是与平台无关的图形用户界面。

16.1.3　事件处理

在讲解事件处理之前，应首先了解什么是事件，事件就是一个可视化组件的状态发生了变化。例如，当按下按键时，此时按键的状态就发生了改变，那么此时就会产生一个事件。所谓事件处理，就是对事件进行的响应，如按下按键，录制声音，抬起按键，停止录制。

16.2　AWT 界面设计

AWT 被称为抽象窗口工具包，是 Java 最早的用于编写图形用户界面应用程序的开发包。本节将讲解使用 AWT 对图形用户界面进行设计。

16.2.1　AWT 的 Java 体系

AWT 由 Java 的 java.awt 包提供。java.awt 包中的核心类是 Component 抽象类，它是很多组件类的父类，一般在编程中用到的都是 Component 类的子类。Component 类中封装了很多组件通用的方法和属性，如组件大小、显示位置、前景色、边界等。

16.2.2　AWT 常用容器

在 AWT 中，容器都是由 Container 类或它的子类实现的。Container 类是 Component 类的一个子类，包含 3 种类型的容器，分别为 Window、Panel 和 ScrollPane。其中，Window 类型的容器独立于其他容器而存在，其中又包含了 Frame 和 Dialog 子容器。Panel 类型的容器是一种透明的容器，没有标题和边框，其中又包含 Applet 子容器。ScrollPane 类型与 Panel 类型的容器一样，只是多了一个滚动条，可以进行滚动。体系结构如图 16.1 所示。

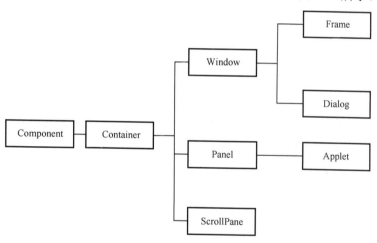

图 16.1　体系结构

AWT 中常用的容器有 3 个，分别为 Frame、Panel 和 Applet。下面将依次讲解这 3 个常用容器。

1.　Frame

Frame 又被称为窗口，一般作为 Java 应用程序的窗口。它的外观就像常在 Windows 系统下见到的窗口，有标题、边框、菜单、大小等属性。每个 Frame 在创建以后，都没有大小且不可见。程序员需要调用 setSize()方法设置大小；调用 setVisible()方法设置窗口是否可见。

注意：在 AWT 中一般要创建一个窗口，使用的都是 Window 类的子类 Frame，而不是直接调用 Window 类。

【示例 16-1】下面将显示一个窗口，窗口的标题为"第一个窗口"。代码如下：

```
import java.awt.*;
public class test{
```

```
    public static void main(String[] args) {
        Frame fr=new Frame("第一个窗口");
        fr.setSize(480,240);
        fr.setBackground(Color.yellow);
        fr.setVisible(true);
    }
}
```

运行结果如图 16.2 所示。

图 16.2　运行结果

此时生成的窗口，在单击右上方的"关闭"按钮时，也不会响应用户的操作，即不会关闭窗口。

注意： 图 16.2 是在 Windows 操作系统中显示的效果。如果是在其他操作系统中，显示效果就不同了，因为 AWT 在实际的运行过程中是调用所在平台的图像系统，因此同一段 AWT 程序在不同的操作系统平台中运行所展示的图像系统是不一样的。

2．Panel

Panel 又被称为面板，是一种透明的容器，没有标题和边框。它不能作为最外层的容器单独存在，需要将其作为一个组件放置在其他容器中。

【示例 16-2】 下面将在窗口中放置一个绿色的面板。代码如下：

```
import java.awt.*;
public class test{
    public static void main(String[] args) {
        Frame fr=new Frame("第一个窗口");
        fr.setSize(480,240);
        fr.setBackground(Color.yellow);
        fr.setLayout(null);
        Panel pan=new Panel();
        pan.setSize(240,120);
        pan.setBackground(Color.green);
        fr.add(pan);
        fr.setVisible(true);
    }
}
```

运行结果如图 16.3 所示。

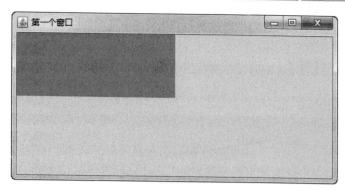

图 16.3　运行结果

3. Applet

Applet 被称为小程序窗口，一般作为 Java 小程序的窗口。它是 Panel 的一个子容器，所以它具备了 Panel 容器的特性，是一种透明的容器，没有标题和边框，也不可以作为最外层的容器单独存在，需要将其作为一个组件放置在其他容器中。

注意： Applet 是在网页中显示的，也可以通过添加 Panel 进行组件布局。

【示例 16-3】下面将在 Frame 中放置一个粉色的小程序窗口。代码如下：

```java
import java.awt.*;
import java.applet.*;
public class test{
    public static void main(String[] args) {
        Frame fr=new Frame("第一个窗口");
        fr.setSize(480,240);
        fr.setBackground(Color.yellow);
        fr.setLayout(null);
        Applet apt=new Applet();
        apt.setSize(200,200);
        apt.setBackground(Color.pink);
        fr.add(apt);
        fr.setVisible(true);
    }
}
```

运行结果如图 16.4 所示。

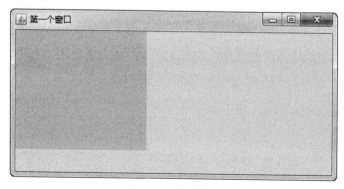

图 16.4　运行结果

注意：所有容器都可以使用 add()方法向容器中添加组件及其他容器。在示例 16-2 和示例 16-3 中就使用该方法为 Frame 添加了 Panel 和 Applet 容器，即将 Panel 和 Applet 容器放置在了 Frame 容器中。

16.2.3　布局管理器

Java 针对布局管理提供了一套解决方案，那就是布局管理器。在每个容器中都有一个默认的布局管理器，如果想修改这个管理器，可以使用 setLayout()方法。其语法形式如下：

容器对象.setLayout(布局管理器对象);

AWT 提供了 5 个布局管理器，分别为流布局管理器、边框布局管理器、网格布局管理器、卡片式布局管理器和网格袋布局管理器。下面将依次介绍这 5 个布局管理器。

1.　流布局管理器

FlowLayout 被称为流布局管理器，是 Panel 和 Applet 的默认布局管理器。在该布局管理器中，组件在容器中按照从上到下、从左到右的顺序进行排列，行满后则换行。

【示例 16-4】下面将在 Frame 中放置 8 个按钮，这 8 个按钮的布局管理需要通过 FlowLayout 实现。代码如下：

```java
import java.awt.*;
public class test{
    public static void main(String[] args) {
        Frame fr=new Frame("FlowLayout");
        fr.setSize(300,160);
        fr.setBackground(Color.yellow);
        Button b1=new Button("Button1");
        Button b2=new Button("Button2");
        Button b3=new Button("Button3");
        Button b4=new Button("Button4");
        Button b5=new Button("Button5");
        Button b6=new Button("Button6");
        Button b7=new Button("Button7");
        Button b8=new Button("Button8");
        fr.add(b1);
        fr.add(b2);
        fr.add(b3);
        fr.add(b4);
        fr.add(b5);
        fr.add(b6);
        fr.add(b7);
        fr.add(b8);
        fr.setLayout(new FlowLayout());
        fr.setVisible(true);
    }
}
```

运行结果如图 16.5 所示。

图 16.5　运行结果

此代码中使用了 FlowLayout 的默认对齐方式,即居中对齐。这个布局方式是可以改变的。其语法形式如下:

```
new FlowLayout(对齐方式);
```

其中,"对齐方式"指组件在放置到容器中之后是以何种方式对齐的。在 AWT 中提供了 5 种对齐方式,介绍如下。

LEFT:左对齐。

RIGHT:右对齐。

CENTER:居中对齐。

LEADING:每行组件应对齐到容器方向的开始边。例如,容器为从左向右的方向,此时组件与左边对齐。

TRAILING:每行组件应对齐到容器方向的结束边。例如,容器为从左向右的方向,此时组件与右边对齐。

在示例 16-4 中,组件之间的横向间隔和纵向间隔都使用了默认值,即 5 像素。这个像素是可以进行修改的。其语法形式如下:

```
new FlowLayout(对齐方式,横向间隔,纵向间隔);
```

其中,"对齐方式"为组件的对齐方式;"横向间隔"为组件之间的横向间隔,单位为像素;"纵向间隔"为组件之间的纵向间隔,单位为像素。

【示例 16-5】下面将在 Frame 中放置 5 个按钮,这 5 个按钮的布局管理需要通过 FlowLayout 实现,并将组件之间的间隔设置为 30 像素,组件的对齐方式设置为右对齐。代码如下:

```java
import java.awt.*;
public class test{
    public static void main(String[] args) {
        Frame fr=new Frame("FlowLayout");
        fr.setSize(300,160);
        fr.setBackground(Color.yellow);
        Button b1=new Button("Button1");
        Button b2=new Button("Button2");
        Button b3=new Button("Button3");
        Button b4=new Button("Button4");
        Button b5=new Button("Button5");
        fr.add(b1);
        fr.add(b2);
        fr.add(b3);
        fr.add(b4);
        fr.add(b5);
        fr.setLayout(new FlowLayout(FlowLayout.RIGHT,30,30));
```

```
            fr.setVisible(true);
        }
}
```

运行结果如图 16.6 所示。

注意：当容器的大小发生变化时，用 FlowLayout 管理的组件也会发生变化，变化规律如下：组件的大小不变，但是相对位置发生变化。例如，以示例 16-5 为基础，如果将容器的大小变为 100，高度变为 400，此时容器的宽度刚好放下一个按钮，第二个按钮就会折到第二行，第三个按钮则会折到第三行，依次类推，如图 16.7 所示。

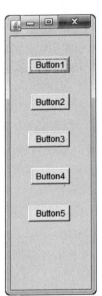

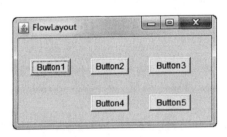

图 16.6　运行结果　　　　　　　　　　图 16.7　容器改变

2. 边框布局管理器

BorderLayout 被称为边框布局管理器，是 Window、Frame 和 Dialog 的默认布局管理器。该布局管理器可将容器分为 5 个区域，分别为 North、South、East、West 和 Center，如图 16.8 所示。每个区域中可以放置一个组件。

North		
West	Center	East
South		

图 16.8　边框布局管理器

当向使用 BorderLayout 的容器中添加组件时，需要指定组件要添加到哪个区域中。其语法形式如下：

```
容器对象.add(区域,组件对象);
```

其中，"区域"是 North、South、East、West 和 Center 其中的一个，该参数是一个字符串。如果没有指定组件添加到哪个区域，默认添加到 Center 区域。

【示例 16-6】下面将在 Frame 中放置 5 个按钮，这 5 个按钮的布局管理需要通过 BorderLayout 实现。代码如下：

```java
import java.awt.*;
public class test{
    public static void main(String[] args) {
        Frame fr=new Frame("BorderLayout");
        fr.setSize(300,300);
        Button b1=new Button("North");
        Button b2=new Button("South");
        Button b3=new Button("East");
        Button b4=new Button("West");
        Button b5=new Button("Center");
        fr.add("North",b1);
        fr.add("South",b2);
        fr.add("East",b3);
        fr.add("West",b4);
        fr.add("Center",b5);
        fr.setVisible(true);
    }
}
```

运行结果如图 16.9 所示。

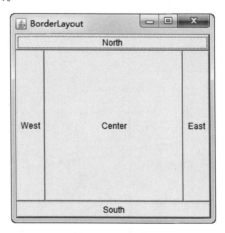

图 16.9　运行结果

注意：当使用 BorderLayout 时，每个区域的组件都会尽量去占据整个区域，所以中间的按钮比较大。

不一定所有区域都有组件，如果 North、South、East、West 区域没有组件，则用 Center 区域补充，如图 16.10 所示；如果 Center 区域没有组件，则用空白补充，如图 16.11 所示。

图 16.10　North 区域没有组件

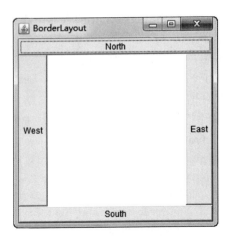

图 16.11　Center 区域没有组件

当容器的大小发生变化时，用 BorderLayout 管理的组件也会发生变化，变化规律如下：组件的相对位置不变，大小发生改变。例如，如果容器变高了，则 North、South 区域的组件不变，East、West 和 Center 区域的组件变高，以示例 16-6 为基础，将容器的高度变为 500，此时运行结果如图 16.12 所示，这时，East、West 和 Center 区域的按钮与之前相比变高了。如果容器变宽了，West、East 区域的组件不变，North、South 和 Center 区域的组件变宽，以示例 16-6 为基础，将容器的宽度变为 500，此时运行结果如图 16.13 所示，这时，North、South 和 Center 区域的按钮与之前相比变宽了。

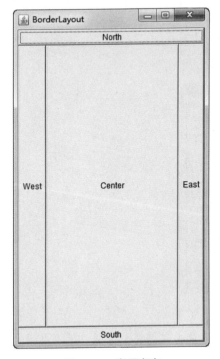

图 16.12　容器变高

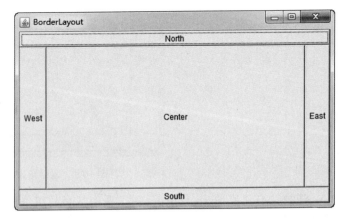

图 16.13　容器变宽

可以看出，组件与组件的横向和纵向间隔为 0。如果想修改这个间隔，语法形式如下：
new BorderLayout(横向间隔,纵向间隔);

以示例 16-6 为基础，如果将组件与组件的横向和纵向间隔改为 20，运行结果如图 16.14 所示。

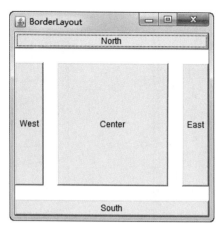

图 16.14　设置间隔

3. 网格布局管理器

GridLayout 被称为网格布局管理器，可使容器中的各个组件呈网格状布局，平均占据容器的空间，即使容器的大小发生变化，每个组件还是平均占据容器的空间。和 FlowLayout 一样，GridLayout 中的组件也是按照从上到下、从左到右的规律进行排列的。

【示例 16-7】下面将在 Frame 中放置 6 个按钮，这 6 个按钮的布局管理需要通过 GridLayout 实现。代码如下：

```java
import java.awt.*;
public class test{
    public static void main(String[] args) {
        Frame fr=new Frame("GridLayout");
        fr.setSize(300,300);
        Button b1=new Button("One");
        Button b2=new Button("Two");
        Button b3=new Button("Three");
        Button b4=new Button("Four");
        Button b5=new Button("Five");
        Button b6=new Button("Six");
        fr.add(b1);
        fr.add(b2);
        fr.add(b3);
        fr.add(b4);
        fr.add(b5);
        fr.add(b6);
        fr.setLayout(new GridLayout(3,2));
        fr.setVisible(true);
    }
}
```

运行结果如图 16.15 所示。

可以看出，组件与组件的横向和纵向间隔为 0。如果想修改这个间隔，语法形式如下：

new GridLayout(行数,列数,横向间隔,纵向间隔);

以示例 16-7 为基础，如果将组件的横向和纵向间隔改为 20，运行结果如图 16.16 所示。

图 16.15　运行结果

图 16.16　设置间隔后的结果

4. 卡片式布局管理器

读者对于选项卡这个概念可能不陌生，就是在一个窗口中可以切换显示多页不同的内容，但同一时间只能其中的某页可见，这样的一个个页面就是选项卡。CardLayout 就是这样一个类似选项卡的布局管理器，它被称为卡片式布局管理器，能够让多个组件共享同一个显示空间，共享空间的组件之间的关系就像重叠在一起的一副扑克牌，起初只可以看到最上面的一张牌，即组件重叠在一起，显示该空间中的第一个组件，程序员可通过 CardLayout 提供的方法切换该空间中显示的组件。这些方法如表 16.1 所示。

表 16.1　CardLayout的方法

方　法　名	功　　能
next()	显示指定容器的下一张卡片。如果当前的可见卡片是最后一张，则显示布局的第一张卡片
previous()	显示指定容器的上一张卡片
first()	显示第一张卡片
last()	显示最后一张卡片
show()	显示指定名称的卡片

【示例 16-8】下面将在 Frame 中放置一个面板，然后在面板中放置两个按钮，这两个按钮的布局管理需要通过 CardLayout 实现。代码如下：

```
import java.awt.*;
import java.awt.event.*;
class TestCardLayout implements ActionListener{
    Frame fr;
    Panel p1,p2;
    CardLayout cLayout=new CardLayout();
    public void create(){
        p1=new Panel();
        p1.setBackground(Color.pink);
        p2=new Panel();
```

```
        p2.setBackground(Color.cyan);
        Button b1=new Button("第一个按钮");
        Button b2=new Button("第二个按钮");
        fr=new Frame("CardLayout");
        p1.add(b1);
        b1.addActionListener(this);
        p2.add(b2);
        b2.addActionListener(this);
        fr.setLayout(cLayout);
        fr.add(p1,"第一层");
        fr.add(p2,"第二层");
        fr.setSize(300, 120);
        fr.setVisible(true);
    }
    public void actionPerformed(ActionEvent e){
        cLayout.next(fr);
    }
}


public class test{
    public static void main(String[] args) {
        TestCardLayout tcy=new TestCardLayout();
        tcy.create();
    }
}
```

运行结果如图 16.17 所示。单击"第一个按钮"后显示"第二个按钮"，如图 16.18 所示。

图 16.17　运行结果（单击前）

图 16.18　运行结果（单击后）

注意： 此代码中使用到了事件监听及事件处理，这些内容会在后面进行介绍。

5. 网格袋布局管理器

GridBagLayout 被称为网格袋布局管理器，是 GridLayout 的升级版，比 GridLayout 灵活，允许网格大小互不相同（一个格子可以纵向或横向跨越多个格子的长度），当窗口伸缩时里面的组件也会跟着一起伸缩。

注意： 在 GridBagLayout 中，需要使用 GridBagConstraints 类来为每个组件实现约束。

【示例 16-9】 下面将在 Frame 中放置 10 个按钮，这 10 个按钮的布局管理需要通过 GridBagLayout 实现。代码如下：

```
import java.awt.*;
class TestGridBagLayout{
    Frame f = new Frame("GridBagLayout Test");
    GridBagLayout gbl = new GridBagLayout();
```

```
        GridBagConstraints gbc = new GridBagConstraints();
        Button[] btns = new Button[10];
        void addButton(Button btn) {
            gbl.setConstraints(btn, gbc);
            f.add(btn);
        }
        public void create() {
            for (int i = 0; i < 10; i++) {
                btns[i] = new Button("button" + i);
            }
            f.setLayout(gbl);
            gbc.fill = GridBagConstraints.BOTH;
            gbc.weighty = 1;
            gbc.weightx = 1;
            addButton(btns[0]);
            addButton(btns[1]);
            addButton(btns[2]);
            gbc.gridwidth = GridBagConstraints.REMAINDER;
            addButton(btns[3]);
            addButton(btns[4]);
            gbc.gridwidth = 2;
            gbc.weightx = 1;
            addButton(btns[5]);
            gbc.gridwidth = GridBagConstraints.REMAINDER;
            addButton(btns[6]);
            gbc.gridheight = 2;
            gbc.gridwidth = 1;
            gbc.weightx = 1;
            addButton(btns[7]);
            gbc.gridwidth = GridBagConstraints.REMAINDER;
            gbc.gridheight = 1;
            gbc.weightx = 3;
            addButton(btns[8]);
            addButton(btns[9]);
            f.setSize(400,200);
            f.setVisible(true);
        }
    }
    public class test{
        public static void main(String[] args) {
            TestGridBagLayout tgbl=new TestGridBagLayout();
            tgbl.create();
        }
    }
```

运行结果如图 16.19 所示。

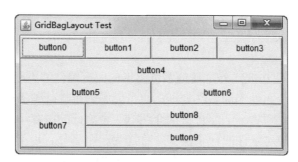

图 16.19　运行结果

16.2.4　容器嵌套

在复杂的图形用户界面中，为了使布局便于管理，可以在容器中再添加容器，这样就形成了容器的嵌套。

【示例 16-10】下面将在 Frame 容器中添加 Panel 容器。代码如下：

```
import java.awt.*;
public class test{
    public static void main(String[] args) {
        Frame f=new Frame("Nesting");
        Label lb=new Label("File Area");
        lb.setAlignment(1);
        Button b1=new Button("Open");
        f.add("Center",lb);
        f.add("West",b1);
        Panel p=new Panel();
        p.setLayout(new BorderLayout());
        f.add("North",p);
        Button b2=new Button("Choose File");
        p.add("North",b2);
        f.setSize(400,200);
        f.setVisible(true);
    }
}
```

运行结果如图 16.20 所示。

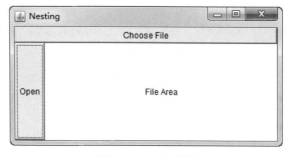

图 16.20　运行结果

16.2.5　AWT 事件处理模型

在上文中，除了示例 16-8 之外，其他示例实现的所有组件都不能够响应用户的操作，要实现响应，就需要为各个组件添加事件处理。一个完整的事件处理需要包含 3 个部分，分别为事件、事件源和事件处理者。下面将依次介绍这 3 个部分的内容。

事件（Event）：用户对组件的一个操作，称之为一个事件，以类的形式出现，如键盘操作对应的事件类是 KeyEvent。其实例在该事件发生时由系统自动产生。

事件源（Event Source）：事件发生的场所，通常就是各个组件，如按钮（Button）。

事件处理者（Event Handler）：接收事件对象并对其进行处理的类的对象。

AWT 提供了 11 个事件类，分别为动作事件类、调节事件类、组件事件类、容器事件类、焦点事件类、输入事件类、项目事件类、键盘事件类、鼠标事件类、文本事件类和窗口事件类。这些都派生自 java.awt.AWTEvent 类，下面将依次介绍这些类。

1. 动作事件类

ActionEvent 被称为动作事件。当一个按键被按下、列表框中的某项被选中或某个菜单项被选中时，都会触发该事件。该类常用的构造方法有两个，语法形式如下：

```
new ActionEvent(事件源对象,事件类型,字符串命令);
new ActionEvent(事件源对象,事件类型,字符串命令,被按下的键);
```

其中：

"事件源对象"为事件所发生的场所。它是一个 Object 对象。

"事件类型"为标识事件的整数。

"字符串命令"为一个字符串，可以用来指定与事件相关的命令。可以通过 getActionCommand()方法获取这个字符串。

"被按下的键"为在事件发生时，所按下的修改键。该参数是一个整数，ActionEvent 类为该参数提供了 4 个整型常量，下面依次进行介绍。

ALT_MASK：按下 Alt 键。

CTRL_MASK：按下 Ctrl 键。

META_MASK：按下 Meta 键。

SHIFT_MASK：按下 Shift 键。

注意：可以通过 getModifiers()方法获取被按下的修改键。

2. 调节事件类

AdjustmentEvent 被称为调节事件。当在滚动条上滚动滑块时会触发该事件。调节事件有5 种类型。AdjustmentEvent 类中定义了表示它们的整型常量。

BLOCK_DECREMENT：滚动条内部被单击后的减少值。

TRACK：滑块被拖动。

BLOCK_INCREMENT：滚动条内部被单击后的增加值。

UNIT_DECREMENT：滚动条左端的按钮被单击后的减少值。

UNIT_INCREMENT：滚动条右端的按钮被单击后的增加值。

AdjustmentEvent 类提供了两个构造方法，语法形式如下：

new AdjustmentEvent(事件源对象,事件类型,调节类型,当前值);

new AdjustmentEvent(事件源对象,事件类型,调节类型,当前值,改变是否已发生);

其中：

"事件源对象"为事件所发生的场所。它是一个实现 Adjustable 接口的对象。

"事件类型"为标识事件的整数。这个整数是 ADJUSTMENT_VALUE_CHANGED 常量。

"调节类型"为标识调节类型的整数。它可以是 BLOCK_DECREMENT、TRACK、BLOCK_INCREMENT、UNIT_DECREMENT、UNIT_INCREMENT 这 5 个常量中的一个。可以通过 getAdjustmentType()方法获取调节类型。

"当前值"为调节的当前值。可以通过 getValue()方法获取当前值。

"改变是否已发生"是一个布尔类型的值。如果为 true，表示改变已发生；反之，则表示没有发生。

3. 组件事件类

ComponentEvent 被称为组件事件。当组件的尺寸、位置或可视性发生改变时会触发该事件。该类提供了一个构造方法，语法形式如下：

new ComponentEvent(事件源对象,事件类型);

其中：

"事件源对象"为事件所发生的场所。它是一个 Component 对象。

"事件类型"为标识事件的整数。ComponentEvent 类为该参数提供了 4 个整型常量，下面依次进行介绍。

COMPONENT_HIDDEN：组件被隐藏。

COMPONENT_MOVED：组件被移动。

COMPONENT_RESIZED：组件被改变大小。

COMPONENT_SHOWN：组件被显示。

注意：ComponentEvent 类是 ContainerEvent、FocusEvent、KeyEvent、MouseEvent 和 WindowEvent 类的父类。

4. 容器事件类

ContainerEvent 被称为容器事件。当在容器中添加或删除组件时触发该事件。该类提供了一个构造方法，语法形式如下：

new ContainerEvent(事件源对象,事件类型,组件对象);

其中：

"事件源对象"为事件所发生的场所。它是一个 Component 对象。

"事件类型"为标识事件的整数。ContainerEvent 类为该参数提供了两个整型常量，下面依次进行介绍。

COMPONENT_ADDED：向容器中添加组件。

COMPONENT_REMOVED：删除容器中的组件。

"组件对象"为添加或删除的组件。可以使用 getChild()方法获取添加或删除的组件。

5. 焦点事件类

FocusEvent 被称为焦点事件。当组件在获取或失去焦点时触发该事件。该类常用的构造方法有两个，语法形式如下：

> new FocusEvent(事件源对象,事件类型);
> new FocusEvent(事件源对象,事件类型,是否是暂时的);

其中：

"事件源对象"为事件所发生的场所。它是一个 Component 对象。

"事件类型"为标识事件的整数。FocusEvent 类为该参数提供了两个整型常量，下面依次进行介绍。

FOCUS_GAINED：组件获取焦点。

FOCUS_LOST：组件失去焦点。

"是否是暂时的"表示如果焦点的改变是暂时的，那么需要将该参数设置为 true，反之设置为 false。如果想知道焦点的改变是否是暂时的，可以使用 isTemporary()方法。

6. 输入事件类

InputEvent 被称为输入事件。该类是一个抽象类，是 ComponentEvent 类的子类，同时是组件输入事件的父类。它的子类包括 KeyEvent 和 MouseEvent 这两个类。InputEvent 类定义了 16 个整型常量，它们被用来获得任何和这个事件相关的修饰符的信息。

ALT_DOWN_MASK：Alt 键扩展修饰符常量。

ALT_GRAPH_DOWN_MASK：AltGraph 键扩展修饰符常量。

ALT_GRAPH_MASK：AltGraph 修饰符常量。

ALT_MASK：Alt 键修饰符常量。

BUTTON1_DOWN_MASK：Mouse Button1 扩展修饰符常量。

BUTTON1_MASK：Mouse Button1 修饰符常量。

BUTTON2_DOWN_MASK：Mouse Button 2 扩展修饰符常量。

BUTTON2_MASK：Mouse Button 2 修饰符常量。

BUTTON3_DOWN_MASK：Mouse Button 3 扩展修饰符常量。

BUTTON3_MASK：Mouse Button 3 修饰符常量。

CTRL_DOWN_MASK：Ctrl 键扩展修饰符常量。

CTRL_MASK：Ctrl 键修饰符常量。

META_DOWN_MASK：Meta 键扩展修饰符常量。

META_MASK：Meta 键修饰符常量。

SHIFT_DOWN_MASK：Shift 键扩展修饰符常量。

SHIFT_MASK：Shift 键修饰符常量。

InputEvent 类中还定义了用来测试是否在事件发生时相应的修饰符被按下的方法，这些方法如表 16.2 所示。

表 16.2　InputEvent类的方法

方　法　名	功　　能
isAltDown()	Alt 键是否被按下
isAltGraphDown()	AltGraph 键是否被按下
isControlDown()	Ctrl 键是否被按下

续表

方　法　名	功　　能
isMetaDown()	Meta 键是否被按下
isShiftDown()	Shift 键是否被按下

7．项目事件类

ItemEvent 被称为项目事件。当一个复选项、列表项或可选择的菜单项被选择或取消选择时触发该事件。该类提供了一个构造方法，其语法形式如下。

new ItemEvent(事件源对象,事件类型,对象,状态);

其中：

"事件源对象"为事件所发生的场所。它是一个实现 ItemSelectable 接口的对象。

"事件类型"为标识事件的整数。ItemEvent 类为该参数提供了两个整型常量，下面依次进行介绍。

DESELECTED：用户取消选择某项。

SELECTED：用户选择某项。

"对象"为受事件影响的对象。

"状态"表示项目是选择状态还是取消选择状态。这个整数是 ITEM_STATE_CHANGED 常量，用来表示状态的改变。

8．键盘事件类

KeyEvent 被称为键盘事件。当键盘上的键被按下或释放时触发该事件。该类常用的构造方法有一个，语法形式如下：

new KeyEvent(事件源对象,事件类型,时间,被按下的键,虚拟键值);

其中：

"事件源对象"为事件所发生的场所。它是一个 Component 对象。

"事件类型"为标识事件的整数。KeyEvent 类为该参数提供了 3 个整型常量，下面依次进行介绍。

KEY_PRESSED：键被按下事件，在键被按下时触发。

KEY_RELEASED：键被释放事件，在键被释放时触发。

KEY_TYPED：键入式事件，在输入一个字符时触发。

"时间"为一个长整数，指定事件发生的时间。

"被按下的键"为事件发生时所按下的键。该参数是一个整数。KeyEvent 类为该参数定义了相关的整型常量。

"虚拟键值"在 KeyEvent 类为该参数定义了相关的整型常量，一般以 VK 开头。

9．鼠标事件类

MouseEvent 被称为鼠标事件。当有单击、按下、松开、移动鼠标等动作时触发该事件。MouseEvent 类常用的构造方法有一个，语法形式如下：

new MouseEvent(事件源对象,事件类型,时间,被按下的键,x 坐标,y 坐标,单击次数,是否弹出菜单);

其中：

"事件源对象"为事件所发生的场所。它是一个 Component 对象。

"事件类型"为标识事件的整数。MouseEvent 类为该参数提供了 8 个整型常量，下面依次进行介绍。

MOUSE_CLICKED：单击鼠标。

MOUSE_PRESSED：按下鼠标按键。

MOUSE_RELEASED：释放鼠标按键。

MOUSE_MOVED：移动鼠标。

MOUSE_ENTERED：鼠标指针进入一个组件。

MOUSE_EXITED：鼠标指针离开一个组件。

MOUSE_DRAGGED：拖动鼠标。

MOUSE_WHEEL：旋转鼠标滚轮。

"时间"为一个长整数，指定事件发生的时间。

"被按下的键"为事件发生时所按下的键。该参数是一个整数。MouseEvent 类为该参数定义了相关的整型常量。

"x 坐标"为鼠标指针在水平位置的 x 轴坐标值。

"y 坐标"为鼠标指针在垂直位置的 y 轴坐标值。

"单击次数"为与事件关联的鼠标的单击次数。可以使用 getClickCount()方法获取鼠标单击次数。

"是否弹出菜单"表示将该参数设置为 true 时，会由事件引发打开一个弹出式菜单；反之，不打开弹出式菜单。

10. 文本事件类

TextEvent 被称为文本事件。当文本框或文本域里的文本发生改变时会触发该事件。TextEvent 类只有一个构造方法，语法形式如下：

```
new TextEvent(事件源对象,事件类型);
```

其中：

"事件源对象"是事件所发生的场所。它是一个 Object 对象。

"事件类型"是标识事件的整数。

11. 窗口事件类

WindowEvent 被称为窗口事件。当窗口状态发生改变（如打开、关闭、最大化、最小化）时会触发该事件。该类常用的构造方式只有一个，语法形式如下：

```
new WindowEvent(事件源对象,事件类型);
```

其中：

"事件源对象"是事件所发生的场所。它是一个 Window 对象。

"事件类型"是标识事件的整数。WindowEvent 类为该参数提供了 7 个整型常量，下面依次进行介绍。

WINDOW_ACTIVATED：窗口被激活。

WINDOW_CLOSED：窗口已经被关闭。

WINDOW_CLOSING：用户要求窗口被关闭。

WINDOW_DEACTIVATED：窗口变为非激活状态。

WINDOW_DEICONIFIED：窗口被恢复。

WINDOW_ICONIFIED：窗口最小化。

WINDOW_OPENED：窗口被打开。

16.2.6　事件监听器

每个事件都有对应的事件监听器，在 AWT 中，事件监听器是一个接口。要使用事件监听器，需要使用 add<ListenerType>()方法注册。其语法形式如下：

Component 对象名.add<ListenerType>(监听器);

其中，add<ListenerType>()方法中使用到了<ListenerType>，表示 add 后面可以是任意的监听器类型。例如，如果是为按钮组件注册监听器，可以使用 addActionListener()方法。

如果不再使用事件监听器，需要使用 remove()方法注销该监听器。其语法形式如下：

Component 对象名.remove<ListenerType>(监听器);

每个事件都有对应的事件监听器，表 16.3 列出了事件对应的事件监听器。

表 16.3　事件监听器

事 件 类 别	描 述 信 息	事件监听器	方　　法
ActionEvent	激活组件	ActionListener	actionPerformed()
AdjustmentEvent	移动了类似于滚动条上的滑块等的组件	AdjustmentListener	adjustmentValueChanged()
ComponentEvent	组件对象移动、缩放、显示、隐藏等	ComponentListener	componentHidden() componentMoved() componentResized() componentShown()
ContainerEvent	在容器中添加、删除组件	ContainerListener	containerAdded() containerRemoved()
FocusEvent	组件收到和失去焦点	FocusListener	focusGained() focusLost()
ItemEvent	选择了某个项目	ItemListener	itemStateChanged()
KeyEvent	键盘输入	KeyListener	keyPressed() keyReleased() keyTyped()
MouseEvent	鼠标单击等	MouseListener	mouseClicked() mouseEntered() mouseExited() mousePressed() mouseReleased()
	鼠标移动	MouseMotionListener	mouseDragged() mouseMoved()
TextEvent	文本框或文本域里的文本发生改变	TextListener	textValueChanged()
WindowEvent	窗口状态发生改变	WindowListener	windowActivated() windowClosed() windowClosing() windowDeactivated() windowDeiconified() windowIconified() windowOpened()

如果想实现事件监听，编写事件处理程序时需要经过以下 3 个步骤。

（1）写一个类，让这个类实现事件监听器接口。

（2）在类中实现接口中的方法。

（3）使用 add<ListenerType>()方法注册监听器。

【示例 16-11】下面将实现在单击 North 按钮后，将窗口的背景颜色变为粉色。代码如下：

```java
import java.awt.*;
import java.awt.event.*;
class myBorderLayout implements ActionListener{
    Frame fr=new Frame("BorderLayout");
    public void create(){
        fr.setSize(300,300);
        Button b1=new Button("North");
        fr.add("North",b1);
        b1.addActionListener(this);
        fr.setVisible(true);
    }
    public void actionPerformed(ActionEvent e){
        fr.setBackground(Color.pink);
    }
}
public class test{
    public static void main(String[] args) {
        myBorderLayout mbl=new myBorderLayout();
        mbl.create();
    }
}
```

运行程序，初始运行结果如图 16.21 所示。单击 North 按钮后，窗口的背景颜色将会变为粉色，如图 16.22 所示。

图 16.21　初始运行结果

图 16.22　改变背景颜色

16.2.7　事件适配器

在事件监听器中，凡是实现了事件监听器的类都需要将事件监听器中的方法实现。如果只想实现其中的一个或一部分，该怎么办呢？此时需要使用事件适配器如表 16.4 所示。AWT 为一些事件监听器提供了事件适配器类（Adapter），可以通过继承事件所对应的 Adapter 类，重写所需要的方法，无关的方法则不用实现。这些事件适配器类包含在 java.awt.event 包中。

表 16.4　事件适配器

事件适配器类	名　　称
ComponentAdapter	组件适配器
ContainerAdapter	容器适配器
FocusAdapter	焦点适配器
KeyAdapter	键盘适配器
MouseAdapter	鼠标适配器
MouseMotionAdapter	鼠标移动适配器
WindowAdapter	窗口适配器

事件适配器提供了简单的实现事件监听器的方式，可以缩短程序代码。下面将讲解 3 种常用的实现事件监听器的方式。

1. 继承事件适配器类

让一个类继承事件适配器类，是一种实现事件监听器的简单方式。其语法形式如下：

```
class 类名 extends 事件适配器类名{
    …
    实现需要的方法
}
```

【示例 16-12】下面将使用继承事件适配器类的方式，实现单击"关闭"按钮则关闭窗口的功能。代码如下：

```
import java.awt.*;
import java.awt.event.*;
class myBorderLayout extends WindowAdapter{
    Frame f = new Frame("BorderLayout");
    public void create() {
        f.setSize(300,300);
        f.addWindowListener(this);
        f.setVisible(true);
    }
    public void windowClosing(WindowEvent e) {
        System.out.println("用户关闭窗口\n");
        System.exit(0);
    }
}
public class test{
    public static void main(String[] args) {
        myBorderLayout mbl=new myBorderLayout();
```

```
        mbl.create();
    }
}
```

运行程序，显示 Frame 窗口，当单击窗口中的"关闭"按钮后，窗口会关闭，并且输出以下内容：

用户关闭窗口

2. 使用内部类

实现事件监听器时，使用内部类可以很好地复用该事件监听器类。事件监听器类是内部类时，可以自由访问外部类的所有组件。

【示例 16-13】下面将使用内部类，实现在单击"关闭"按钮和拖动鼠标时，做出相关响应。代码如下：

```
import java.awt.*;
import java.awt.event.*;
class myBorderLayout{
    Frame f = new Frame("BorderLayout");
    Label label=new Label("Click and drag the mouse");
    public void create() {
        f.addWindowListener(new MyWindowListener());
        label.setAlignment(Label.CENTER);
        f.add(label);
        label.addMouseMotionListener(new MyMouseMotionListener());
        f.setSize(300,300);
        f.setVisible(true);
    }
    class MyMouseMotionListener extends MouseMotionAdapter{
        public void mouseDragged(MouseEvent e){
            String s="Mouse dragging: X="+e.getX()+"     Y="+e.getY();
            label.setText(s);
        }
    }
    class MyWindowListener extends WindowAdapter{
        public void windowClosing(WindowEvent e) {
            System.exit(0);
        }
    }
}
public class test{
    public static void main(String[] args) {
        myBorderLayout mbl=new myBorderLayout();
        mbl.create();
    }
}
```

运行程序，初始运行结果如图 16.23 所示。当单击"关闭"按钮后，会关闭窗口；当在窗口的标签中拖动鼠标指针时，会显示鼠标指针的当前位置，如图 16.24 所示。

图 16.23　初始运行结果　　　　　　　　图 16.24　显示鼠标指针的当前位置

3. 使用匿名类

大部分时候，监听器都没有复用价值（大部分事件监听器只是临时使用一次），所以使用匿名类方式实现事件监听器更合适。

【示例 16-14】下面将使用匿名类，实现在拖动鼠标指针时，显示鼠标指针的当前位置。代码如下：

```java
import java.awt.*;
import java.awt.event.*;
class myBorderLayout{
    Frame f = new Frame("BorderLayout");
    Label label=new Label("Click and drag the mouse");
    public void create() {
        label.setAlignment(Label.CENTER);
        f.add(label);
        label.addMouseMotionListener(new MouseMotionAdapter(){
            public void mouseDragged(MouseEvent e){
                String s="Mouse dragging: X="+e.getX()+"      Y="+e.getY();
                label.setText(s);
            }
        });
        f.setSize(300,300);
       f.setVisible(true);
    }
}
public class test{
    public static void main(String[] args) {
        myBorderLayout mbl=new myBorderLayout();
        mbl.create();
    }
}
```

运行程序，初始运行结果如图 16.23 所示。当在窗口的标签中拖动鼠标，会显示鼠标的当前位置，如图 16.24 所示。

16.2.8　AWT 组件库

AWT 提供了很多组件，如按钮、复选框等，这些组件都是通过 Component 的子类实现的。下面将详细讲解其中的常用组件。

1．按钮

按钮（Button）是常用组件，如在示例 16-11 中单击的 North 按钮。按钮通过 Button 类实现，主要代码如下：

```
Button b=new Button("I am Button");
```

当按钮被单击后，会发生 ActionEvent 事件，需要通过 ActionListener 接口监听和处理事件。

2．复选框

复选框（Checkbox）提供了简单的 On/Off 开关，旁边还会显示文本标签。复选框通过 Checkbox 类实现，主要代码如下：

```
Checkbox c=new Checkbox("I am Checkbox");
```

复选框用 ItemListener 接口来监听 ItemEvent 事件，当复选框状态改变时，用 getStateChange()方法获取当前状态。

3．复选框组

复选框组（CheckboxGroup）用于将多个复选框组件组合成一个，一组复选框组件将只有一个可以被选中。复选框组可以通过 CheckboxGroup 实现，主要代码如下：

```
Frame fr=new Frame("GridLayout");
fr.setLayout(new GridLayout(3,1));
CheckboxGroup cbGroup=new CheckboxGroup();
Checkbox male = new Checkbox("男", cbGroup, true);
Checkbox female = new Checkbox("女", cbGroup, false);
Checkbox married = new Checkbox("婚否", cbGroup, false);
fr.add(male);
fr.add(female);
fr.add(married);
```

4．下拉式菜单

每次只可以选择下拉式菜单（Choice）中的一项。下拉式菜单能够节省显示空间，适用于大量选项。下拉式菜单通过 Choice 类实现，使用 ItemListener 监听 ItemEvent 事件。

【示例 16-15】下面将显示一个下拉式菜单，当选择某项后，会做出响应。代码如下：

```
import java.awt.*;
import java.awt.event.*;
class ColorChoice implements ItemListener{
    Frame fr=new Frame("ColorChoice");
    Choice ColorChooser = new Choice();
    public void create(){
        fr.setBackground(Color.green);
        fr.setSize(300,300);
```

```
            ColorChooser.add("Green");
            ColorChooser.add("Red");
            ColorChooser.add("Blue");
            ColorChooser.addItemListener(this);
            fr.add(ColorChooser);
            fr.setVisible(true);
        }
        public void itemStateChanged(ItemEvent e){
            if(ColorChooser.getSelectedIndex()==0){
                fr.setBackground(Color.green);
            }else if(ColorChooser.getSelectedIndex()==1){
                fr.setBackground(Color.red);
            }else{
                fr.setBackground(Color.blue);
            }
        }
    }
    public class test{
        public static void main(String[] args) {
            ColorChoice colorChoice=new ColorChoice();
            colorChoice.create();
        }
    }
```

运行程序，初始运行结果如图 16.25 所示。单击下拉菜单按钮，显示下拉菜单项，如图 16.26 所示，选择某项后，窗口的背景颜色也会发生相应的改变。

图 16.25　初始运行结果

图 16.26　显示下拉菜单项

5. 空白矩形区域

空白矩形区域（Canvas）组件表示屏幕上的一个空白矩形区域，应用程序可以在该区域内绘图，也可以从该区域捕获用户的输入事件。Canvas 组件监听各种鼠标、键盘事件。当在 Canvas 组件中输入字符时，必须先调用 requestFocus()方法。

【示例 16-16】下面将显示一个空白矩形区域，当用户在空白矩形区域拖动鼠标指针时，会显示鼠标指针的当前位置。代码如下：

```
import java.awt.*;
import java.awt.event.*;
class MyCanvas{
    Frame f = new Frame("myCanvas");
    Label label=new Label("Click and drag the mouse");
    Canvas c=new Canvas();
    public void create() {
        label.setAlignment(Label.CENTER);
        f.add("North",label);
        c.setBackground(Color.pink);
        f.add("Center",c);
        c.addMouseMotionListener(new MouseMotionAdapter(){
            public void mouseDragged(MouseEvent e){
                String s="Mouse dragging: X="+e.getX()+"     Y="+e.getY();
                label.setText(s);
            }
        });
        f.setSize(300,300);
        f.setVisible(true);
    }
}
public class test{
    public static void main(String[] args) {
        MyCanvas mc=new MyCanvas();
        mc.create();
    }
}
```

运行程序，初始运行结果如图 16.27 所示。当在空白矩形区域拖动鼠标指针后，会显示鼠标指针的当前位置，如图 16.28 所示。

图 16.27　初始运行结果

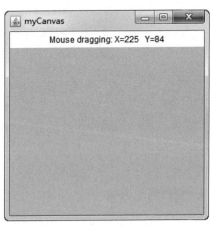

图 16.28　显示鼠标指针的当前位置

6. 标签

标签（Label）控件用来放置提示性文本，用户不可以对该文本进行编辑。标签控件可以通过 Label 类实现，主要代码如下：

```
Label label=new Label("I am Label");
```

7.　文本框

文本框（TextField）控件用来放置单行文本，用户可以对该文本进行编辑。文本框控件可以通过 TextField 类实现，主要代码如下：

```
TextField tf=new TextField("Hello");
```

当回车键被按下时，会触发 ActionEvent。可以通过 ActionListener 中的 actionPerformed() 方法对事件进行相应处理。

注意：如果不想让用户在文本框控件中编辑文件，可以使用 setEditable()方法将文本框控件设置为只读。

8.　文本输入区

文本输入区（TextArea）用来显示多行文本，且用户可以对这些文本进行编辑。文本输入区可以通过 TextArea 类实现，主要代码如下：

```
TextArea ta=new TextArea("I am TextArea");
```

注意：在文本输入区中可以显示水平和垂直滚动条。

要判断文本是否输入完毕，可以在文本输入区旁边设置一个按钮，通过单击按钮触发的 ActionEvent 对输入的文本进行处理。

注意：和文本框控件一样，如果不想让用户在文本输入区编辑文本，可以使用 setEditable()方法将其设置为只读。

9.　列表

列表（List）中提供了多个文本选项，支持滚动条，可以浏览多项。列表可以通过 List 类实现，主要代码如下：

```
List list=new List(5,true);
list.add("Red");
list.add("Yellow");
list.add("Cyan");
list.add("Blue");
list.add("Pink");
f.add(list);
```

在实例化 List 时，使用到了两个参数，第一个参数指定列表的行数，是一个整型值，第二个参数指定列表是否可以多选，是一个布尔类型的值，默认为 false。

10.　窗口

Frame 是 Window 的子类，是顶级窗口，可以显示标题、重置大小等。当窗口被关闭时，会发送 WindowEvent。

注意：Frame 无法直接监听键盘输入事件。

11.　对话框

有些应用程序中的内容需要着重提示，这时就可以使用对话框（Dialog）。对话框的实现可以使用 Dialog 类，它是 Window 的一个子类。用 Dialog 类实现对话框就是从一个窗体中弹出另一个窗体，就像在使用 IE 浏览器时弹出的对话框一样。

【示例 16-17】下面将实现单击 show Dialog 按钮后弹出 I am Dialog 对话框。代码如下：

```java
import java.awt.*;
import java.awt.event.*;
class MyDialog implements ActionListener{
    Frame f = new Frame("MyDialog");
    public void create() {
        f.setSize(300,300);
        Button b=new Button("show Dialog");
        f.add(b);
        b.addActionListener(this);
        f.setSize(300,300);
     f.setVisible(true);
    }
    public void actionPerformed(ActionEvent e) {
        Dialog dialog=new Dialog(f,"I am Dialog");
        dialog.setSize(200,200);
        dialog.setVisible(true);
    }
}
public class test{
    public static void main(String[] args) {
        MyDialog md=new MyDialog();
        md.create();
    }
}
```

运行程序，初始运行结果如图 16.29 所示。单击 show Dialog 按钮，弹出 I am Dialog 对话框，如图 16.30 所示。

图 16.29　初始运行结果

图 16.30　I am Dialog 对话框

12. 文件对话框

当用户想打开或存储文件时，可以使用文件对话框（Filedialog）进行操作，主要代码如下：

```
FileDialog dialog=new FileDialog(f,"I am Dialog");
dialog.setSize(200,200);
dialog.setVisible(true);
```

运行程序，会看到 I am Dialog 文件对话框弹出，如图 16.31 所示。

图 16.31　I am Dialog 文件对话框

13. 菜单

菜单可以使用 Menu 实现。程序员不可以直接将菜单添加到容器中，也无法使用布局管理器对其进行控制。菜单只可以被添加到菜单栏中。

14. 菜单栏

将菜单添加到菜单栏（MenuBar）中需要使用 add()方法实现。而菜单栏只能被添加到窗口中，此时需要使用到 setMenuBar()方法。

注意：菜单栏需要使用 MenuBar 类实现。

【示例 16-18】下面将显示一个菜单栏，并在菜单栏中添加 File、Edit、View、Help 这 4个菜单。代码如下：

```
import java.awt.*;
import java.awt.event.*;
public class test{
    public static void main(String[] args) {
        Frame f=new Frame("Menu");
        MenuBar mb=new MenuBar();
        Menu menu1=new Menu("File");
        Menu menu2=new Menu("Edit");
        Menu menu3=new Menu("View");
        Menu menu4=new Menu("Help");
        mb.add(menu1);
```

```
            mb.add(menu2);
            mb.add(menu3);
            mb.setHelpMenu(menu4);
            f.setMenuBar(mb);
            f.setSize(300,100);
            f.setVisible(true);
        }
    }
```

此代码在窗口中添加了一个菜单栏，在菜单栏中添加了 4 个菜单，其中 File、Edit 和 View 使用的是 add()方法，而 Help 使用的是 setHelpMenu()方法。setHelpMenu()方法的功能是将指定的菜单设置为此菜单栏的帮助菜单。如果此菜单栏中已有帮助菜单，则从该菜单栏中移除旧的帮助菜单，并替换为指定的菜单。运行结果如图 16.32 所示。

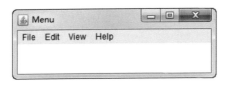

图 16.32　运行结果

15. 菜单项

菜单项就是菜单的选择项目。在选择菜单后，会显示菜单项。因此，需要将菜单项添加到菜单中。菜单项的实现需要使用 MenuItem，相应的选择操作的实现需要使用 ActionListener。

【示例 16-19】下面将显示一个菜单栏，在菜单栏中添加 Color、Help 这两个菜单，在 Color 菜单中添加 Blue Color、Pink Color 和 Quit 菜单项，并可以对这些菜单项进行相应的选择操作。代码如下：

```java
import java.awt.*;
import java.awt.event.*;
class MyMenuItem implements ActionListener{
    Frame f=new Frame("MenuItem");
    public void create(){
        MenuBar mb=new MenuBar();
        Menu menu1=new Menu("Color");
        Menu menu2=new Menu("Help");
        mb.add(menu1);
        mb.add(menu2);
        MenuItem item1=new MenuItem("Blue Color");
        MenuItem item2=new MenuItem("Pink Color");
        MenuItem item3=new MenuItem("Quit");
        menu1.add(item1);
        menu1.add(item2);
        menu1.addSeparator();
        menu1.add(item3);
        item1.addActionListener(this);
        item2.addActionListener(this);
```

```
            item3.addActionListener(this);
            f.setMenuBar(mb);
            f.setSize(300,200);
            f.setVisible(true);
        }
        public void actionPerformed(ActionEvent e){
            MenuItem item=(MenuItem)e.getSource();
            String itemLabel=item.getLabel();
            if(itemLabel=="Blue Color"){
                f.setBackground(Color.blue);
            }else if(itemLabel=="Pink Color"){
                f.setBackground(Color.pink);
            }else{
                System.exit(1);
            }
        }
    }
    public class test{
        public static void main(String[] args) {
            MyMenuItem myMenuItem=new MyMenuItem();
            myMenuItem.create();
        }
    }
```

运行程序，初始运行结果如图 16.33 所示。当选择 Color 菜单后，会显示该菜单的菜单项，如图 16.34 所示。选择其中一项后，系统会做出相应处理。

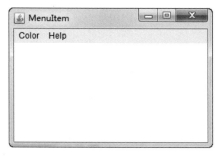

图 16.33　初始运行结果

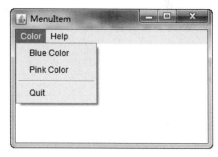

图 16.34　显示菜单项

16. 组件的外观颜色

上文中的很多地方都更改过组件的外观颜色。在 AWT 中进行外观颜色的更改可以使用 setBackground()方法或 setForeground()方法。其中，setBackground()方法用来设置组件的背景色，setForeground()方法用来设置组件的前景色。这两个方法的语法形式如下：

```
组件对象.setBackground(颜色对象);
组件对象.setForeground(颜色对象);
```

其中，"颜色对象"为 Color 类的对象或 SystemColor 类的对象。

程序员可以通过 Color 类提供的颜色常量或颜色构造方法来生成颜色实例。其中颜色常量如表 16.5 所示。

表 16.5　颜色常量

颜 色 常 量	表示的颜色
black BLACK	黑色
blue BLUE	蓝色
cyan CYAN	青色
darkGray DARK_GRAY	深灰色
gray GRAY	灰色
lightGray LIGHT_GRAY	浅灰色
green GREEN	绿色
magenta MAGENTA	洋红色
orange ORANGE	橙色
pink PINK	粉色
red RED	红色
white WHITE	白色
yellow YELLOW	黄色

Color 类提供了 7 个构造方法，其中，常用的方法如下：

```
new Color(红色值,绿色值,蓝色值);
```

其中，"红色值""绿色值"和"蓝色值"都是整型数值，范围为 0～255。

SystemColor 类是 Color 类的一个子类。它封装的都是系统的默认颜色。

17. 组件的文本字体

在标签、文本框、文本输入区等组件中都会使用到文本。上文使用的都是文本默认的字体。如果想修改组件的文本字体，可以使用 setFont()方法。其语法形式如下：

```
组件对象.setFont(字体对象);
```

其中，"字体对象"是 Font 类的对象。该类提供了对字体的操作。下面将详细讲解该类。

在 Font 类中，程序员可以使用构造方法来生成一个对象，其中，常用的语法形式如下：

```
new Font(字体名称,字体风格,字体大小);
```

其中：

"字体名称" 存储在预定义的字符串常量中，如 DIALOG。可以使用以下代码获取系统中可用的字体名称。

```
GraphicsEnvironment e = GraphicsEnvironment.getLocalGraphicsEnvironment();
String [] forName = e.getAvailableFontFamilyNames();
for (int i = 0; i < forName.length; i++) {
    System.out.println(forName[i]);
}
```

"字体风格" 是 Font 的样式常量。Font 中提供了 3 个样式常量，分别为 BOLD、ITALIC 和 PLAIN。下面将详细介绍这 3 个样式常量。

BOLD：字体加粗。

ITALIC：字体倾斜。

PLAIN：普通字体，既不加粗也不倾斜。

"字体大小" 是字体的尺寸。

注意：在 AWT 中，除了 Font 类提供了对字体的操作外，FontMetrics 类也提供了对字体的操作。这里就不再进行介绍了，读者可自行学习。

16.3　Swing 界面设计

Swing 是 JDK 1.2 增加的界面设计接口。它是以 AWT 为基础实现的，除提供了 AWT 中的组件外，还提供了很多组件，如选项板、树等。Swing 与 AWT 的主要区别在于：Swing 是由 100%纯 Java 语言实现的轻量级组件，没有本地代码，不依赖本机操作系统的支持，在不同平台上的表现是一致的。本节将讲解使用 Swing 对图形用户界面进行设计。

16.3.1　Swing 的 Java 体系

在使用 Swing 设计界面之前，了解 Swing 的系统结构是很重要的。下面将讲解 Swing 的体系结构及包含的包。

1. 体系结构

Swing 组件都是 AWT 的 Container 类的直接子类和间接子类，如图 16.35 所示。

注意：为了和 AWT 组件区分，Swing 组件在 javax.swing.*包下，类名均以 J 开头，如 JFrame、JLabel、JButton 等。

Swing 组件中有一个非常重要的类，即 javax.swing.JComponent，它是一个抽象类，是大部分 Swing 组件的父类。组件从功能上可以分为顶层容器、中间容器（普通容器和特殊容器）和基本组件。下面依次进行介绍。

顶层容器：JFrame、JApplet、JDialog 和 JWindow。

普通容器：JPanel、JScrollPane、JSplitPane 和 JToolBar。

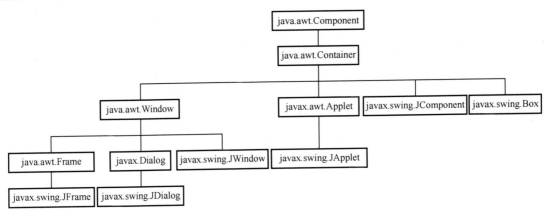

图 16.35　体系结构

特殊容器：有特殊作用的容器，包括 JInternalFrame、JLayeredPane 和 JRootPane。

基本组件：实现交互的组件，如 JButton、JComboBox 等。

注意：由于 JComponent 类继承了 java.awt.Container 类，所以凡是此类的组件都可以作为容器使用。

2. 组成 Swing 的包

Swing 是 Java Foundation Classes（Java 基础类，简称 JFC）的一部分，由 18 个包组成，如表 16.6 所示。

表 16.6　组成Swing的包

包　　名	功　　能
com.sun.swing.plaf.motif	实现 Motif 界面样式
com.sun.java.swing.plaf.windows	实现 Windows 界面样式
javax.swing	Swing 组件和使用工具
javax.swing.border	Swing 轻量级组件（普通容器、特殊容器和基本组件）边框
javax.swing.colorchooser	JColorChooser（颜色选择器）的支持类/接口
javax.swing.event	事件和监听器类
javax.swing.filechooser	JFileChooser 的支持类/接口
javax.swing.plaf	定义可插入外观性能的接口和抽象类
javax.swing.plaf.basic	实现所有标准界面样式公共功能的基类
javax.swing.plaf.metal	实现 Java 风格界面的类，是用户界面的默认风格
javax.swing.multi	实现多种界面风格的类
javax.swing.table	包含 JTable 组件
javax.swing.text	支持文本的显示和编辑
javax.swing.text.html	支持 HTML 文档的显示和编辑
javax.swing.text.html.parser	HTML 文档的解析器
javax.swing.text.rtf	支持 RTF 文件的显示和编辑
javax.swing.tree	JTree 组件的支持类
javax.swing.undo	执行取消操作

swing 包是 Swing 提供的最大包，它包含了将近 100 个类和几十个接口，几乎所有的 Swing 组件都在该包中，只有 JTableHeader 和 JTextComponent 不在，它们分别在 swing.table 包和 swing.text 包中。

16.3.2　使用规则

Swing 组件不是直接添加到顶层容器中，而是添加到与顶层容器相关联的内容面板上。内容面板也是前面所说的中间容器，是一个轻量级组件。在内容面板中添加组件时需要遵循以下两个规则。

（1）把 Swing 组件添加到顶层容器的内容面板上。

（2）避免使用非 Swing 的重量级组件。

如果想向 JFrame 中添加组件，可以使用以下两种方式。

（1）首先使用 getContentPane()方法获取 JFrame 的内容面板，然后使用 add()方法向获取的面板中添加组件。其语法形式如下：

```
Jframe 对象名.getContentPane().add(要添加的组件);
```

【示例 16-20】下面将使用该方式向 JFrame 中添加一个按钮组件。代码如下：

```
import javax.swing.*;
public class test{
    public static void main(String[] args) {
        JFrame jframe=new JFrame();
        JButton b=new JButton("This is Button");
        jframe.getContentPane().add(b);
        jframe.setSize(300,150);
        jframe.setVisible(true);
    }
}
```

运行结果如图 16.36 所示。

图 16.36　运行结果

（2）首先建立一个 JPanel 或 JScrollPane 之类的中间容器，然后把组件添加到中间容器中，最后使用 setContentPane()方法把这个中间容器设置为 JFrame 的内容面板。

【示例 16-21】下面将使用该方式向 JFrame 中添加一个标签组件。代码如下：

```
import javax.swing.*;
public class test{
    public static void main(String[] args) {
        JFrame jframe=new JFrame();
        JPanel jp=new JPanel();
        JLabel jl=new JLabel("This is Label");
```

```
            jp.add(jl);
            jframe.setContentPane(jp);
            jframe.setSize(300,150);
            jframe.setVisible(true);
        }
    }
```

运行结果如图 16.37 所示。

在 AWT 中，为管理组件的位置、大小等，使用了布局管理器。Swing 中也存在布局管理器。Swing 沿用了 AWT 中提供的布局管理器，如流布局管理器、边框布局管理器、网格布局管理器、卡片式布局管理器和网格袋布局管理器。除此之外，Swing 中还增加了一个箱式布局管理器（BoxLayout）。它按照自上而下或从左到右的顺序将组件依次排列放置。

图 16.37　运行结果

在 Swing 中设置布局管理器是针对内容面板的。要设置布局管理器，可以采用以下两种方式。

（1）使用 getContentPane()方法获取容器的内容面板，然后使用 setLayout()方法在获取的面板中设置布局管理器。

（2）使用 getContentPane()方法获取容器的内容面板，然后使用 add()方法在获取的面板中添加组件，在添加组件时指定布局管理器。

16.3.3　Swing 常用组件

本小节将讲解 Swing 中的常用组件，如根面板、分层面板、面板、滚动面板、分隔面板、选项面板等。

1．根面板

根面板由一个玻璃面板、一个内容面板和一个可选择的菜单栏组成。其中内容面板和菜单栏在同一层。玻璃面板是透明的，默认不可见。它为接收鼠标事件和在所有组件上绘图提供了方便。根面板中提供了很多方法，如表 16.7 所示。

表 16.7　根面板的方法

方　法　名	功　　能
getContentPane()	获取内容面板
setContentPane()	设置内容面板
getMenuBar()	获取菜单栏
setMenuBar()	设置菜单栏
getLayeredPane()	获取分层面板
setLayeredPane()	设置分层面板
getGlassPane()	获取玻璃面板
setGlassPane()	设置玻璃面板

2. 分层面板

Swing 提供了两种分层面板,分别为 JLayeredPane 和 JDesktopPane。其中,JDesktopPane 是 JLayeredPane 的直接子类,是专为容纳内部框架(JInternalFrame)而设置的。向分层面板中添加组件时,可以使用如下两种语法形式:

```
分层面板对象名.add(组件,所在的层);
分层面板对象名.add(组件,所在的层,层内的位置);
```

其中:

"组件"是需要添加到分层面板中的组件。

"所在的层"指组件添加到哪一层。它是一个 Object 类的对象。

"层内的位置"指组件在该层的位置。它是一个整型数值。

【示例 16-22】下面将在 JLayeredPane 中添加 4 个 JPanel。代码如下:

```java
import javax.swing.*;
import java.awt.*;
public class test{
    public static void main(String[] args) {
        JFrame jframe=new JFrame();
        JLayeredPane jlp=new JLayeredPane();
        JLayeredPane layeredPane = new JLayeredPane();
        JPanel panel1 = createPanel(Color.RED,30, 30, 100, 100);
        layeredPane.add(panel1, new Integer(100));
        JPanel panel2 = createPanel(Color.GREEN, 70, 70, 100, 100);
        layeredPane.add(panel2, new Integer(200), 0);
        JPanel panel3 = createPanel(Color.CYAN,110, 110, 100, 100);
        layeredPane.add(panel3, new Integer(200), 1);
        JPanel panel4 = createPanel(Color.YELLOW, 150, 150, 100, 100);
        layeredPane.add(panel4, new Integer(300));
        jframe.setContentPane(layeredPane);
        jframe.setSize(300,300);
        jframe.setVisible(true);
    }
    static JPanel createPanel(Color bg, int x, int y, int width, int height) {
        JPanel panel = new JPanel();
        panel.setBounds(x, y, width, height);
        panel.setOpaque(true);
        panel.setBackground(bg);
        return panel;
    }
}
```

在此代码中,panel2 和 panel3 处于同一层,而 panel2 的位置为 0(层内顶部),而 panel3 的位置为 1,所以会看到 panel2 在 panel3 上层。运行结果如图 16.38 所示。

3. 面板

Swing 中面板(JPanel)的用法和 AWT 中 Panel 的用法是相同的,用于容纳界面元素、实现容器嵌套等。JPanel 默认的布局管理器为 FlowLayout。

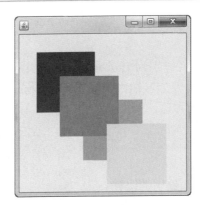

图 16.38　运行结果

4. 滚动面板

如果组件的尺寸较大，在窗口的可视区域内不能全部显示，就可以使用滚动面板（JScrollPane）。滚动面板就是带有滚动条的面板。在该面板中只可以放置一个组件，并且不能使用布局管理器。

【示例 16-23】下面将在 JScrollPane 中添加一个文本输入区。代码如下：

```
import javax.swing.*;
public class test{
    public static void main(String[] args) {
        JFrame jframe=new JFrame();
        JTextArea ta=new JTextArea();
        ta.setText("曲曲折折的荷塘上面，弥望的是田田的叶子。叶子出水很高，像亭亭的舞女的
裙。\n" +
                "层层的叶子中间，零星地点缀着些白花，有袅娜地开着的，有羞涩地打着朵儿的；
正如一粒粒的明珠，又如碧天里的星星，又如刚出浴的美人。\n" +
                "微风过处，送来缕缕清香，仿佛远处高楼上渺茫的歌声似的。这时候叶子与花也有
一丝的颤动，像闪电般，霎时传过荷塘的那边去了。\n" +
                "叶子本是肩并肩密密地挨着，这便宛然有了一道凝碧的波痕。叶子底下是脉脉的流
水，遮住了，不能见一些颜色；而叶子却更见风致了。\n" +
                "月光如流水一般，静静地泻在这一片叶子和花上。薄薄的青雾浮起在荷塘里。叶子
和花仿佛在牛乳中洗过一样；又像笼着轻纱的梦。\n" +
                "虽然是满月，天上却有一层淡淡的云，所以不能朗照；但我以为这恰是到了好处——
酣眠固不可少，小睡也别有风味的。月光是隔了树照过来的，高处丛生的灌木，落下参差的斑驳的黑影，
峭楞楞如鬼一般；弯弯的杨柳的稀疏的倩影，却又像是画在荷叶上。\n" +
                "塘中的月色并不均匀；但光与影有着和谐的旋律，如梵婀玲上奏着的名曲。荷塘的
四面，远远近近，高高低低都是树，而杨柳最多。\n" +
                "这些树将一片荷塘重重围住；只在小路一旁，漏着几段空隙，像是特为月光留下
的。树色一例是阴阴的，乍看像一团烟雾；但杨柳的丰姿，便在烟雾里也辨得出。\n" +
                "树梢上隐隐约约的是一带远山，只有些大意罢了。树缝里也漏着一两点路灯光，没
精打采的，是渴睡人的眼。这时候最热闹的，要数树上的蝉声与水里的蛙声；但热闹是它们的，我什么也
没有。");
        JScrollPane sp=new JScrollPane(ta);
        jframe.setContentPane(sp);
        jframe.setSize(300,150);
        jframe.setVisible(true);
```

```
    }
}
```

运行结果如图 16.39 所示。如果拖动滚动条，会看到此时没有显示的部分。

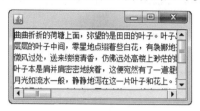

图 16.39　运行结果

5. 分隔面板

JSplitPane 为分隔面板，它可以将一个窗口分隔成两个相对独立区域。这两个区域可以按照水平方向分隔，也可以按照垂直方向分隔。

【示例 16-24】下面将使用 JSplitPane 将窗口分为两个区域。代码如下：

```
import javax.swing.*;
public class test{
    public static void main(String[] args) {
        JFrame jframe=new JFrame();
        JLabel leftLabel=new JLabel("这是左边的窗口");
        JLabel rightLabel=new JLabel("这是右边的窗口");
        JSplitPane jsp=new JSplitPane(JSplitPane.HORIZONTAL_SPLIT,true,leftLabel,rightLabel);
        jframe.setContentPane(jsp);
        jframe.setSize(300,200);
        jframe.setVisible(true);
    }
}
```

运行结果如图 16.40 所示。

图 16.40　运行结果

无论是水平分隔还是垂直分隔，默认的方式都是将左侧或上方的区域压缩到恰好是放置在其中的组件的大小，而将剩余的区域全部留给右侧或下方。用户可以拖动分隔板来改变分隔后区域的大小。

注意：与滚动面板类似，在分隔面板的一侧也只可以放置一个组件。如果想放置多个组件，需要将这些组件放置在另一个中间容器中。

6. 选项面板

JTabbedPane 为选项面板，提供了一组带有标签或图标的选项，实现了一个多卡片的用户界面，可以将一个复杂的对话框分割成若干选项卡。使用选项面板可以使界面简洁大方，还可以有效地减少窗体的个数。

【示例 16-25】 下面将使用 JTabbedPane 创建 3 个选项面板。代码如下：

```java
import javax.swing.*;
public class test{
    public static void main(String[] args) {
        JFrame jframe=new JFrame();
        JLabel jLabel1=new JLabel("第一个选项面板");
        JLabel jLabel2=new JLabel("第二个选项面板");
        JLabel jLabel3=new JLabel("第三个选项面板");
        JTabbedPane jtp=new JTabbedPane();
        jtp.add("标签一",jLabel1);
        jtp.add("标签二",jLabel2);
        jtp.addTab("标签三",new ImageIcon("C:\\Users\\Administrator\\Desktop\\close.png"),jLabel3);
        jframe.setContentPane(jtp);
        jframe.setSize(300,200);
        jframe.setVisible(true);
    }
}
```

运行程序，初始运行结果如图 16.41 所示。当单击"标签三"选项卡时，会切换到"标签三"选项卡，如图 16.42 所示。

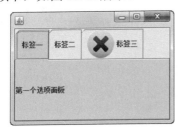

图 16.41　初始运行结果　　　　　图 16.42　"标签三"选项卡

7.　工具栏

JToolBar 为工具栏，就是显示常用工具控件的容器，通常位于菜单栏的下方，也可以成为浮动的工具栏，形式很灵活。

【示例 16-26】 下面将显示一个工具栏。代码如下：

```java
import javax.swing.*;
import java.awt.*;
public class test{
    public static void main(String[] args) {
        JFrame jframe=new JFrame();
        JButton b1=new JButton("Open File");
        b1.setToolTipText("打开文件");
        JButton b2=new JButton("Close File");
        b2.setToolTipText("关闭文件");
        JToolBar jtb=new JToolBar();
        jtb.add(b1);
        jtb.add(b2);
```

```
        jframe.getContentPane().add(jtb,BorderLayout.NORTH);
        jframe.setSize(300,200);
        jframe.setVisible(true);
    }
}
```

运行程序，初始运行结果如图 16.43 所示。当鼠标放到 Open File 按钮上时，会看到如图 16.44 所示的结果。

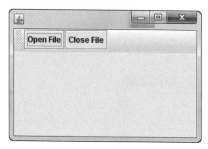

图 16.43　初始运行结果

图 16.44　将鼠标放到 Open File 按钮上

8．内部框架

JInternalFrame 为内部框架，就是在窗口内部的子窗口，即内部窗口。它提供了许多本机窗体功能的轻量级对象，包括拖动、关闭、变成图标、调整大小、显示标题、支持菜单栏等。在使用 JInternalFrame 时需要注意以下几点。

（1）不要将 JInternalFrame 添加到一个容器中（一般为 JDesktopPane），否则不显示。

（2）必须调用 show()或 setVisible()方法显示 JInternalFrame，否则不显示。

（3）必须调用 setSize()、pack()或 setBounds()方法设置 JInternalFrame 的尺寸，否则尺寸为 0，不显示。

（4）必须用 setLocation()或 setBounds()方法设置 JInternalFrame 在容器中的位置，否则这个位置为 0，即在容器的左上角。

【示例 16-27】下面将在 JDesktopPane 中显示 JInternalFrame。代码如下：

```
import javax.swing.*;
import java.beans.PropertyVetoException;
public class test{
    public static void main(String[] args) {
        JFrame jframe=new JFrame();
        JDesktopPane desktop=new JDesktopPane();
        JInternalFrame iframe=new JInternalFrame(
                "内部窗口",
                true,
                true,
                true,
                true
         );
        iframe.setSize(200, 200);
        iframe.setLocation(50, 50);
        iframe.setVisible(true);
        jframe.setContentPane(desktop);
```

```
        try {
            iframe.setSelected(true);
        } catch (PropertyVetoException e) {
            e.printStackTrace();
        }
        desktop.add(iframe);
        jframe.setSize(400,400);
        jframe.setVisible(true);
    }
}
```

运行结果如图 16.45 所示。

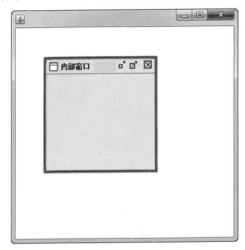

图 16.45　运行结果

注意：用户可以以拖动的方式改变内部框架的位置。

9. 按钮

在 Swing 中，按钮可以分为 3 种，分别为具有标题的按钮、具有图标的按钮、具有标题和图标的按钮。下面将依次讲解这 3 种按钮。

（1）具有标题的按钮。具有标题的按钮是常见的按钮。要创建具有标题的按钮，主要代码如下：

```
JButton b=new JButton("This is Button");
```

（2）具有图标的按钮。要创建一个具有图标的按钮，主要代码如下：

```
JButton b=new JButton(new ImageIcon("C:\\Users\\Administrator\\Desktop\\close.png"));
```

运行结果如图 16.46 所示。

（3）具有标题和图标的按钮。要创建具有标题和图标的按钮，主要代码如下：

```
JButton b=new JButton("This is Button",new ImageIcon("C:\\Users\\Administrator\\Desktop\\close.png"));
```

运行结果如图 16.47 所示。

图 16.46　具有图标的按钮

图 16.47　具有标题和图标的按钮

10. 复选框

Swing 的复选框 JCheckBox 和 AWT 的复选框 CheckBox 的功能一样,提供了简单的 On/Off 开关功能，旁边显示文本标签。要创建复选框，主要代码如下：

```
JCheckBox jcb=new JCheckBox("This is CheckBox");
```

运行程序，初始运行结果如图 16.48 所示。选中复选框后，结果如图 16.49 所示。

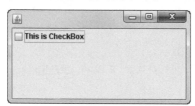

图 16.48　初始运行结果

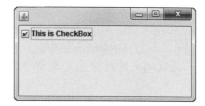

图 16.49　选中复选框

11. 单选框

在 Swing 中，如果在多个选项中只允许选中一个选项，就可以使用单选框 JRadioButton 实现。要创建单选框，主要代码如下：

```
JRadioButton jrb1=new JRadioButton("A 型血");
JRadioButton jrb2=new JRadioButton("B 型血");
JRadioButton jrb3=new JRadioButton("AB 型血");
JRadioButton jrb4=new JRadioButton("O 型血");
Container contentPane=jframe.getContentPane();
contentPane.setLayout(new GridLayout(4,1));
contentPane.add(jrb1);
contentPane.add(jrb2);
contentPane.add(jrb3);
contentPane.add(jrb4);
ButtonGroup group=new ButtonGroup();
group.add(jrb1);
group.add(jrb2);
group.add(jrb3);
group.add(jrb4);
```

注意：如果不将单选框添加到 ButtonGroup 中，是不会实现单选功能的。

运行程序，初始运行结果如图 16.50 所示。选中某一单选框后，结果如图 16.51 所示。

图 16.50　初始运行结果

图 16.51　选中某一单选框

12. 选择框

选择框 JComboBox 是由一个下拉列表框和一个文本框组成的，又可以称为下拉列表框。其与 AWT 的下拉式菜单 Choice 类似，但是 JComboBox 可以编辑每项的内容。要创建选择框，主要代码如下：

```
String[] listData = new String[]{"香蕉", "雪梨", "苹果", "荔枝"};
JComboBox comboBox = new JComboBox(listData);
comboBox.setEditable(true);
jframe.getContentPane().add(comboBox,BorderLayout.NORTH);
```

注意：此代码允许用户在文本框中输入。如果不允许输入，可以将 setEditable() 方法设置为 false。

13. 文件选择器

文件选择器 JFileChooser 的功能与 AWT 中的 FileDialog 类似，用来选择文件，如图 16.52 所示。JFileChooser 内有"打开"和"保存"两种对话框，如图 16.53 和图 16.54 所示。程序员还可以自定义其他种类的对话框。

图 16.52　选择文件

图 16.53　"打开"对话框

图 16.54　"保存"对话框

14. 标签

Swing 中的标签 JLabel 可以分为 3 种，分别为显示文本的标签、显示图像的标签、显示文本和图像的标签。下面将依次介绍这 3 种标签。

（1）显示文本的标签。此时的标签和 AWT 中的 Label 是一样的，是常见的标签。要创建显示文本的标签，主要代码如下：

```
JLabel jl=new JLabel("This is Label");
```

（2）显示图像的标签。要创建一个显示图像的标签，主要代码如下：

```
JLabel jl=new JLabel(new ImageIcon("C:\\Users\\Administrator\\Desktop\\image.jpg"));
```

运行结果如图 16.55 所示。

图 16.55　显示图像的标签

（3）显示文本和图像的标签。要让标签在显示文本的同时显示图像，主要代码如下：

```
JLabel jl=new JLabel("This is Label",new ImageIcon("C:\\Users\\Administrator\\Desktop\\image.jpg"),JLabel.
CENTER);
```

运行结果如图 16.56 所示。

图 16.56　显示文本和图像的标签

15. 文本框和密码框

Swing 中的 JTextField 和 AWT 中的 TextField 的功能一样，在显示文本的同时可以编辑文本。要创建文本框，主要代码如下：

```
JTextField jtf=new JTextField("This is TextField");
```

Swing 中除提供了文本框外，还提供了密码框（JPasswordField）。该密码框中的文本是不可见的，会使用圆点表示，如图 16.57 所示。QQ、微信等应用程序在输入密码时使用的就是密码框。

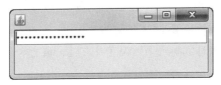

图 16.57 密码框

要创建一个密码框，主要代码如下：

```
JPasswordField jpf=new JPasswordField("This is PassWordField");
```

要获取密码框中的密码，可以使用 getPassword()方法。

16. 文本输入区

Swing 中的 JTextArea 和 AWT 中的 TextArea 的功能一样，用来显示多行文本。要创建文本输入区，主要代码如下：

```
JTextArea jta=new JTextArea("This is TextArea");
```

17. 进度条

进度条（JProgressBar）在很多播放应用程序中会使用到。它提供了一个直观的图形化的进度描述，展示了从"空"到"满"的过程。要创建进度条，主要代码如下：

```
JProgressBar jpb=new JProgressBar();
```

注意：默认情况下，进度条都是水平放置的，除此之外，还可以垂直放置，主要代码如下：

```
JProgressBar jpb=new JProgressBar(JProgressBar.VERTICAL);
```

运行结果如图 16.58 所示。

注意：图 16.58 所示运行结果的代码中使用了 setValue()方法对进度条的当前值进行了设置。

18. 滑块

滑块（JSlider）一般在调节设备的亮度、声音大小等地方使用到。它可以使用户通过一个滑块的来回移动来输入数据，而不是通过键盘来输入数据。要创建滑块，主要代码如下：

```
JSlider js=new JSlider();
```

使用此代码创建的滑块的最大值为 100，最小值为 0，当前值为 50。

注意：和进度条类似，滑块默认也是水平放置的，除此之外，还可以垂直放置，主要代码如下：

```
JSlider js=new JSlider(JSlider.VERTICAL);
```

运行结果如图 16.59 所示。

图 16.58　垂直的进度条

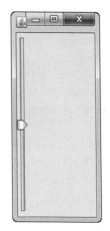

图 16.59　垂直的滑块

19. 菜单

在 Swing 中，菜单分为 3 个部分，分别为 JMenuBar 菜单栏、JMenu 菜单和菜单项。其中菜单项分为 3 种，分别为 JMenuItem、JCheckBoxMenuItem 和 JRadioButtonMenuItem。菜单项和菜单需要添加到菜单栏中。可以在菜单中添加菜单项，菜单项是最小的单位，不可以在其中添加菜单或菜单项。

【示例 16-28】下面将构建一个菜单。在菜单栏中添加 File、Edit、Source 这 3 个菜单，在 File 菜单中添加"新建项目""新建文件""打开项目""关闭当前项目"和"退出"菜单项。代码如下：

```
import javax.swing.*;
import java.beans.PropertyVetoException;
import java.awt.event.*;
public class test{
    public static void main(String[] args) {
        JFrame jframe=new JFrame();
        JMenuBar jmb=new JMenuBar();
        JMenu jm1=new JMenu("File");
        jm1.setMnemonic('F');
        jmb.add(jm1);
        JMenu jm2=new JMenu("Edit");
        jmb.add(jm2);
        JMenu jm3=new JMenu("Source");
        jmb.add(jm3);
        JMenuItem jmi1=new JMenuItem("新建项目");
        jmi1.setAccelerator(KeyStroke.getKeyStroke(KeyEvent.VK_N, ActionEvent.ALT_MASK));
        jm1.add(jmi1);
        JMenuItem jmi2=new JMenuItem("新建文件");
        jm1.add(jmi2);
        jm1.addSeparator();
        JMenuItem jmi3=new JMenuItem("打开项目");
        jm1.add(jmi3);
        JMenuItem jmi4=new JMenuItem("关闭当前项目");
        jm1.add(jmi4);
```

```
                jm1.addSeparator();
                JMenuItem jmi5=new JMenuItem("退出");
                jm1.add(jmi5);
                jframe.setJMenuBar(jmb);
                jframe.setSize(300,300);
                jframe.setVisible(true);
        }
}
```

运行程序，初始运行结果如图 16.60 所示。选择 File 菜单，会弹出下拉菜单，如图 16.61
所示。

图 16.60　菜单

图 16.61　下拉菜单

注意：File 菜单的下画线是使用 setMnemonic()方法实现的，"新建项目"菜单项右侧的
快捷键是使用 setAccelerator()方法实现的。

20．列表

当选择的项目过多时，可以使用列表（JList）实现。它提供了对项目的单选或多选功能。
要创建列表，主要代码如下：

```
String[] data = {"one", "two", "three", "four"};
JList myList = new JList(data);
```

21．表格

表格（JTable）是将数据以二维表格的形式显示给用户。使用表格前最好先创建一个继承
自 AbstractTableModel 类的类（AbstractTableModel 类会负责一切与表格内容有关的属性及操
作，如表格行和列的确定、内容的填充和赋值等），这个类的对象用来表示数据。在这个类中
需要重写 getColumnName()、getColumnCount()、getRowCount()、getValueAt()、setValueAt()
等方法，因为表格会自动从这个类的对象中获取显示表格所必需的数据。在 JTable 类的构
造方式中，会以 TableModel 类作为参数，并将 TableModel 对象中的数据以表格的形式显示
出来。

【**示例 16-29**】下面将一个关于学生的数据以表格的形式显示出来。代码如下：

```
import javax.swing.*;
import javax.swing.table.*;
```

```java
class MyTableModel extends AbstractTableModel{
    String[] columnNames =    { "姓名","学号","年龄","成绩","选择" };
    Object[][] data = new Object[3][5];
    public MyTableModel(){
        for (int i = 0; i < 3; i++){
            for (int j = 0; j < 5; j++){
                if (i == 0){
                    switch (j){
                        case 0:
                            data[i][j] = "Jane";
                            break;
                        case 1:
                            data[i][j] = "2020415";
                            break;
                        case 2:
                            data[i][j] = "8";
                            break;
                        case 3:
                            data[i][j] = "90";
                            break;
                        case 4:
                            data[i][j] = new Boolean(false);
                            break;
                    }
                }
                if (i == 1){
                    switch (j){
                        case 0:
                            data[i][j] = "Jim";
                            break;
                        case 1:
                            data[i][j] = "2020321";
                            break;
                        case 2:
                            data[i][j] = "10";
                            break;
                        case 3:
                            data[i][j] = "63";
                            break;
                        case 4:
                            data[i][j] = new Boolean(false);
                            break;
                    }
                }
                if (i == 2){
                    switch (j){
                        case 0:
                            data[i][j] = "Jily";
```

```
                                break;
                        case 1:
                            data[i][j] = "2020655";
                            break;
                        case 2:
                            data[i][j] = "9";
                            break;
                        case 3:
                            data[i][j] = "63";
                            break;
                        case 4:
                            data[i][j] = new Boolean(false);
                            break;
                    }
                }
            }
        }
    }
    public String getColumnName(int column){
        return columnNames[column];
    }

    public int getColumnCount(){
        return columnNames.length;
    }
    public int getRowCount(){
        return data.length;
    }
    public Object getValueAt(int rowIndex, int columnIndex){
        return data[rowIndex][columnIndex];
    }
    public Class<?> getColumnClass(int columnIndex){
        return data[0][columnIndex].getClass();
    }
    public boolean isCellEditable(int rowIndex, int columnIndex){
        if (columnIndex < 2)
            return false;
        else
            return true;
    }
    public void setValueAt(Object aValue, int rowIndex, int columnIndex){
        data[rowIndex][columnIndex] = aValue;
    }
}
public class test{
    public static void main(String[] args) {
        JFrame jframe=new JFrame();
        JTable table=new JTable(new MyTableModel());
```

```
            JScrollPane scroll=new JScrollPane(table);
            jframe.setContentPane(scroll);
            jframe.setSize(400,200);
            jframe.setVisible(true);
        }
    }
```

运行结果如图 16.62 所示。

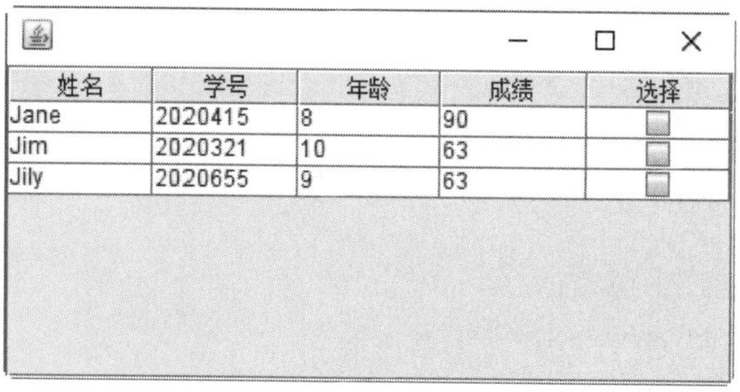

图 16.62　用表格显示学生数据

22. 树

树（Tree）是 Swing 中增加的组件，可将分层数据以数据图的形式显示出来，给用户一个直观而易用的感觉。一棵树由若干节点通过层级关系组成，一个节点由 TreeNode 实例来表示，节点在树中的位置（路径）由 TreePath 实例来表示（定位）。

创建树时，首先要创建一个根节点，然后创建第二层节点并添加到根节点，继续创建节点并添加到其父节点，最终形成由根节点所引领的一棵树，再由 JTree 组件显示出来。所有拥有子节点的节点可以自由展开或折叠子节点。

注意： 上文中所说的 TreeNode 是一个接口，在创建节点对象时，通常使用已实现该接口的 DefaultMutableTreeNode 类。DefaultMutableTreeNode 表示一个节点，拥有对节点增、删、改、查等操作的丰富方法。DefaultMutableTreeNode 实现了 MutableTreeNode 接口，而 MutableTreeNode 接口继承自 TreeNode 接口。

【示例 16-30】 下面将使用树来展示指定的省和城市。代码如下：

```
import javax.swing.*;
import javax.swing.tree.*;
public class test{
    public static void main(String[] args) {
        JFrame jframe=new JFrame();
        DefaultMutableTreeNode rootNode = new DefaultMutableTreeNode("中国");
        DefaultMutableTreeNode sxNode = new DefaultMutableTreeNode("山西");
        DefaultMutableTreeNode fjNode = new DefaultMutableTreeNode("福建");
        DefaultMutableTreeNode shNode = new DefaultMutableTreeNode("上海");
        DefaultMutableTreeNode hnNode = new DefaultMutableTreeNode("湖南");
        rootNode.add(sxNode);
        rootNode.add(fjNode);
        rootNode.add(shNode);
        rootNode.add(hnNode);
        DefaultMutableTreeNode tyNode = new DefaultMutableTreeNode("太原");
```

```
DefaultMutableTreeNode yqNode = new DefaultMutableTreeNode("阳泉");
DefaultMutableTreeNode dtNode = new DefaultMutableTreeNode("大同");
DefaultMutableTreeNode fzNode = new DefaultMutableTreeNode("福州");
DefaultMutableTreeNode xmNode = new DefaultMutableTreeNode("厦门");
DefaultMutableTreeNode csNode = new DefaultMutableTreeNode("长沙");
DefaultMutableTreeNode hyNode = new DefaultMutableTreeNode("衡阳");
sxNode.add(tyNode);
sxNode.add(yqNode);
sxNode.add(dtNode);
fjNode.add(fzNode);
fjNode.add(xmNode);
hnNode.add(csNode);
hnNode.add(hyNode);
JTree tree = new JTree(rootNode);
JScrollPane scroll=new JScrollPane(tree);
jframe.setContentPane(scroll);
jframe.setSize(400,300);
jframe.setVisible(true);
        }
    }
```

运行程序，初始运行结果如图 16.63 所示。单击"山西"节点，可以打开"山西"的子节点，如图 16.64 所示。

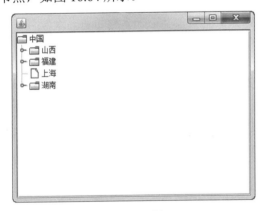

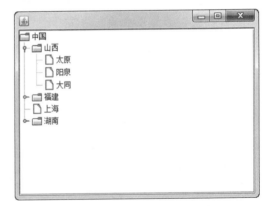

图 16.63　树　　　　　　　　　　　　　　图 16.64　展开节点

23. 对话框

Swing 中提供了两种实现对话框的方式，分别为 JDialog 和 JOptionPane。其中，JDialog 的功能和 AWT 中的 Dialog 的功能类似，这里就不再进行讲解了。下面将重点讲解 JOptionPane。

JOptionPane 是 Swing 内部已实现好的，以静态方法的形式提供调用，能够快速方便地弹出要求用户提供值或向其发出通知的标准对话框。

JOptionPane 提供了 4 种标准对话框，分别为消息对话框、确定对话框、输入对话框及选择对话框。下面将详细讲解这 4 种对话框的显示。

（1）消息对话框。该对话框就是向用户显示一条消息。要显示消息对话框，需要使用 showMessageDialog()方法，主要代码如下：

JOptionPane.showMessageDialog(null,"消息类型是：错误消息","消息对话框",JOptionPane.ERROR_MESSAGE);
运行结果如图 16.65 所示。

图 16.65　消息对话框

在此代码中可以看到 showMessageDialog()方法有 4 个参数。下面将依次讲解这些参数。

第一个参数：定义作为此对话框的父对话框的组件。如果此参数设置为 null，默认 Frame 作为父级，并且对话框将于居中位置显示在屏幕上。

第二个参数：对话框中所显示的描述信息。一般此参数是一个字符串。

第三个参数：对话框的标题，是一个字符串。

第四个参数：要显示的信息类型，主要提供默认的对话框图标。JOptionPane 中提供了 5 种信息类型，现介绍如下。

PLAIN_MESSAGE：简单消息，不用图标，如图 16.66 所示。

图 16.66　PLAIN_MESSAGE

INFORMATION_MESSAGE：需要阅读的消息，如图 16.67 所示。

图 16.67　INFORMATION_MESSAGE

QUESTION_MESSAGE：问题消息，如图 16.68 所示。

图 16.68　QUESTION_MESSAGE

WARNING_MESSAGE：警告消息，如图 16.69 所示。

图 16.69　WARNING_MESSAGE

ERROR_MESSAGE：错误消息，如图 16.70 所示。

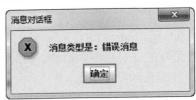

图 16.70　ERROR_MESSAGE

（2）确定对话框。该对话框就是询问一个问题是否执行。要显示确定对话框，需要使用 showConfirmDialog()方法，主要代码如下：

```
JOptionPane.showConfirmDialog(null,"是否确定删除该文件","确定对话框",JOptionPane.YES_NO_OPTION,
JOptionPane. WARNING_MESSAGE);
```

运行结果如图 16.71 所示。

图 16.71　确定对话框

在此代码中可以看到 showConfirmDialog()方法有 5 个参数。下面将依次讲解这些参数。

第一个参数：定义作为此对话框的父对话框的组件。如果此参数设置为 null，默认 Frame 作为父级，并且对话框将于居中位置显示在屏幕上。

第二个参数：对话框中所显示的描述信息。

第三个参数：对话框的标题。

第四个参数：选项按钮的类型。JOptionPane 中提供了 6 种类型，现介绍如下。

DEFAULT_OPTION：默认的"确定"按钮。

YES_OPTION："是(Y)"和"否(N)"按钮。

YES_NO_CANCEL_OPTION："是(Y)""否(N)"和"取消"按钮。

OK_CANCEL_OPTION："确定"和"取消"按钮。

第五个参数：要显示的信息类型，主要提供默认的对话框图标。

（3）输入对话框。该对话框就是要求用户输入某些信息。该对话框可以使用 showInputDialog() 方法进行显示，主要代码如下：

```
JOptionPane.showInputDialog(null,"输入你的名称","输入对话框",JOptionPane.WARNING_MESSAGE);
```

运行结果如图 16.72 所示。

图 16.72 输入对话框

在此代码中可以看到 showInputDialog() 方法有 4 个参数，这些参数和 showMessageDialog() 方法的参数是一样的。

（4）选择对话框。它是以上 3 种对话框的大统一，可以自定义按钮的文本，询问用户需要单击哪个按钮等。该对话框可以使用 showOptionDialog() 方法进行显示，主要代码如下：

```
String str[]={"Red","Cyan","Pink","Blue","Green"};
JOptionPane.showOptionDialog(null,"选择你喜欢的颜色","选择对话框",JOptionPane.YES_NO_CANCEL_
OPTION,JOptionPane. WARNING_MESSAGE,null,str,str[2]);
```

运行结果如图 16.73 所示。

图 16.73 选择对话框

在此代码中可以看到 showOptionDialog() 方法有 8 个参数。下面将依次讲解这些参数。

第一个参数：定义作为此对话框的父对话框的组件。如果此参数设置为 null，默认 Frame 作为父级，并且对话框将于居中位置显示在屏幕上。

第二个参数：对话框中所显示的描述信息。

第三个参数：对话框的标题。

第四个参数：选项按钮的类型。

第五个参数：要显示的信息类型，主要提供默认的对话框图标。

第六个参数：在对话框中显示的图标。

第七个参数：指示用户可能选择的对象组成的数组。

第八个参数：对话框中默认选择的对象。

16.3.4 事件处理机制

在用户进行操作时，Swing 组件也需要完成响应，这一功能需要使用到事件处理。Swing 组件的事件处理可以使用 java.awt.event 包中的类，还可以使用 javax.swing.event 包中增加的类。Swing 中的事件处理仍然包含了 3 个部分，分别为事件、事件源和事件处理者。其中事件源就是 Swing 中的各个组件，与之对应的就是事件监听器。表 16.8 列出了 Swing 中的事件源及其对应的事件监听器。

表16.8　Swing中的事件源及其对应的事件监听器

事 件 源	事件监听器	所 属 的 包
AbstractButton	ActionListener	java.awt.event
JTextField		
Timer		
JDirectoryPane		
JScrollBar	AdjustmentListener	java.awt.event
JComponent	AncestorListener	javax.swing.event
DefaultCellEditor	CellEditorListener	javax.swing.event
AbstractButton	ChangeListener	javax.swing.event
DefaultCaret		
JProgressBar		
JSlider		
JTabbedPane		
JViewport		
AbstractDocument	DocumentListener	javax.swing.event
AbstractButton	ItemListener	java.awt.event
JCombox		
JList	ListSelectionListener	javax.swing.event
JMenu	MenuListener	javax.swing.event
AbstractAction	PropertyChangeListener	java.awt.event
JComponent		
TableColum		
JTree	TreeSelectionListener	javax.swing.event
JPopupMenu	WindowListener	java.awt.event

【示例16-31】下面将实现在单击按钮后，将JFrame的背景颜色变为粉色。代码如下：

```java
import java.awt.*;
import javax.swing.*;
import java.awt.event.*;
public class test{
    public static void main(String[] args) {
        final JFrame jframe=new JFrame();
        JButton b=new JButton("This is Button");
        b.addActionListener(new ActionListener(){
            public void actionPerformed(ActionEvent e){
                jframe.getContentPane().setBackground(Color.pink);
            }
        });
        jframe.getContentPane().add(b,BorderLayout.NORTH);
        jframe.setSize(300,200);
```

```
        jframe.setVisible(true);
    }
}
```

运行程序，初始运行结果如图 16.74 所示。单击按钮，JFrame 的背景颜色会变为粉色，如图 16.75 所示。

图 16.74　初始运行结果

图 16.75　改变背景颜色

16.4　小　　结

通过对本章的学习，读者需要知道以下内容。

❑ 组件是图形用户界面的基本部分，它也可以称为部件或控件，用来和用户进行交互。

❑ 布局管理就是对放置在容器中的组件的位置和大小进行管理。

❑ 事件处理就是对事件进行的响应。

❑ AWT 由 Java 的 java.awt 包提供。java.awt 包中的核心类是 Component 抽象类，它是很多组件类的父类，一般在编程中用到的都是 Component 类的子类。

❑ Container 类包含 3 种类型的容器，分别为 Window、Panel 和 ScrollPane。

❑ AWT 提供了 5 个布局管理器，分别为流布局管理器（FlowLayout）、边框布局管理器（BorderLayout）、网格布局管理器（GridLayout）、卡片式布局管理器（CardLayout）和网格袋布局管理器（GridBagLayout）。

❑ AWT 提供了 11 个事件类，分别为动作事件（ActionEvent）类、调节事件（AdjustmentEvent）类、组件事件（ComponentEvent）类、容器事件（ContainerEvent）类、焦点事件（FocusEvent）类、输入事件（InputEvent）类、项目事件（ItemEvent）类、键盘事件（KeyEvent）类、鼠标事件（MouseEvent）类、文本事件（TextEvent）类和窗口事件（WindowEvent）类，这些都派生自 java.awt.AWTEvent 类。

❑ AWT 提供了很多组件，如按钮、复选框、复选框组、下拉式菜单、空白矩形区域、标签、文本框、文本输入区、列表、窗口、对话框、文件对话框、菜单、菜单栏、菜单项、组件的外观颜色和组件的文本字体。

❑ Swing 是 JDK 1.2 中增加的界面设计接口。它是以 AWT 为基础实现的，除提供了 AWT 中的组件外，还提供了很多组件，如选项板、树等。

❑ Swing 组件都是 AWT 的 Container 类的直接子类和间接子类。

❑ Swing 组件的事件处理可以使用 java.awt.event 包的类，还可以使用 javax.swing.event 包中增加的类。Swing 中的事件处理仍然包含了 3 个部分，分别为事件、事件源和事件处理者。

16.5 习　　题

一、填空题

1．AWT 中常用的容器有 3 个，分别为_____、Panel 和_____。

2．AWT 提供了 5 个布局管理器，分别为_____、_____、GridLayout、CardLayout 和 GridBagLayout。

3．事件处理需要包含 3 个部分，分别为_____、Event Source 和_____。

二、选择题

1．Frame 默认的布局管理器是（　　）。

A．FlowLayout　　　　　B．BorderLayout　　　　C．GridLayout　　　　D．CardLayout

2．AWT 提供的事件类个数为（　　）。

A．11　　　　　　　　　B．12　　　　　　　　　C．13　　　　　　　　D．14

三、找错题

以下代码原本要显示一个内部框架，但是现在没有显示，请找出原因。

```java
import javax.swing.*;
import java.beans.PropertyVetoException;
public class test{
    public static void main(String[] args) {
        JFrame jframe=new JFrame();
        JDesktopPane desktop=new JDesktopPane();
        JInternalFrame iframe=new JInternalFrame(
                "内部窗口",
                true,
                true,
                true,
                true
        );
        iframe.setLocation(50, 50);
        jframe.setContentPane(desktop);
        try {
            iframe.setSelected(true);
        } catch (PropertyVetoException e) {
            e.printStackTrace();
        }
        desktop.add(iframe);
        jframe.setSize(400,400);
        jframe.setVisible(true);
    }
}
```

四、编程题

1. 在下面横线处填上适当的代码，当用户选中复选框后，激活文本输入区。初始运行结果如图 16.76 所示。选中文本框后，激活文本输入区，如图 16.77 所示。

图 16.76　初始运行结果

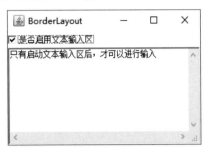

图 16.77　激活文本输入区

```java
import java.awt.*;
import java.awt.event.*;
class myBorderLayout implements ____{
    Frame fr=new Frame("BorderLayout");
    TextArea ta=new TextArea("只有启动文本输入区后，才可以进行输入");
    public void create(){
        ta.setEnabled(false);
        fr.setSize(300,200);
        Checkbox c=new Checkbox("是否启用文本输入区");
        fr.add("North",c);
        fr.add("Center",ta);
        ____
        fr.setVisible(true);
    }
    ____{
        if(____){
            ta.setEnabled(true);
        }else{
            ta.setEnabled(false);
        }
    }
}
public class test{
    public static void main(String[] args) {
        myBorderLayout mbl=new myBorderLayout();
        ____;
    }
}
```

2. 在下面横线处填上适当的代码，在标签中显示滑块控件的当前值。初始运行结果如图 16.78 所示。拖动滑块控件后，如图 16.79 所示。

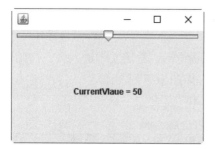

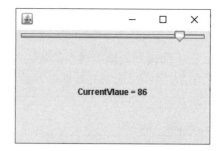

图 16.78　初始运行结果　　　　　　图 16.79　拖动滑块控件

```
import java.awt.*;
import javax.swing.*;
import ____;
public class test{
    public static void main(String[] args) {
        JFrame jframe=new JFrame();
        final JSlider jslider=new JSlider();
        final JLabel jlabel=new JLabel("CurrentValue = 50",JLabel.CENTER);
        jframe.getContentPane().add(jslider,BorderLayout.NORTH);
        jframe.getContentPane().add(jlabel,BorderLayout.CENTER);
        jslider.addChangeListener(____{
            ____{
                int value=jslider.getValue();
                String str="CurrentValue = " + value;
                jlabel.setText(str);
            }
        });
        jframe.setSize(300,200);
        jframe.setVisible(true);
    }
}
```

第 17 章　Applet 程序设计

　　Applet 是使用 Java 语言编写的应用程序。它是 AWT 中 Panel 类的一个子类。与 Panel 相同，也可以作为最外层的容器单独存在，即不可以独立运行，但是可以嵌入网页中执行。它不仅可以让网页显示图像、播放动画和声音，还可以使网页进行数据通信。本章将讲解 Applet。

17.1　Applet 概述

　　Applet 可以以<applet>脚本的形式嵌入 HTML 页面中，并借助 Web 浏览器运行。本节将讲解 Applet 的体系结构、工作机制及生命周期。

17.1.1　Applet 的体系结构

　　Applet 是 AWT 中 Panel 类的一个直接子类，Applet 的直接子类是 Swing 中的 JApplet。其体系结构如图 17.1 所示。

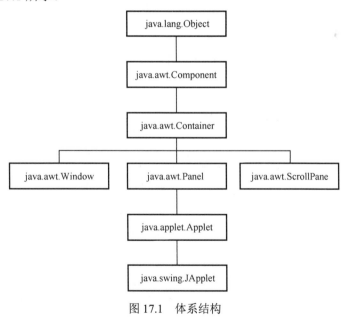

图 17.1　体系结构

　　注意：JApplet 增加了对 JFC/Swing 组件结构的支持。

17.1.2　Applet 的工作机制

　　要让 Applet 程序在浏览器中运行，首先需要创建一个 Java 文件，在该文件中编写 Applet 程序源码。然后创建一个 HTML 文件，在该文件中使用<applet>标签嵌入 CLASS 文件（CLASS

文件由 Java 文件编译而成）。最后就可以运行该 Applet 程序了。

Applet 程序在浏览器中的运行需要经历 4 个过程，如图 17.2 所示。

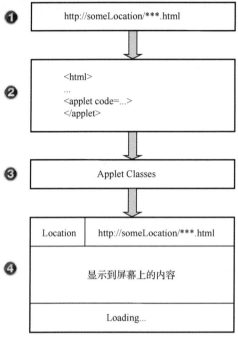

图 17.2　运行过程

其中，步骤①表示浏览器加载指定 URL 的 HTML 文件；步骤②表示浏览器解析 HTML 文件；步骤③表示浏览器加载 HTML 文件中指定的 Applet 类；步骤④表示浏览器中的 Java 运行环境运行该 Applet 程序。

17.1.3　Applet 的生命周期

Applet 的生命周期从 Applet 下载到浏览器开始，一直到退出浏览器终止 Applet 运行，包含了 Applet 创建、运行及消亡几个状态。下面将借助对 Applet 的操作对其生命周期进行介绍。

1. 加载 Applet

当一个 Applet 被下载到本地系统时，会经历以下过程：产生该 Applet 主类的实例；对 Applet 自身进行初始化；启动 Applet 运行，将 Applet 完全显示出来。

2. 离开或返回 Applet 所在的网页

当离开 Applet 所在的网页时，Applet 将会停止自身的运行；当再一次返回 Applet 所在的网页时，Applet 会再一次启动运行。

3. 重新加载 Applet

当执行浏览器中的"刷新"操作时，浏览器将会先卸载该 Applet，再加载该 Applet。在整个过程中，Applet 先停止自身的运行，接着实现善后处理，释放 Applet 所占用的所有资源，然后加载 Applet，加载的过程和上文提到的加载 Applet 的过程相同。

4．退出浏览器

当退出浏览器时，Applet 会停止自身的运行，实现善后处理，才可以让浏览器退出。

17.2　构建 Applet

构建 Applet 需要完成 3 个步骤，分别为构建 Applet 子类、实现必要的方法、嵌入网页中。下面将详细讲解这 3 个步骤。

17.2.1　构建 Applet 子类

构建 Applet 子类就是创建一个 Java 文件，并让该文件中的类继承自 Applet。

17.2.2　实现必要的方法

构建的每个 Applet 必须至少实现 init()、start()、paint()、stop()或 destroy()中的一个方法。现将这些方法介绍如下。

init()：在 Applet 被下载时调用，一般用来完成所有必需的初始化操作。

start()：表明 Applet 程序开始执行的方法，在 Applet 初始化以后及 Applet 被重新访问时调用。

paint()：可以使 Applet 程序在屏幕上显示某些信息，如文字、色彩、背景、图像等。

stop()：在 Applet 停止执行时调用。

destroy()：在关闭浏览器，Applet 从系统中撤出时调用。stop()方法是在此之前被调用。

17.2.3　嵌入网页中

Applet 需要使用<applet>标记嵌入 HTML 页面中才可以运行。<applet>标记的语法形式如下：

```
<applet
[codebase=codebaseURL]
code=appletFile
[alt=alternateText]
[name=appletInstanceName]
width=pixels
height=pixels
[align=alignment]
[vspace=pixels]
[hspace=pixels]
>
[<param name=appletParameter1 value=vale>]
[<param name=appletParameter2 value=vale>]
```

…

[alternateHTML]

</applet>

注意：在<applet>标记的语法形式中，加粗的内容是属性名，倾斜的内容是属性值，方括号表示内容是可选的；不区分大小写。

从<applet>标记的语法形式中可以看到，<applet>可以分为 4 个部分，分别为 Applet 属性、参数、在非 Java 浏览器中的内容及<applet></applet>。下面将详细介绍前 3 个部分的内容。

1. Applet 属性

<applet>尖括号中的项称为 Applet 属性，如 codebase、code 等。这些属性的含义如表 17.1 所示。

表 17.1　Applet属性

属 性 名	功　　　能
codebase	该属性是可选的。它会指定 Applet 的 URL 地址。该 URL 是包含了 Applet 代码的目录，如果该属性没有设置，就采用<applet>标记所在的 HTML 文件的 URL 地址
code	该属性指定包含 Applet 或 JApplet 字节码的文件名。这个文件名可以包含路径，路径是相对于由 codebase 指定的 Applet 代码目录的相对路径，而不是绝对路径
alt	该属性是可选的。它可以指定一些文本，当浏览器能够理解<applet>标记，但不允许 Java Applet 时，将显示这些文本
name	该属性是可选的。它为将创建的 Applet 定义了一个名字，以便同一个页面中的 Applet 能够彼此发现并进行通信。另外，网页内的 JavaScript 脚本可以利用这个名字调用 Applet 中的方法
width height	这两个属性是必须指定的属性。它们定义了 Applet 显示区域以像素为单位的宽度和高度。但由 Applet 运行过程中所产生的任何窗口或对话框不受此约束
align	该属性是可选的。它指定了 Applet 在浏览器中的对齐方式。可选的属性值有 9 个，分别为 left、right、top、texttop、middle、absmiddle、baseline、bottom 和 absbottom
vspace hspace	这两个属性分别指定了 Applet 显示区上下和左右两边空出的像素，即指定了 Applet 周围预留空白的大小
archive	如果 Applet 有两个或两个以上的文件，应该考虑将这些文件打包成一个归档文件。指定归档文件后，浏览器将在 Applet 类文件所在的目录中寻找这些归档文件，并且在归档文件中寻找 Applet 类文件。使用该属性可以指定归档文件，并且需要通过 "," 分隔指定的多个归档文件

【**示例 17-1**】下面将实现一个显示字符串 Hello World 的 Applet。

（1）构建 Applet 的子类，并使用 paint()方法在屏幕上显示字符串。代码如下：

```
import java.applet.*;
import java.awt.*;
public class HelloWorldApplet extends Applet
{
    public void paint (Graphics g){
        g.drawString ("Hello World", 25, 50);
    }
}
```

（2）编译 Applet 的子类所在的文件，生成对应的 CLASS 文件。

（3）创建 HTML 文件，让 Applet 嵌入 HTML 页面中。代码如下：

```
<html>
<title>The Hello, World Applet</title>
<hr>
<applet code="HelloWorldApplet.class" width="320" height="120">
</applet>
<hr>
</html>
```

注意：此代码中的 HTML 文件、Java 文件都放置在 C 盘中。

运行程序，结果如图 17.3 所示。

图 17.3　显示字符串的 Applet

【示例 17-2】运行示例 17-1 中的 Applet。运行 Applet 有两种方式。下面将详细讲解这两种方式。

（1）使用命令行运行。打开"命令提示符"界面，在此界面中输入 appletviewer.exe c:\hello.html 命令，如图 17.4 所示，按回车键后就可以运行 Applet 了。

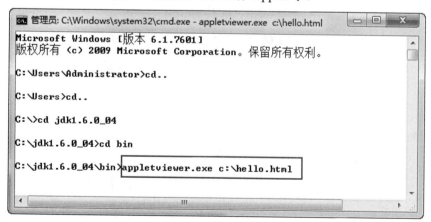

图 17.4　"命令提示符"界面

（2）双击 HTML 文件，在浏览器中运行。在使用浏览器运行时，如果没有达到预期效果，需要完成以下几步。

① 在下载页面下载 Java。

② 下载完成后，需要安装 Java。

③ 安装完成后，打开"控制面板"窗口，如图 17.5 所示。

图 17.5 "控制面板"窗口

④ 单击 Java 选项，打开"Java 控制面板"窗口，如图 17.6 所示。

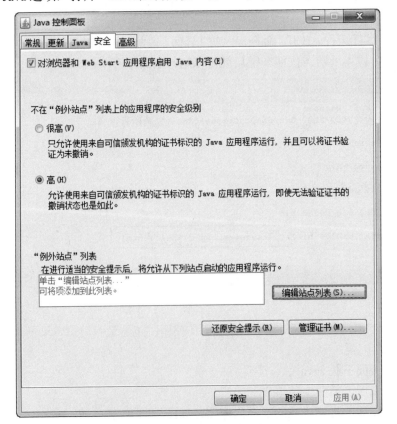

图 17.6 "Java 控制面板"窗口

⑤ 单击"编辑站点列表"按钮，弹出"'例外站点'列表"对话框，如图 17.7 所示。

⑥ 单击"添加"按钮，在弹出的文本框中输入 http://localhost，再单击文本框之外的地方，会弹出"安全警告-HTTP 位置"对话框，如图 17.8 所示。

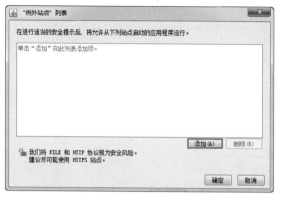

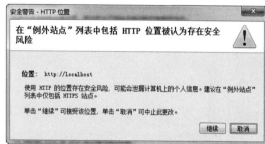

图 17.7 "'例外站点'列表"对话框 　　　　　图 17.8 "安全警告-HTTP 位置"对话框

⑦ 单击"继续"按钮，会退出"安全警告-HTTP 位置"对话框，返回"'例外站点'列表"对话框，此时，http://localhost 就被添加到了该对话框中。单击"添加"按钮，用同样的方法添加 file:///，如图 17.9 所示。

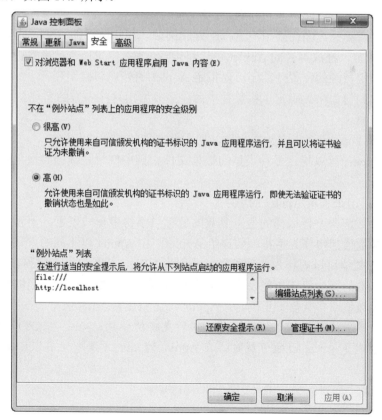

图 17.9 "Java 控制面板"窗口

⑧ 单击"确定"按钮。此时双击 HTML 文件，就可以运行 Applet 了。运行结果如图 17.10 所示。

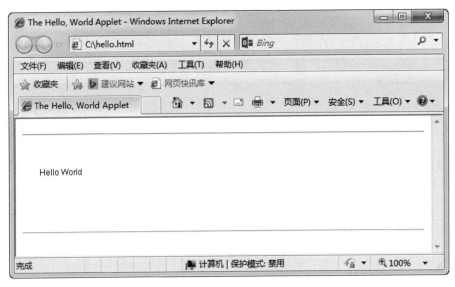

图 17.10　运行 Applet

2. 参数

使用<param>标记定义的就是参数,参数的定义,使 Applet 更加灵活。如果要开发支持参数的 Applet,需要考虑以下 4 个问题。

(1)Applet 有哪些方面需要用户进行配置。例如,显示图像的 Applet 可以将图像文件的 URL 通过参数指定,播放声音的 Applet 可以将声音文件的 URL 通过参数指定。Applet 除了可以通过参数指定资源的位置外,还可以指定 Applet 的外观和操作等。

(2)参数该如何命名。确定了参数种类后,需要给出这些参数的名称。这里讲解 3 种典型的参数命名习惯。

① source 或 src:用来指定数据文件,如图像文件的参数的名称。

② ****source:可以指定多种类型的数据文件,其中****是数据类型,如图像文件,可以为 IMAG source。

③ name:只用来表示 Applet 的名字。

(3)每个参数应该取什么样的值。参数的值都以字符串形式表示。不管用户是否为参数的值加引号,参数值都将作为字符串传递给 Applet,由 Applet 以不同的方式对它进行解释。一般 Applet 的参数值可以解释为 4 种类型,分别为 URL、整数、浮点数和布尔值。

(4)每个参数的默认值该如何设置。Applet 需要为每个参数设置适当的默认值,这样当用户没有指定参数值或参数值不正确时,Applet 仍可以正常工作。

注意:当为参数设置好默认值后,就决定所支持的参数,之后,就可以在 Applet 中编写支持参数的代码了。Applet 被下载时,在 Applet 的 init()方法中使用 getParameter()方法获取参数。

【示例 17-3】下面将实现一个显示图像的 Applet。

Java 文件中的代码如下:

```java
import java.applet.*;
import java.awt.*;
import java.net.*;
public class showImage extends Applet{
```

```
    Image im;
    public void init(){
        URL url=getDocumentBase();
        String imageName=getParameter("image");
        im=getImage(url,imageName);
    }
    public void paint (Graphics g){
        g.drawImage(im,0,0,this);
    }
}
```

HTML 文件中的代码如下：

```
<html>
<title>Show Image Applet</title>
<hr>
<applet code="showImage.class" width="600" height="300">
<param name=image value="image.jpg">
</applet>
<hr>
</html>
```

注意：此代码中的 HTML 文件、Java 文件和图像都放置在 C 盘中。

运行程序，结果如图 17.11 所示。

图 17.11　显示图像的 Applet

3. 在非 Java 浏览器中的内容

在非 Java 浏览器中的内容也可以称为替换性文本，指在<applet>和</applet>之间除<param>标记之外的任何 HTML 正文。只有在不支持<applet>标记的浏览器中才可以出现替换性文本，如果 Java 兼容浏览器，则将忽略这些文本。对于支持<applet>标记但不允许 Applet的浏览器，将显示 Applet 属性中的 alt 文本。

17.3　Applet 的图形化

很多 Applet 需要创建图形用户界面来与用户进行动态交互，并通过图像、文本等方式将交互后的结果显示出来。本节将讲解如何构建基于 AWT 和 Swing 的图形用户界面及事件处理等。

17.3.1　基于 AWT 的图形用户界面

Applet 是 AWT 的 Panel 的一个子类，因此可以使用 AWT 来创建图形用户界面。Applet 本身就是容器的一种，程序员可以向 Applet 中添加组件，并且可以使用布局管理器对添加的组件进行位置和大小的管理。

【示例 17-4】下面将创建一个基于 AWT 的图形用户界面。

Java 文件中的代码如下：

```java
import java.applet.*;
import java.awt.*;
public class AWTApplet extends Applet{
    TextField tf;
    //初始化
    public void init(){
        tf=new TextField();
        tf.setEditable(false);
        setLayout(new GridLayout(1,0));
        add(tf);
        validate();
        addItem("初始化…");
    }
    //启动 Applet
    public void start(){
        addItem("启动…");
    }
    //停止 Applet
    public void stop(){
        addItem("停止…");
    }
    //准备卸载 Applet
    public void destroy(){
        addItem("准备卸载…");
    }
    //为文本框添加文本
    void addItem(String str){
        String s=tf.getText();
        tf.setText(s + str);
    }
}
```

HTML 文件中的代码如下：

```
<html>
<title>AWTApplet</title>
<hr>
<applet code="AWTApplet.class" width="300" height="75">
</applet>
<hr>
</html>
```

运行程序，结果如图 17.12 所示。

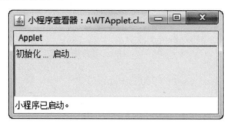

图 17.12　基于 AWT 的图形用户界面

17.3.2　基于 Swing 的图形用户界面

基于 Swing 的图形用户界面可以使用 Applet 的子类 JApplet 实现，它是顶层 Swing 容器，与其他顶层容器一样，可以向它的内容面板中添加组件，并使用布局管理器对内容面板中的组件进行位置和大小的管理。

【示例 17-5】下面将创建一个基于 Swing 的图形用户界面。

Java 文件中的代码如下：

```
import javax.swing.*;
import java.awt.*;
public class SwingApplet extends JApplet{
    JTextField tf;
    //初始化
    public void init(){
        Container c=getContentPane();
        tf=new JTextField();
        tf.setEditable(false);
        setLayout(new GridLayout(1,0));
        add(tf);
        addItem("初始化…");
    }
    //启动 Applet
    public void start(){
        addItem("启动…");
    }
    //停止 Applet
    public void stop(){
        addItem("停止…");
    }
    //准备卸载 Applet
```

```
        public void destroy(){
            addItem("准备卸载…");
        }
        //为文本框添加文本
        void addItem(String str){
            String s=tf.getText();
            tf.setText(s + str);
        }
}
```

HTML 文件中的代码如下：

```
<html>
<title>SwingApplet</title>
<hr>
<applet code="SwingApplet.class" width="300" height="75">
</applet>
<hr>
</html>
```

运行程序，结果如图 17.13 所示。

图 17.13　基于 Swing 的图形用户界面

注意：很多时候，Swing 组件是不能满足 Applet 显示要求的，此时就需要程序员自定义这些组件。在自定义 Swing 组件时，首先需要确定使用哪些组件类作为自定义组件的父类，建议继承 JPanel 类或更具体的 Swing 组件类，然后在 paintComponent()方法中实现自定义代码。

【示例 17-6】 下面将自定义一个图像面板。

Java 文件中的代码如下：

```
import javax.swing.*;
import java.awt.*;
public class CustomApplet extends JApplet {
    public void init(){
        Container c=getContentPane();
        c.setLayout(new GridLayout(1,0));
        Image image=getImage(getCodeBase(),"image.jpg");
        ImagePanel ic=new ImagePanel(image);
        c.add(ic);
    }
}
class ImagePanel extends JPanel {
    Image image;
    public ImagePanel(Image image){
```

```
            this.image=image;
        }
        public void paintComponent(Graphics g){
            super.paintComponent(g);
            g.drawImage(image,0,0,this);
        }
    }
}
```

注意： 在 JPanel 的子类 ImagePanel 的 paintComponent()方法中调用 super 类的 paintComponent() 方法可以完成组件背景的绘制。

HTML 文件中的代码如下：

```
<html>
<title>CustomApplet</title>
<hr>
<applet code="CustomApplet.class" width="600" height="300">
</applet>
<hr>
</html>
```

注意： 此代码中的 HTML 文件、Java 文件和图像文件都放置在 C 盘中。

运行程序，结果如图 17.14 所示。

图 17.14　自定义图像面板

17.3.3　事件处理

Applet 创建的图形用户界面可以与用户进行交互，此时需要使用到事件处理机制。Applet 中的事件处理机制和 Java 应用程序相同，也采用了监听器方式。

【示例 17-7】 下面将在 Applet 中实现拖动鼠标时显示鼠标指针的当前位置。

Java 文件中的代码如下：

```
import java.applet.*;
import java.awt.*;
import java.awt.event.*;
public class EventApplet extends Applet implements MouseMotionListener{
    int x,y;
```

```
//初始化
public void init(){
    addMouseMotionListener(this);
}
//拖动鼠标
public void mouseDragged(MouseEvent e){
    String s="Mouse dragging: X= "+e.getX()+"    Y= "+e.getY();
    x=e.getX();
    y=e.getY();
    repaint();
}
//移动鼠标
public void mouseMoved(MouseEvent e){
}
//绘制
public void paint (Graphics g){
    g.drawRect(0,0,getSize().width-1,getSize().height-1);
    g.drawString("Mouse dragging: X="+x+"    Y="+y,5,15);
}
}
```

HTML 文件中的代码如下：

```
<html>
<title>EventApplet</title>
<hr>
<applet code="EventApplet.class" width="300" height="75">
</applet>
<hr>
</html>
```

运行程序，初始运行结果如图 17.15 所示。当拖动鼠标时，结果如图 17.16 所示。

图 17.15　初始运行结果

图 17.16　拖动鼠标

17.4　多媒体支持

Applet 也是支持多媒体功能的，主要包括显示图像、播放动画和声音等。本节将讲解如何实现这些多媒体功能。

17.4.1　显示图像

对于图像的显示在上文的示例中就已经实现了。要显示图像，需要使用 Graphics 类的

drawImage()方法，这个方法有 4 种形式。其语法形式如下：

```
Graphics 对象.drawImage(要绘制的图像对象,
                        图像左上角的 x 坐标,
                        图像左上角的 y 坐标,
                        观察者对象);

Graphics 对象.drawImage(要绘制的图像对象,
                        图像左上角的 x 坐标,
                        图像左上角的 y 坐标,
                        图像的宽度,
                        图像的高度,
                        观察者对象);

Graphics 对象.drawImage(要绘制的图像对象,
                        图像左上角的 x 坐标,
                        图像左上角的 y 坐标,
                        图像的背景色,
                        观察者对象);

Graphics 对象.drawImage(要绘制的图像对象,
                        图像左上角的 x 坐标,
                        图像左上角的 y 坐标,
                        图像的宽度,
                        图像的高度,
                        图像的背景色,
                        观察者对象);
```

17.4.2　播放动画

　　Applet 要实现动画播放就要创建动画循环。Applet 中专门提供了动画显示线程，在这个线程的 run()方法中需要实现如图 17.17 所示的动画循环。可以在 start()方法中通过创建这个线程来启动动画，在 stop()方法中通过撤销这个线程来终止动画。

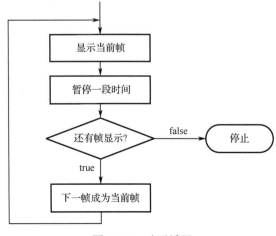

图 17.17　动画循环

【示例 17-8】下面将实现动画的播放。

Java 文件中的代码如下：

```
import java.applet.*;
import java.awt.*;
import java.awt.event.*;
public class PlayAnimation extends Applet implements Runnable
{
    Thread duke;
    int index=0;
    boolean flag;
    Image images[]=new Image[8];
    Image image;
    //初始化
    public void init(){
        for(int i=0;i<8;i++){
            images[i]=getImage(getCodeBase(),"images\\bear"+(i+1)+".png");
        }
        image=images[0];
        //通过鼠标控制动画的播放
        addMouseListener(new MouseAdapter(){
            public void mousePressed(MouseEvent event){
                if(duke==null){
                    start();
                }
                else{
                    stop();
                }
            }
        });
    }
    //启动 Applet，并播放动画
    public void start(){
        flag=true;
        duke=new Thread(this);
        duke.start();
    }
    //停止 Applet，并停止动画
    public void stop(){
        flag=false;
        duke=null;
    }
    //显示图像
    public void paint (Graphics g){
        g.drawImage(image,0,0,this);
    }
    //显示动画的线程
    public void run(){
        while(flag){
            repaint();
```

```
            if(index<7){
                index++;
            }else{
                index=0;
            }
            try{
                Thread.sleep(300);
            }catch(Exception e){
                e.printStackTrace();
            }
            image=images[index];
        }
    }
}
```

HTML 文件中的代码如下：

```
<html>
<title>PlayAnimation</title>
<hr>
<applet code="PlayAnimation.class" width="240" height="150">
</applet>
<hr>
</html>
```

注意：Images 文件夹中放置了熊行走的 8 张图像；此代码中的 HTML 文件、Java 文件、Images 文件夹都放置在 C 盘中。

运行程序，会看到界面中的熊正在行走；当按下鼠标按键后，会看到熊停止行走；当再一次按下鼠标按键后，会看到熊再一次行走。如图 17.18 所示为运行中的截屏。

图 17.18　播放动画

注意：在播放动画的时候，动画会有不同程度的闪烁，原因是帧的绘制速度太慢。导致绘制速度慢的原因有两个：一是 Applet 在显示下一帧画面时，会调用 repaint()方法，该方法会调用两个方法，分别为 update()方法和 paint()方法，在调用 update()方法时，要清除整个屏幕，再调用 paint()方法显示画面；二是 paint()方法可能进行了复杂的计算，图像中各像素的值不能同时得到，从而使得动画的生成频率低。要解决闪烁问题，可以采用两种方式：一是使用 update()方法，让其不再进行背景的清除；二是采用双缓冲技术生成后台图像，然后把后台图像一次性显示到屏幕上。

17.4.3 播放声音

Applet 可以实现播放声音的功能。实现此功能需要完成以下步骤。

1. 加载声音文件

在播放声音之前，首先需要实现声音文件的加载。在 Applet 中，可以使用 getAudioClip()方法来实现加载声音文件，该方法有两种形式。其语法形式如下：

```
Applet 对象.getAudioClip(URL 对象);
Applet 对象.getAudioClip(URL 对象,字符串);
```

其中，第一种形式中的"URL 对象"是包含声音文件名的绝对 URL。第二种形式中的"URL 对象"是声音文件所在目录的 URL。当 Applet 与声音文件在一个目录下时，使用 getCodeBase()方法获取该 URL；当声音文件与 Applet 嵌入的 HTML 文件在同一目录下时，使用 getDocumentBase()方法获取该 URL。

第二种形式中的"字符串"是基于 URL 参数指定目录的文件名。

2. 控制声音播放

在加载完声音文件后，就可以使用控制声音播放方法对加载的声音文件进行播放控制了。控制声音播放的方法有 3 个，分别为 play()、stop()和 loop()方法，这些方法都包含在 AudioClip 类中。下面将依次介绍这 3 个方法。

（1）play()方法可以播放加载的声音文件。其语法形式如下：

```
AudioClip 对象.play();
```

注意：这个方法在每次调用时，都会让声音文件从头播放。

（2）stop()方法可以停止播放的声音。其语法形式如下：

```
AudioClip 对象.stop();
```

（3）loop()方法可以让声音文件循环播放。其语法形式如下：

```
AudioClip 对象.loop();
```

【示例 17-9】下面将播放声音文件，并使用鼠标进行控制。

Java 文件中的代码如下：

```
import java.applet.*;
import java.awt.*;
import java.awt.event.*;
public class PlayAudio extends Applet
{
    AudioClip ac;
    boolean flag;
    Label label=new Label();
    //初始化
    public void init(){
        ac=getAudioClip(getCodeBase(),"audio.wav");          //加载声音文件
        addMouseListener(new MouseAdapter(){
            public void mousePressed(MouseEvent event){
                if(flag){
```

```
                    start();
                    flag=false;
                }else{
                    stop();
                    flag=true;
                }
            }
        });
        add(label);
    }
    //启动 Applet，并播放声音
    public void start(){
        ac.play();
        label.setText("Playing Sounds…");
    }
    //停止 Applet，并停止播放声音
    public void stop(){
        ac.stop();
        label.setText("Stoping Sounds…");
    }
}
```

HTML 文件中的代码如下：

```
<html>
<title>PlayAudio</title>
<hr>
<applet code="PlayAudio.class" width="240" height="150">
</applet>
<hr>
</html>
```

　　注意：此代码中的 HTML 文件、Java 文件、声音文件都放置在 C 盘中；Java 2 平台支持的声音文件主要有 5 种类型，分别为 AU、AIF、MIDI、WAV 和 RFM。

　　运行程序，会听到播放的声音，并会在界面中显示如图 17.19 所示的内容。当按下鼠标按键后，停止声音的播放，并会在界面显示如图 17.20 所示的内容。

図 17.19　播放声音　　　　　　　　　　図 17.20　停止声音的播放

　　注意：如果仅仅是播放声音文件，可以使用 Applet 类的 play()方法直接播放指定的声音文件，该方法有两种形式。其语法形式如下：

```
Applet 对象.play(URL 对象);
Applet 对象.play(URL 对象,字符串);
```

play()方法中的参数含义和 getAudioClip()方法中的参数含义是一样的，这里就不再进行介绍了。

【示例 17-10】下面将以示例 17-9 为基础，直接播放 audio.wav 声音文件。代码如下：

```java
import java.applet.*;
import java.awt.*;
public class PlayAudio extends Applet
{
    public void init(){
        play(getCodeBase(),"audio.wav");
    }
}
```

运行程序，会听到指定声音的播放。

17.5　数　据　通　信

网页中的 Applet 可以与其他程序进行数据通信。目前，Applet 可以以 3 种方式与其他程序进行通信。这 3 种方式简述如下。

（1）同页面 Applet 通信。同页面上，通过请求其他 Applet 中的公有方法，实现与其他 Applet 通信、Applet 与浏览器通信及网络通信。

（2）Applet 与浏览器通信。Applet 在与浏览器进行通信时，以受限方式通信，可以使用 java.applet 包中的 API。

（3）网络通信。Applet 在与主机上的其他程序通信（网络通信）时，可以采用 java.net 包中的 API。

本节将详细讲解这 3 种通信方式。

17.5.1　同页面 Applet 通信

在同一个页面中，Applet 之间可以进行通信。java.applet 包中的 AppletContext 对象保存了很多当前 Applet 运行环境的信息。AppletContext 其实是一个接口，可以通过 Applet 类中的 getAppletContext()方法获取 AppletContext 对象。其语法形式如下：

```
Applet 对象.getAppletContext();
```

在 AppletContext 中，可以通过 getApplet()方法和 getApplets()方法，在一个 Applet 中找到运行在同一页面的其他 Applet。一旦一个 Applet 获取了另一个 Applet，就可以通过调用该 Applet 对象的公有方法向该 Applet 发送消息。下面将详细讲解 getApplet()和 getApplets()方法。

1. 获取指定名称的 Applet

getApplet()方法可以获取指定名称的 Applet。其语法形式如下：

```
AppletContext 对象.getApplet(Applet 名称);
```

注意：默认情况下，Applet 是没有名称的。要为 Applet 命名，需要在包含 Applet 的 HTML 文件中使用<applet>标记的 name 属性，或在<param>参数定义中使用 name 参数定义。

【示例 17-11】下面将在一个名为 app2 的 Applet 中获取同一页面中一个名为 app1 的 Applet 的启动状态。

在 Java 文件中对名为 app1 的 Applet 进行设置。代码如下：

```java
import java.applet.*;
import java.awt.*;
public class OneApplet extends Applet{
    public void paint (Graphics g){
        g.drawString ("Hello World", 25, 50);
    }
}
```

在另一个 Java 文件中对名为 app2 的 Applet 进行设置，以及获取 app1 的 Applet 的启动状态。代码如下：

```java
import java.applet.*;
import java.awt.*;
import java.awt.event.*;
public class OtherApplet extends Applet
{
    TextField tf;
    Applet receiver;
    //初始化
    public void init(){
        setLayout(new BorderLayout());
        tf=new TextField();
        tf.setEditable(false);
        add("North",tf);
    }
    //启动
    public void start(){
        receiver=getAppletContext().getApplet("app1");        //获取名为 app1 的 Applet
        //按下鼠标按键后，获取名为 app1 的 Applet 的启动状态
        addMouseListener(new MouseAdapter(){
            public void mousePressed(MouseEvent event){
                if(receiver.isActive()){
                    tf.setText("app1 指代的 Applet 已启动");
                }else{
                    tf.setText("app1 指代的 Applet 未启动");
                }
            }
        });
    }
}
```

在 HTML 文件中的代码如下：

```html
<html>
<title>Communication</title>
<hr>
```

```
<applet code="OneApplet.class" width="240" height="150"    name="app1">
</applet>
<hr>
<hr>
<applet code="OtherApplet.class" width="240" height="150" name="app2" >
</applet>
</hr>
</html>
```

注意：此代码中的两个 Java 文件和一个 HTML 文件都放置在 C 盘中。

运行程序，结果如图 17.21 所示；当按下鼠标按键后，结果如图 17.22 所示；当关闭 OneApplet 小程序后，再一次按下鼠标按键，结果如图 17.23 所示。

图 17.21　初始运行结果

图 17.22　未关闭 OneApplet 小程序　　图 17.23　关闭 OneApplet 小程序

2. 获取同页面的所有 Applet

getApplets()方法可以获取同一页面的所有 Applet。其语法形式如下：

```
AppletContext 对象.getApplets();
```

该方法返回的是一个枚举类型（Enumeration）的对象。在 Enumeration 中，有两个方法，分别为 hasMoreElements()和 nextElement()方法，通过这两个方法才可以获取同页面的所有 Applet。其中，hasMoreElements()方法用来判断枚举中是否包含更多的元素；nextElement()方法返回枚举中的下一个元素。

【示例 17-12】下面将获取同页面所有 Applet 的命名参数 image 的值。

一个 Java 文件中的代码如下：

```
import java.applet.*;
import java.awt.*;
```

```
import java.net.*;
public class OneApplet extends Applet{
    Image im;
    //初始运行结果
    public void init(){
        URL url=getDocumentBase();
        String imageName=getParameter("image");
        im=getImage(url,imageName);
    }
    //显示图像
    public void paint (Graphics g){
        g.drawImage(im,0,0,this);
    }
}
```

另一个 Java 文件中的代码如下：

```
import java.applet.*;
import java.awt.*;
import java.net.*;
import java.awt.event.*;
import java.util.*;
public class TwoApplet extends Applet{
    Image im;
    Label ta;
    int i=0;
    //初始化
    public void init(){
        setLayout(new BorderLayout());
        ta=new Label();
        add("North",ta);
        URL url=getDocumentBase();
        String imageName=getParameter("image");
        im=getImage(url,imageName);
    }
    //获取同页面的所有 Applet 的命名参数 image 的值
    public void start(){
        Enumeration allAppletsOnSamePage = getAppletContext().getApplets();
        while(allAppletsOnSamePage.hasMoreElements()) {
            i++;
            Applet app = (Applet) allAppletsOnSamePage.nextElement();
            String parameter=app.getParameter("image");
            String num=String.valueOf(i);
            String s=ta.getText();
            ta.setText(s+"    "+"第"+num+"个 Applet 的显示图像为"+parameter);
        }
    }
    //显示图像
    public void paint (Graphics g){
        g.drawImage(im,0,0,this);
    }
}
```

HTML 文件中的代码如下:

```
<html>
<title>Communication</title>
<hr>
<applet code="OneApplet.class" width="600" height="300" name="app1"><param name=image value=
"image1.jpg">
</applet>
</hr>
<hr>
<applet code="TwoApplet.class" width="600" height="300" name="app2" ><param name=image value=
"image2.jpg">
</applet>
</hr>
</html>
```

注意: 此代码中的两个 Java 文件、一个 HTML 文件和两个图像文件都放置在 C 盘中。

运行程序,结果如图 17.24 和图 17.25 所示。图 17.25 中不仅显示了图像,还获取了所有 Applet 命名参数 image 的值。

图 17.24　显示图像

图 17.25　显示图像并获取所有 Applet 命名参数 image 的值

17.5.2　Applet 与浏览器通信

Applet 类中的 init()、start()、stop()及 destroy()方法可以让浏览器与 Applet 进行通信，此时会通知 Applet 改变状态。除了这些方法外，Applet 和 AppletContext 还提供了很多实现浏览器与 Applet 进行通信的方法，如表 17.2 所示。

表 17.2　浏览器与Applet进行通信的方法

方 法 名	功　　能
getCodeBase()	从浏览器获取 Applet 的 URL 地址
getDocumentBase()	从浏览器获取 Applet 所嵌入的 HTML 文件的 URL 地址
getParameter()	获取 HTML 文件中命名参数的值
getParameterInfo()	获取 Applet 接收的参数，浏览器可以通过这些信息帮助用户更好地设置参数值
showStatus()	在浏览器的状态行显示指定信息
showDocument()	请求浏览器显示一个 URL 地址所对应的 HTML 文件
getAppletInfo()	向浏览器提供 Applet 的信息

下面将重点讲解 showStatus()和 showDocument()方法。

1.　在状态栏显示信息

Applet 可以在浏览器底部的状态行中显示简短的、暂时性的字符串信息。此功能的实现需要使用 showStatus()方法。其语法形式如下：

Applet 对象.showStatus(状态行信息);

其中，"状态行信息"是一个字符串。

注意：Applet 设置的状态行信息可能会被其他的 Applet 或浏览器设置的状态行信息所覆盖，因此不可以把重要的信息放在状态行中显示。

【示例 17-13】下面将在 Applet 进行重新加载时，在状态行显示"加载中…"字符串。

Java 文件中的代码如下：

```java
import java.applet.*;
import java.awt.*;
public class BrowserApplet extends Applet
{
    //初始化，设置状态行的信息
    public void init(){
        showStatus("加载中…");
    }
    //显示字符串
    public void paint (Graphics g){
        g.drawString ("Hello World", 25, 50);
    }
}
```

HTML 文件中的代码如下：

```html
<html>
<title>Communication</title>
```

```
<hr>
<applet code="BrowserApplet.class" width="600" height="300" name="app1">
</applet>
</hr>
</html>
```

注意：此代码中的 Java 文件和 HTML 文件都放置在 C 盘中。

运行程序，在加载 Applet 时，结果如图 17.26 所示，此时会在状态行中显示字符串"加载中…"。

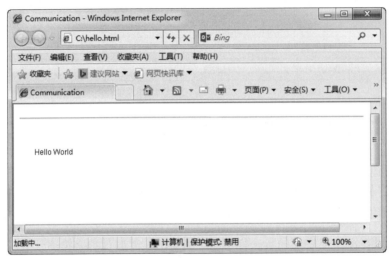

图 17.26　显示字符串

2. 显示指定 URL 对应的 HTML 文件

如果要在 Applet 中访问一个 HTML 文件，可以使用 showDocument()方法实现。通过该方法，Applet 可以通知浏览器在哪个窗口中显示哪个 URL 中的文件。showDocument()方法有两种形式。其语法形式如下：

```
AppletContext 对象.showDocument(URL 对象);
AppletContext 对象.showDocument(URL 对象,显示文档的窗口);
```

下面将详细介绍 showDocument()方法的这两种形式。

（1）第一种形式通知浏览器显示指定 URL 的 HTML 文件，并将该文件显示在 Applet 所在的窗口中。

【示例 17-14】 下面将通过 Applet 访问 HTMLFile.html 文件。

一个 HTML 文件中的代码如下：

```
<html>
<hr>
<font color="#FF0000" size=50px>我是红色字体</font>
</hr>
</html>
```

Java 文件中的代码如下：

```
import java.applet.*;
import java.awt.*;
import java.net.*;
```

```
public class ShowDocumentApplet extends Applet
{
    URL url;
    public void start(){
        String str="C:\\HTMLFile.html";
        try{
            url=new URL(getDocumentBase(),"HTMLFile.html");
        }catch(Exception e){
            e.printStackTrace();
        }
        getAppletContext().showDocument(url);
    }
}
```

另一个 HTML 文件中的代码如下：

```
<html>
<title>Communication</title>
<hr>
<applet code="ShowDocumentApplet.class" width="600" height="300" name="app1">
</applet>
</hr>
</html>
```

注意：此代码中的 Java 文件和两个 HTML 文件都放置在 C 盘中。

运行程序，结果如图 17.27 所示，此时 HTMLFile.html 文件会显示在 Applet 所在的窗口中。

图 17.27　运行结果

（2）第二种形式比第一种形式多了一个参数，这个多出来的参数是用来指定文档显示窗口的，是一个字符串。这个参数可以是下面任意一个值。

① _self：在 Applet 所在的窗口中显示。

② _parent：在 Applet 窗口的父窗口中显示。如果 Applet 窗口是顶级窗口，该参数值的效果与_self 是一样的。

③ _top：在 Applet 窗口的顶级窗口中显示。

④ _blank：在一个新的无名窗口中显示。

⑤ windowname：在名为 windowname 的窗口中显示，这一窗口可在需要时创建。

【示例 17-15】下面将以示例 17-14 为基础，通过 Applet 访问 HTMLFile.html 文件，并让该文件显示在新窗口中。代码如下：

```
public void start(){
    String str="C:\\HTMLFile.html";
    try{
        url=new URL(getDocumentBase(),"HTMLFile.html");
    }catch(Exception e){
        e.printStackTrace();
    }
    getAppletContext().showDocument(url,"_blank");
}
```

运行程序，结果如图 17.28 所示。

图 17.28   在新窗口中显示 HTML 文件

17.5.3   网络通信

Applet 除可以实现同页面 Applet 通信、Applet 和浏览器通信外，还可以使用 java.net 包中定义的 API 实现网络通信。由于对 Applet 有安全限制，因此 Applet 默认只能和提供它的主机进行通信。如果想与其他任意主机进行通信，可以采用 Java 2 的安全机制，并对 Applet 进行数字签名或提供安全策略等。Applet 与提供它的主机进行通信需要实现以下 3 个步骤。

1. 获取主机的 URL

可以通过 Applet 的 getCodeBase()方法得到提供它的主机的 URL。

2. 获取主机名

获取 URL 后，可以通过 URL 类的 getHost()方法获取主机名。其语法形式如下：

URL 对象.getHost();

3. 获取主机 IP

获取主机名后，使用 java.net 包中 InetAddress 类的 getByName()方法获得主机的 IP 地址。其语法形式如下：

InetAddress 对象.getByName(主机名);

获取 IP 地址后，就可以用 Socket 或数据报方式与该主机进行通信了。

17.6 小　　结

通过对本章的学习，读者需要知道以下内容。

- Applet 是使用 Java 语言编写的应用程序。它是 AWT 中 Panel 的一个子类。与 Panel 相同，也可以作为最外层的容器单独存在，即不可以独立运行，但是可以嵌入网页中执行。它不仅可以让网页显示图像、播放动画和声音，还可以使网页进行数据通信。

- Applet 是 AWT 中 Panel 的一个直接子类，Applet 的直接子类是 Swing 中的 JApplet。

- Applet 的生命周期从 Applet 下载到浏览器开始，一直到退出浏览器终止 Applet 运行结束。

- 构建 Applet 需要完成 3 个步骤，分别为构建 Applet 子类、实现必要的方法、嵌入网页中。

- 构建的每个 Applet 必须至少实现 init()、start()、paint()、stop()或 destroy()中的一个方法。

- Applet 需要使用<applet>标记嵌入 HTML 页面中才可以运行。

- Applet 是 AWT 的 Panel 的一个子类，因此可以使用 AWT 来创建图形用户界面。

- 基于 Swing 的图形用户界面可以使用 Applet 的子类 JApplet 实现，它是顶层 Swing 容器，与其他顶层容器一样，可以向它的内容面板中添加组件，并使用布局管理器对内容面板中的组件进行位置和大小的管理。

- Applet 也是支持多媒体功能的，主要包括显示图像、播放动画和声音等。

- 目前，Applet 可以以 3 种方式与其他程序进行通信：第一种是在同页面上，通过请求其他 Applet 中的公有方法，实现与其他 Applet 通信、Applet 与浏览器通信及网络通信；第二种是在 Applet 与浏览器进行通信时，以受限方式通信，可以使用 java.applet 包中的 API；第三种是在与主机上的其他程序通信时，可以采用 java.net 包中的 API。

17.7 习　题

一、填空题

1．Applet 是 AWT 中_____的一个直接子类，Applet 的直接子类是 Swing 中的_____。

2．目前，Applet 可以以 3 种方式与其他程序进行通信。这 3 种方式分别为_____、Applet 与浏览器通信和_____。

3．Java 2 平台支持的声音文件主要有 5 种类型，分别为_____、_____、MIDI、WAV 和_____。

二、编程题

1．在下面横线处填上适当的代码，实现显示字符串 I am Java 的功能。

Java 文件中的代码如下：

```
import java.applet.*;
import java.awt.*;
public class ShowString extends ____
{
    public void paint (Graphics g)
    {
        ____
    }
}
```

HTML 文件中的代码如下：

```
<html>
<title>ShowString</title>
<hr>
____
</applet>
</hr>
</html>
```

2．在下面横线处填上适当的代码，显示 showImage.jpg 图像。代码如下：

```
import java.applet.*;
import java.awt.*;
import java.net.*;
public class ShowImageApplet extends Applet{
    Image im;
    public void init(){
        URL url=getDocumentBase();
        ____
    }
    public void paint (Graphics g){
        ____
    }
}
```

3．创建一个基于 AWT 的图形用户界面，如图 17.29 所示。

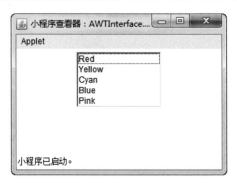

图 17.29　基于 AWT 的图形用户界面

4．创建一个基于 Swing 的图形用户界面，如图 17.30 所示。

图 17.30　基于 Swing 的图形用户界面

第 18 章　集合和泛型

数组可以存储一系列数据元素，但是有限制。它只能存储相同类型的元素，并且元素的数量是固定不变的。为了解决这一问题，Java 语言提供了集合。集合可以存储不同类型的元素，并且可以动态地增加或删除元素。对集合中的数据进行处理，则需要使用泛型。本章将详细讲解集合和泛型。

18.1　集 合 概 述

不同于数组，集合中的元素只能是对象。如果将一个整型数据 1 放入集合中，它也会被自动转换成 Integer 类型进行存储。为了便于对这些元素进行管理，Java 语言提供了一套标准的工具类，称为集合框架。它被包含在 java.util 包中。集合框架主要由 3 个部分组成，分别为接口、接口实现类和算法。下面是对它们的基本介绍。

接口：代表集合的抽象数据类型。接口定义了各种集合类型的公共功能和各种集合间的数据交换方式。

接口实现类：集合接口的具体实现。

算法：实现集合接口的对象里的方法执行的一些常见运算，如搜索和排序。

18.2　Collection 分支

集合框架中的接口基本可以分为两大类，分别为 Collection 和 Map。本节首先讲解 Collection。

18.2.1　Collection 的体系结构

Collection 是一个接口，并且是集合类的根接口，包含了集合的基本操作和属性。Collection 接口包含两个子接口，分别为 Set 和 List。其体系结构如图 18.1 所示。其中，实线箭头表示 extends，虚线箭头表示 implements。下面将对其中的重要接口进行介绍。

Collection：实现该接口的集合在存储对象时，对象之间可以没有次序，并且允许有重复的对象。

Set：实现该接口的集合在存储对象时，对象之间可以没有次序，但是不允许有重复的对象。

List：实现该接口的集合在存储对象时，对象之间是有次序的，而且允许有重复的对象。其中，每个对象的下标值表示了对象在集合中的位置。

SortedSet：Set 接口的子接口。实现该接口的集合在存储对象时，对象都是升序排列的。

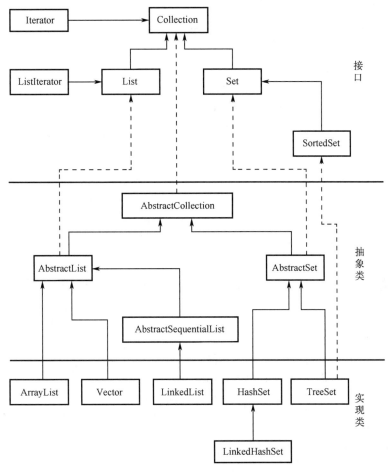

图 18.1　体系结构

　　在使用集合时需要注意：Collection 接口没有直接的实现类，只有抽象类和抽象方法的声明，具体实现由继承该接口的类完成；Iterator 和 ListIterator 是在对集合进行排序遍历操作时的实现类；集合中存储的是对象的引用，而不是对象本身。

18.2.2　Collection 的核心方法

本小节将讲解 Collection 接口、Set 接口和 List 接口中的核心方法。

1. Collection 接口

Collection 接口的方法都是对集合的基本操作，如表 18.1 所示。

表 18.1　Collection接口的方法

方 法 名	功 能
add()	将指定的元素添加到当前集合中
addAll()	将指定集合中的所有元素添加到当前集合中
clear()	清空集合中的元素

方　法　名	功　　能
contains()	判断当前集合中是否包含指定元素
containsAll()	判断当前集合中是否包含指定集合中的全部元素
equals()	判断指定对象是否和当前集合相等
hashCode()	返回当前集合的哈希值
isEmpty()	判断当前集合是否为空
iterator()	返回 Iterator 对象，用于遍历集合中的元素
remove()	移除指定元素
removeAll()	将指定集合中的所有元素删除
size()	获取集合的长度
toArray()	将当前集合中的元素转换为数组

【示例 18-1】下面将创建一个 Collection 集合，并在此集合中添加 3 个元素，再删除其中的 1 个元素。代码如下：

```
import java.util.*;
public class test{
    public static void main(String[] args) {
        Collection myCollection=new ArrayList();
        //添加元素
        myCollection.add("Tom");
        myCollection.add("Jim");
        myCollection.add("Hana");
        //遍历查看集合中的元素
        Iterator inititerator=myCollection.iterator();
        System.out.printf("myCollection 集合中的初始元素如下：\n");
        while(inititerator.hasNext()){
            String element=inititerator.next().toString();
            System.out.printf("%s\n",element);
        }
        myCollection.remove("Jim");                                    //删除元素
        //遍历查看集合中的元素
        System.out.printf("删除 Jim 字符串对象后，myCollection 集合中的元素如下：\n");
        Iterator removeiterator=myCollection.iterator();
        while(removeiterator.hasNext()){
            String element=removeiterator.next().toString();
            System.out.printf("%s\n",element);
        }
    }
}
```

注意：此代码中使用了 Collection 接口的间接实现类 ArrayList 创建了一个 Collection 集合。

运行结果如下：

myCollection 集合中的初始元素如下：
Tom

Jim

Hana

删除 Jim 字符串对象后，myCollection 集合中的元素如下：

Tom

Hana

2．Set 接口

Set 接口的实现类是 HashSet。HashSet 不保证集合中元素的有序性。如果要保证有序性，可使用 HashSet 的子类 LinkedHashSet。HashSet 类中提供了 4 种构造方法。其语法形式如下：

```
HashSet 对象名=new HashSet();
HashSet 对象名=new HashSet(另一个集合);
HashSet 对象名=new HashSet(初始容量);
HashSet 对象名=new HashSet(初始容量,加载因子);
```

下面将讲解这 4 种构造方法。

（1）第一种构造方法可以构造一个空的 Set 集合。默认初始容量是 16，默认加载因子是 0.75。

（2）第二种构造方法可以构造一个新的包含指定集合元素的 Set 集合。其中的参数是一个可以实现 Collection 接口的集合对象。

（3）第三种构造方法可以构造一个新的具有指定初始容量的 Set 集合。其中的参数是一个整型数据。

（4）第四种构造方法可以构造一个新的具有指定初始容量和加载因子的 Set 集合。其中，第一个参数是一个整型数据，第二个参数是一个浮点型数据。

注意：加载因子是指当前集合的已用对象单元数量和可散列分配单元的比例。其作用是达到这个比例，就重新散列，重组结构。

【示例 18-2】下面将创建一个 Set 集合，并在集合中添加两个元素，然后使用 contains() 方法查看集合中是否包含字符串 Tom 和 Apple。代码如下：

```java
import java.util.*;
public class test{
    public static void main(String[] args) {
        Set hashSet=new HashSet();                          //创建 Set 集合
        //添加元素
        hashSet.add("Apple");
        hashSet.add("Banana");
        //判断集合中是否包含字符串 Tom
        if(hashSet.contains("Tom")){
            System.out.printf("hashSet 中包含字符串 Tom\n");
        }else{
            System.out.printf("hashSet 中不包含字符串 Tom\n");
        }
        //判断集合中是否包含字符串 Apple
        if(hashSet.contains("Apple")){
            System.out.printf("hashSet 中包含字符串 Apple\n");
        }else{
            System.out.printf("hashSet 中不包含字符串 Apple\n");
        }
    }
}
```

运行结果如下：

hashSet 中不包含字符串 Tom

hashSet 中包含字符串 Apple

3．List 接口

由于 List 是元素有序并且可重复的集合。所以，用户可以利用 List 的下标找到对应的元素，其下标是从 0 开始的。List 的核心方法如表 18.2 所示。

表 18.2　List的核心方法

方　法　名	功　　能
add(int, E)	在指定下标处插入指定元素
addAll(int, Collection<? extends E>)	在指定下标处使用迭代方法插入指定集合
get(int)	返回指定下标的元素
indexOf(Object)	返回 List 中第一个与指定元素相匹配的下标
lastIndexOf(Object)	返回 List 中最后一个元素的下标
listIterator()	按一定顺序返回 List 中元素的列表迭代器
listIterator(int)	从指定下标位置，按一定顺序返回 List 中元素的列表迭代器
remove(int)	移除指定下标的元素
set(int, E)	使用指定元素替换当前 List 中指定位置的元素
subList(int, int)	返回当前 List 中指定范围内的元素

【示例 18-3】下面将创建一个 List 集合，然后在集合中添加和截取元素。代码如下：

```java
import java.util.*;
public class test{
    public static void main(String[] args) {
        List list=new ArrayList();
        //添加元素
        list.add("I");
        list.add("am");
        list.add("years");
        list.add("old");
        list.add(2,new Integer(16));
        //遍历查看元素
        Iterator iterator=list.iterator();
        System.out.printf("List 集合中的元素如下：\n");
        while(iterator.hasNext()){
            String element=iterator.next().toString();
            System.out.printf("%s\n",element);
        }
        List subList=list.subList(1,4);                        //截取元素
        //遍历查看元素
        Iterator subiterator=subList.iterator();
        System.out.printf("截取的元素如下：\n");
        while(subiterator.hasNext()){
            String element=subiterator.next().toString();
            System.out.printf("%s\n",element);
```

```
        }
    }
}
```

运行结果如下：

List 集合中的元素如下：

I

am

16

years

old

截取的元素如下：

am

16

Years

18.3 Map 分支

Map 是 java.util 包中的另一个接口。它和 Collection 接口没有关系，是独立的一部分，但也是集合框架的一部分。本节将讲解 Map 的使用。

18.3.1 Map 的体系结构

Map 提供了一种键与值的映射关系。在 Map 中，每个元素都包含一个键和键对应的值。键之间不允许重复，但值可以重复。通过键，用户可以对值进行快速访问。其体系结构如图 18.2 所示。

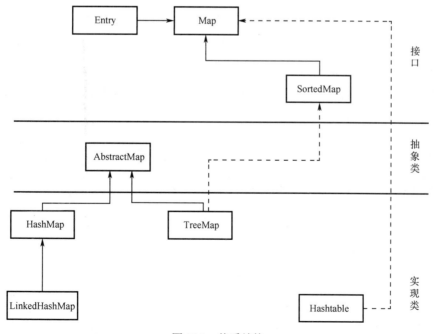

图 18.2 体系结构

其中，SortedMap 接口继承了 Map 接口。它用于存储键值对，不允许重复，但默认按键升序排列。

AbstractMap 是个抽象类，能实现 Map 接口中的大部分功能。HashMap 和 TreeMap 都继承了这个抽象类。

Entry 是 Map 声明的一个内部接口，表示 Map 中的一个实体（一个键值对）。

18.3.2　Map 的核心方法

Map 提供了对键值对进行操作的各种方法。其中，核心方法如表 18.3 所示。

表 18.3　Map的核心方法

方　法　名	功　　能
clear()	清除当前 Map 中的键值对
containsKey()	判断指定的键是否包含在当前 Map 中
containsValue()	判断指定的值是否包含在当前 Map 中
entrySet()	返回包括在 Map 中的所有键值对的 Set 对象
equals()	判断指定的对象是否与当前 Map 相等
get()	返回当前 Map 中与指定键关联的值
hashCode()	返回 Map 的哈希值
isEmpty()	判断 Map 是否为空
keySet()	返回当前 Map 中所有键的 Set 对象
put()	在当前 Map 中插入指定键值对
putAll()	将指定 Map 中的所有键值对插入当前 Map 中
remove()	在当前 Map 中删除指定键值对
size()	返回 Map 中元素的个数
values()	返回包括 Map 中所有值的 Collection 对象

【示例 18-4】下面将创建一个 Map，并在 Map 中添加 3 个键值对，最后遍历输出这些键值对。代码如下：

```
import java.util.*;
public class test{
    public static void main(String[] args) {
        Map myMap=new HashMap();
        //在 myMap 中添加键值对
        myMap.put("Name","Tom");
        myMap.put("Age","18");
        myMap.put("Sex","man");
        //遍历输出 myMap 中的键值对
        System.out.printf("myMap 中存储的键值对如下：\n");
        for(Object key:myMap.keySet()){
            String getkey=key.toString();
            String value=myMap.get(key).toString();
```

```
                System.out.printf("键%s 对应的值是%s\n",key,value);
            }
        }
}
```

运行结果如下：

```
myMap 中存储的键值对如下：
键 Name 对应的值是 Tom
键 Age 对应的值是 18
键 Sex 对应的值是 man
```

18.4　集　合　类

这里所说的集合类，其实就是图 18.1 和图 18.2 所示的体系结构中的实现类。本节将讲解两个较为重要的集合类，分别为 Vector 和 Hashtable。

18.4.1　动态数组

如果事先不知道数组元素的大小，或者只是需要一个可以改变大小的数组时，可以使用 Vector 类。Vector 类在 Java 中实现了一个动态数组。Vector 的每个元素都有一个对应的整数索引值。Vector 允许同步访问，并且包含了很多不属于集合框架的方法。

1．构造对象

Vector 和其他类一样，在使用时，需要实例化，即构造对象。Vector 中提供了 4 种用于构造对象的方法，即构造方法。其语法形式如下：

```
Vector  对象名=new Vector();
Vector  对象名=new Vector(另一个集合);
Vector  对象名=new Vector(容量);
Vector  对象名=new Vector(容量,增量);
```

以下是对这 4 种构造方法的介绍。

（1）第一种构造方法构造一个默认的 Vector 对象，默认容量为 10。

（2）第二种构造方法构造一个新的包含指定集合元素的 Vector 对象。其中的参数是一个可以实现 Collection 接口的集合对象。

（3）第三种构造方法构造一个指定容量的 Vector 对象。

（4）第四种构造方法构造一个指定容量和增量的 Vector 对象。增量表示向量每次增加的元素个数。

2．常用方法

Vector 包含很多方法，常用的方法如表 18.4 所示。

表 18.4　Vector的常用方法

方　法　名	功　　能
addElement()	在当前 Vector 的尾部添加指定元素
add()	在当前 Vector 的指定位置添加元素

方 法 名	功　　能
addAll()	将指定的 Collection 中的所有元素添加到当前 Vector 的尾部
capacity()	获取当前容量
elementAt()	获取当前 Vector 中指定位置的元素
elements()	返回当前 Vector 的枚举类型
firstElement()	获取向量对象中的首个元素
lastIndexOf()	返回当前向量中指定元素最后一次出现的索引，如果当前 Vector 不包含该元素，则返回-1
get()	返回当前 Vector 中指定位置的元素
insertElementAt()	在当前 Vector 中的指定位置插入元素
lastElement()	获取当前 Vector 中的最后一个元素
size()	获取 Vector 的元素个数
retainAll()	仅保留当前 Vector 中包含在指定 Collection 中的元素
removeRange()	从当前 Vector 中移除指定范围的元素
removeAllElements()	从当前 Vector 中移除所有元素
removeAll()	从当前 Vector 中删除指定 Collection 中包含的所有元素

【示例 18-5】下面将对 Vector 的对象进行操作。代码如下：

```java
import java.util.*;
public class test{
    public static void main(String[] args) {
        Vector vector=new Vector(1,1);
        //输出容量和元素个数
        System.out.printf("capacity 为%d\n",vector.capacity());
        System.out.printf("size 为%d\n",vector.size());
        //添加 2 个元素，并输出添加元素后的容量
        vector.addElement("Tom");
        vector.addElement("Jim");
        System.out.printf("添加 2 个元素后 capacity 为%d\n",vector.capacity());
        //添加 1 个元素，并输出添加元素后的容量
        vector.addElement("Dave");
        System.out.printf("当前 capacity 为%d\n",vector.capacity());
        //添加 2 个元素，并输出添加元素后的容量
        vector.addElement("Hana");
        vector.addElement("Joy");
        System.out.printf("当前 capacity 为%d\n",vector.capacity());
        //输出第一个元素
        System.out.printf("vector 中第一个元素为%s\n",vector.firstElement().toString());
        //遍历输出元素
        Enumeration em=vector.elements();
        System.out.printf("当前 vector 中包含的元素如下：\n");
        while(em.hasMoreElements()){
            System.out.printf("%s\n",em.nextElement().toString());
        }
    }
}
```

运行结果如下：

```
capacity 为 1
size 为 0
添加 2 个元素后 capacity 为 2
当前 capacity 为 3
当前 capacity 为 5
vector 中第一个元素为 Tom
当前 vector 中包含的元素如下：
Tom
Jim
Dave
Hana
Joy
```

18.4.2　散列表

Hashtable 类可以实现散列表功能。它存储的内容是键值对映射，可以通过索引来访问对象。Hashtable 继承于 Dictionary 类，实现了 Map、Cloneable、Serializable 接口。

1.　构造对象

Hashtable 类提供了 4 种构造方法用来构造散列表对象。其语法形式如下：

```
Hashtable 对象名=new Hashtable();
Hashtable 对象名=new Hashtable(容量);
Hashtable 对象名=new Hashtable(容量,加载因子);
Hashtable 对象名=new Hashtable(Map 对象);
```

以下是对这 4 种构造方法的介绍。

（1）第一种构造方法使用默认的初始容量 11 和加载因子 0.75 构造一个新的散列表对象。

（2）第二种构造方法使用指定的初始容量和默认的加载因子 0.75 构造一个新的散列表对象。

（3）第三种构造方法使用指定的初始容量和加载因子构造一个新的散列表对象。

（4）第四种构造方法构造一个新的散列表对象，其具有与给定 Map 相同的映射。

2.　常用方法

Hashtable 类的常用方法如表 18.5 所示。

表 18.5　Hashtable类的常用方法

方 法 名	功　　能
clear()	将当前散列表清空，使其不包含任何键
clone()	创建当前散列表的浅表副本
contains()	判断当前散列表中是否存在与指定值关联的键
containsKey()	判断指定对象是否为当前散列表中的键
containsValue()	判断指定对象是否为当前散列表中的值

续表

方　法　名	功　　能
elements()	返回包含在散列表中值的枚举
get()	返回指定键所映射到的值，如果此映射不包含此键的映射，则返回 null
keys()	返回当前散列表中的键的枚举
keySet()	返回此映射中包含的键的 Set
put()	将指定的键值对添加到当前散列表中
putAll()	将指定映射中的所有映射复制到当前散列表中
rehash()	增加当前散列表的容量，并在内部对其进行重组，以便更有效地容纳和访问其元素
remove()	从当前散列表中移除该键及其相应的值
size()	返回当前散列表中的键的数量
values()	返回当前映射中包含的值的 Collection

【示例 18-6】 下面将对散列表进行操作。代码如下：

```java
import java.util.*;
public class test{
    public static void main(String[] args) {
        Hashtable hashTable=new Hashtable();
        //添加元素
        hashTable.put("Jane",new Double(98.50));
        hashTable.put("Jim",new Double(42.00));
        hashTable.put("Jily",new Double(79.80));
        hashTable.put("Joy",new Double(63.20));
        hashTable.put("Hana",new Double(86.30));
        //判断当前散列表中是否存在 Dave 键
        if(hashTable.containsKey("Dave")){
            System.out.printf("hashTable 中存在 Dave 的成绩\n");
        }else{
            System.out.printf("hashTable 中不存在 Dave 的成绩\n");
        }
        //遍历输出散列表中的元素
        System.out.printf("hashTable 中的内容如下：\n");
        for(Object key:hashTable.keySet()){
            String getkey=key.toString();
            double value=((Double)hashTable.get(key)).doubleValue();
            System.out.printf("学生%s 的成绩是%4.2f\n",key,value);
        }
    }
}
```

运行结果如下：

hashTable 中不存在 Dave 的成绩
hashTable 中的内容如下：
学生 Hana 的成绩是 86.30
学生 Joy 的成绩是 63.20

学生 Jily 的成绩是 79.80
学生 Jim 的成绩是 42.00
学生 Jane 的成绩是 98.50

18.5　泛　　型

泛型是 JDK 1.5 中增加的特性。泛型的本质是参数化类型，也就是说，所操作的数据类型被指定为一个参数。使用泛型编写的程序具有较高的安全性和可靠性。本节将讲解泛型的作用、如何定义泛型及泛型的使用规则。

18.5.1　泛型的作用

集合中的元素类型可以是不同的。处理集合中的元素时，经常需要对元素进行强制类型转换。只有当转换成功后，程序才可以正常运行。如果忘记转换，程序在运行过程中就会出错。这样一来，程序的安全性就只可以靠程序员来保证了。为了解决这一问题，才提供了泛型。

18.5.2　定义泛型

泛型可以分为泛型类、泛型接口和泛型方法。下面分别进行讲解。

1. 泛型类

泛型类是指包含类型参数的类。定义泛型类的语法形式如下：

```
class 类名<类型参数 1,类型参数 2,...>{
    类主体
}
```

注意：在<>内定义形式类型参数。在泛型类的内部，类型参数可以作为变量的类型或方法返回参数的类型。

在实例化泛型类时，一定要在类名后面指定类型参数的值（这个值就是类型），一般要有两处指定。其语法形式如下：

```
泛型类<类型参数的值 1,类型参数的值 2,...> 对象名=new 泛型类<类型参数的值 1,类型参数的值 2,...>
();
```

注意：java.util 包中的集合类在 JDK 5.0 中已经被改为了泛型。

【示例 18-7】下面将定义一个泛型类 Students，并实例化这个泛型类。代码如下：

```
class Students<K,V>{
}
public class test{
    public static void main(String[] args) {
        Students<String,String> s=new Students<String,String>();
    }
}
```

注意：在此代码中定义泛型类的时候，<>内的 K 和 V 不是值，而是类型。

2. 泛型接口

泛型接口是指包含类型参数的接口。定义泛型接口的语法形式如下：

```
interface 接口名<类型参数 1,类型参数 2,...>{
    接口主体
}
```

3. 泛型方法

包含类型参数的方法就是泛型方法。定义泛型方法的语法形式如下：

```
<类型参数 1,类型参数 2,...>返回类类型 方法名(参数列表){
    方法体
}
```

18.5.3 泛型的使用规则

在使用泛型时，需要遵循以下 15 个规则。

（1）泛型的类型参数只可以是类类型，不可以是基本类型，如以下代码：

```
import java.util.*;
public class test{
    public static void main(String[] args) {
        Set<int> set=new HashSet<int>();
    }
}
```

此代码将泛型的类型参数指定为了 int 类型，该类型是基本类型，所以程序会输出如图 18.3 所示的错误信息。

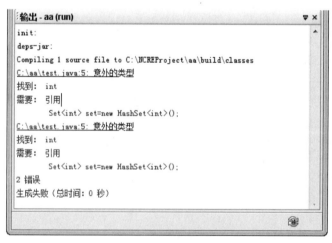

图 18.3　错误信息

（2）泛型的类型参数可以有多个。

（3）可以在泛型类中使用 extends 语句，但是这里的 extends 并不代表继承，而是类型限制，习惯上称为"有界类型"。

【示例 18-8】下面将计算一门课程的平均成绩。代码如下：

```
import java.util.*;
//定义泛型类
class AverageList<T extends Number>{
    T scores[];
    //构造方法
    AverageList(T [] obj){
        scores=obj;
    }
    //求平均值
    double average(){
        double sum=0.0;
        for(int i=0;i<scores.length;++i){
            sum+=scores[i].doubleValue();
        }
         return sum/scores.length;
    }
}
public class test{
    public static void main(String[] args) {
        Double dscores[]={98.2,63.5,72.8,95.3,66.3};
        AverageList<Double> dObj=new AverageList<Double>(dscores);
        System.out.printf("dObj 的平均成绩为%f",dObj.average());
    }
}
```

运行结果如下：

dObj 的平均成绩为 79.220000

此代码中创建了一个泛型类，又在此泛型类中使用了 extends 语句，此时泛型类的类型参数的上界为 Number。在实例化时，指定的所有实际类型都必须是这个 Number 类的直接或间接子类；如果不是，程序会输出错误信息。例如，以下代码是以示例 18-8 为基础编写的，省略的部分就是定义泛型类的部分。

```
…
public class test{
    public static void main(String[] args) {
        String sscores[]={"98.2","63.5","72.8","95.3","66.3"};
        AverageList<String> sObj=new AverageList<String>(sscores);
        System.out.printf("sObj 的平均成绩为%f", sObj.average());
    }
}
```

在此代码中，实例化时指定的实际类型是 String。由于 String 并不是 Number 类的直接或间接子类，所以在运行程序后，会输出以下错误信息：

类型参数 java.lang.String 不在其限制范围之内

（4）同一泛型可以对应多个版本（因为参数类型是不确定的），不同版本的泛型类实例是不兼容的。

（5）泛型的参数类型可以是通配符，如以下代码：

```
public class test<T>{
    public static void main(String[] args) {
```

```
        try{
            Class <?> c=Class.forName("java.lang.String");
        }catch(Exception e){
        }
    }
}
```

在此代码中，?就是一个通配符。

（6）不可以使用一个基本类型（如 int、float）来替换泛型。

（7）运行时进行类型检查，不同类型的泛型类是等价的。

（8）泛型类不可以继承 Exception 类，即泛型类不可以作为异常被抛出，如以下代码：

```
class MyException<T> extends Exception{
}
```

此代码让泛型类继承了 Exception 类。在运行程序时，会输出以下错误信息：

```
泛型类无法继承 java.lang.Throwable
```

（9）不可以使用泛型数组，如以下代码：

```
import java.util.*;
public class test{
    public static void main(String[] args) {
        List<String>[] ls = new ArrayList<String>[10];
    }
}
```

运行程序，会输出如图 18.4 所示的错误信息。

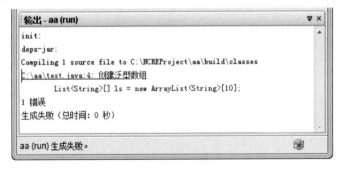

图 18.4　错误信息

（10）不可以直接使用类型参数来构造对象，如以下代码：

```
class foo<T> {
}
public class test{
    public static void main(String[] args) {
        T ob=new T();
    }
}
```

运行程序，会输出如图 18.5 所示的错误信息。

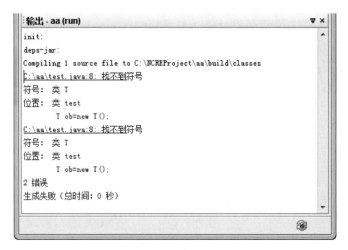

图 18.5　错误信息

（11）在 static()方法中不能直接使用泛型。

（12）泛型变量不能使用 static 关键字进行修饰，如以下代码：

```
class F1<T> {
    static T val;
}
```

此代码使用 static 关键字对泛型变量进行了修饰。运行程序，会输出以下错误信息：

无法从静态上下文中引用非静态类 T

（13）不能在泛型类中定义 equals(T x)这类方法，因为 Object 类中也有 equals()方法，如以下代码：

```
class F1<T> {
    public boolean equals(T obj){
        return false;
    }
}
```

运行程序，会输出以下错误信息：

名称冲突：F1<T> 中的 equals(T) 和 java.lang.Object 中的 equals(java.lang.Object) 具有相同疑符，但两者均不覆盖对方

（14）根据同一个泛型类衍生出来的多个类之间没有任何关系，不可以相互赋值。

（15）若某个泛型类还有同名的非泛型类，不可以混合使用，只能使用泛型类。

18.6　小　　结

通过对本章的学习，读者需要知道以下内容。

❑ 集合可以存储不同类型的元素，并且可以动态地增加或删除元素。

❑ Collection 是一个接口，并且是集合类的根接口，包含了集合的基本操作和属性。Collection 接口包含两个子接口，分别为 Set 和 List。

❑ Map 是 java.util 包中的另一个接口，是集合框架的一部分。

❑ Vector 类在 Java 中实现了一个动态数组。Vector 的每个元素都有一个对应的整数索引值。Vector 允许同步访问，并且包含了很多不属于集合框架的方法。

□ Hashtable 类可以实现散列表功能。它存储的内容是键值对映射，可以通过索引来访问对象。Hashtable 继承于 Dictionary 类，实现了 Map、Cloneable、Serializable 接口。

□ 泛型的本质是参数化类型，也就是说，所操作的数据类型被指定为一个参数。使用泛型编写的程序具有较高的安全性和可靠性。

18.7 习 题

一、填空题

1．集合框架主要由 3 个部分组成，分别为_____、接口实现类和_____。

2．Collection 存储的对象_____次序，_____有重复的对象。

3．Set 存储的对象_____次序，_____有重复的对象。

4．在 Map 中，每个元素都包含一个键和_____，_____有重复的键，值_____重复。

5．清除 Map 键值对的方法是_____；插入指定 Map 键值对的方法是_____。

6．泛型分为 3 种，分别为_____、_____和泛型方法。

二、操作题

运行以下代码，写出输出结果。

```
import java.util.*;
public class test{
    public static void main(String[] args) {
        List list=new ArrayList();
        list.add("A");
        list.add("B");
        list.add("C");
        list.add("B");
        list.add(3,"E");
        System.out.printf("下标 3 对应的字符串为%s\n",list.get(3).toString());
        System.out.printf("字符串 B 的下标为%d\n",list.indexOf("B"));
        Iterator iterator=list.listIterator(2);
        System.out.printf("遍历输出的内容为\n");
        while(iterator.hasNext()){
            String element=iterator.next().toString();
            System.out.printf("%s\n",element);
        }
    }
}
```

三、找错题

请指出以下代码中的 4 处错误。

```
class F1<T> extends Exception {
    static T val;
    public boolean equals(T obj){
```

```
            return false;
        }
}
public class test{
    public static void main(String[] args) {
        F1 f=new F1<int>();
    }
}
```

四、编程题

1．编写代码，创建一个 Collection 集合，向集合中添加 5 个字符串，并输出集合对象中的元素。

2．编写代码，创建一个 Collection 集合，向集合中添加 5 个字符串，并构造一个新的包含 Collection 集合元素的 Set 集合。

3．编写代码，创建一个默认的散列表，向散列表中添加任意元素，并遍历输出列表中的元素。

4．在下面横线处填上适当的代码，创建默认的 Vector 对象，添加元素并遍历输出元素。

```
import java.util.*;
public class test{
    public static void main(String[] args) {
        Vector vector=____;
        vector.____("Tom");
        vector.____("Jim");
        vector.____("Dave");
        Enumeration em=____;
        System.out.printf("当前 vector 中包含的元素如下：\n");
        while(em.____){
            System.out.printf("%s\n",____.toString());
        }
    }
}
```

第19章 枚 举

枚举是 Java 5 中增加的内容。它可以用来定义数据集，其中保存的数据是有限的，具有相关性，且在程序中是稳定的。例如，星期一到星期日，这 7 个数据组成了一周的数据集；春夏秋冬，这 4 个数据组成了四季的数据集。本章将对枚举进行详细讲解。

19.1 定 义 枚 举

枚举需要使用 enum 关键字进行定义。其语法形式如下：

```
enum 枚举名称{
    枚举成员,
}
```

其中，"枚举成员"有 3 种，分别为枚举常量、成员变量和方法。下面将详细讲解这 3 种成员。

1. 枚举常量

在枚举中，枚举常量的定义如下：

```
enum 枚举名称{
    常量1,
    常量2,
    …
}
```

【示例 19-1】下面将定义一个 Direction 枚举，用来表示方向。代码如下：

```
enum Direction:String{
    Up,
    Down,
    Left,
    Right
}
```

2. 成员变量

可向枚举中添加成员变量。

【示例 19-2】下面将为 Color 枚举添加两个成员变量，分别为 count 和 name。代码如下：

```
enum Color{
    red,
    blue,
    yellow,
    pink;
    int count;
    static String name;
}
```

3. 方法

可在枚举中添加方法，如普通方法、静态方法、抽象方法、构造方法等。

【示例 19-3】下面将为 Color 枚举添加构造方法、静态方法和普通方法。

```java
enum Color {
    RED("红色", 1),
    GREEN("绿色", 2),
    WHITE("白色", 3),
    YELLOW("黄色", 4);
    //成员变量
    private String name;
    private int index;
    //构造方法
    private Color(String name, int index) {
        this.name = name;
        this.index = index;
    }
    //静态方法
    public static String getName(int index) {
        for (Color c : Color.values()) {
            if (c.getIndex() == index) {
                return c.name;
            }
        }
        return null;
    }
    //普通方法
    public int getIndex() {
        return index;
    }
}
```

注意：枚举中的构造方法默认都是用 private 修饰的，而且只能用 private 修饰。

19.2 使 用 枚 举

使用枚举就是调用其中的常量。其语法形式如下：

枚举名称.常量

【示例 19-4】下面将定义一个 Car 枚举，并使用该枚举。代码如下：

```java
enum Car {
    lamborghini(900),
    tata(2),
    audi(50),
    fiat(15),
    honda(12);
    private int price;
    Car(int p) {
        price = p;
    }
    int getPrice() {
        return price;
    }
}
```

```
    }
public class test{
    public static void main(String[] args){
        System.out.println("所有汽车的价格：");
        System.out.println(Car.lamborghini + " 需要 " + Car.lamborghini.getPrice() + " 千美元。");
        System.out.println(Car.tata + " 需要 " + Car.tata.getPrice() + " 千美元。");
        System.out.println(Car.audi + " 需要 " + Car.audi.getPrice() + " 千美元。");
        System.out.println(Car.fiat + " 需要 " + Car.fiat.getPrice() + " 千美元。");
        System.out.println(Car.honda + " 需要 " + Car.honda.getPrice() + " 千美元。");
    }
}
```

运行结果如下：

```
所有汽车的价格：
lamborghini 需要 900 千美元。
tata 需要 2 千美元。
audi 需要 50 千美元。
fiat 需要 15 千美元。
honda 需要 12 千美元。
```

19.3　枚举的特性

本节将讲解枚举的特性，包括不能使用=、枚举与 switch 语句一起使用、迭代枚举元素、不能继承、实现接口、嵌套枚举等内容。

19.3.1　不能使用=

枚举常量不可以使用=进行赋值。

【示例 19-5】下面将尝试为枚举成员 RED 赋值。代码如下：

```
enum Color {
    RED=1,
    BLUE,
    YELLOW
}
```

此时会输出如图 19.1 所示的错误信息。

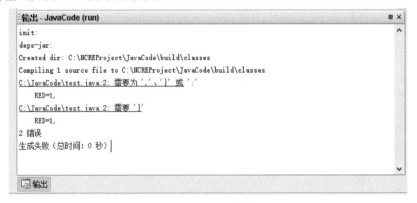

图 19.1　错误信息

19.3.2 枚举与 switch 语句一起使用

枚举与 switch 语句可以一起使用。枚举可以使 switch 语句的可读性更强。

【示例 19-6】下面将定义一个 Color 枚举，用来表示颜色。然后在 switch 语句中使用这个枚举，获取枚举的内容。代码如下：

```java
enum Color {
    RED,
    GREEN,
    BLUE,
    YELLOW
}
public class test{
    public static void printName(Color color){
        switch (color){
            case RED:
                System.out.println("RED=红色");
                break;
            case GREEN:
                System.out.println("GREEN=绿色");
                break;
            case BLUE:
                System.out.println("BLUE=蓝色");
                break;
            case YELLOW:
                System.out.println("YELLOW=黄色");
                break;
        }
    }
    public static void main(String[] args){
        printName(Color.RED);
        printName(Color.GREEN);
        printName(Color.BLUE);
        printName(Color.YELLOW);
    }
}
```

运行结果如下：

```
RED=红色
GREEN=绿色
BLUE=蓝色
YELLOW=黄色
```

19.3.3 迭代枚举元素

可以使用 for 语句遍历枚举中的元素。

【示例 19-7】下面将使用 for 语句遍历 Day 枚举中的成员。代码如下：

```
enum Day {
    MONDAY,
    TUESDAY,
    WEDNESDAY,
    THURSDAY,
    FRIDAY,
    SATURDAY,
    SUNDAY
}
public class test{
    public static void main(String[] args){
        Day[] day=Day.values();
        for(Day d:day){
            System.out.println(d);
        }
    }
}
```

运行结果如下：

```
MONDAY
TUESDAY
WEDNESDAY
THURSDAY
FRIDAY
SATURDAY
SUNDAY
```

19.3.4 不能继承

因为枚举继承自 java.lang.Enum 类，同时 Java 不支持多重继承，所以，枚举不能再继承其他类，当然也不能继承另一个枚举。

【示例 19-8】下面将使用 OtherColor 枚举继承 Color 枚举。代码如下：

```
enum Color {
    RED,
    GREEN,
    BLUE,
    YELLOW
}
enum OtherColor extends Color{
    PINK,
    GOLD,
    SKY
}
```

在该代码中，OtherColor 又继承了 Color，所以会输出如图 19.2 所示的错误信息。

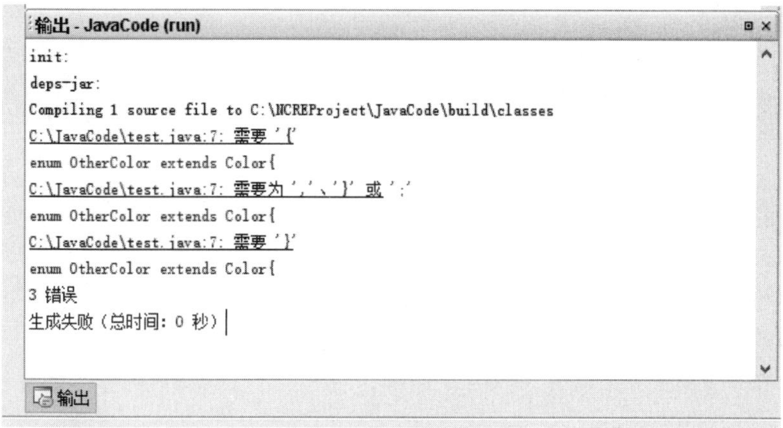

图 19.2 错误信息

19.3.5 实现接口

枚举可以像类一样实现接口。

【示例 19-9】下面将在枚举 ErrorCode 中实现接口 INumberEnum。代码如下：

```java
interface INumberEnum {
    int getCode();
    String getDescription();
}
enum ErrorCode implements INumberEnum {
    OK(0, "成功"),
    ERROR_A(100, "错误 A"),
    ERROR_B(200, "错误 B");
    ErrorCode(int number, String description) {
        this.code = number;
        this.description = description;
    }
    private int code;
    private String description;
    public int getCode() {
        return code;
    }
    public String getDescription() {
        return description;
    }
}
public class test{
    public static void main(String[] args){
        for (ErrorCode s : ErrorCode.values()) {
            System.out.println("code：" + s.getCode() + ", description：" + s.getDescription());
        }
    }
}
```

运行结果如下：

```
code：0, description：成功
code：100, description：错误 A
code：200, description：错误 B
```

19.3.6　嵌套枚举

枚举可以嵌套在类、接口或另一个枚举中使用。

【示例 19-10】下面将枚举嵌套在类中使用。代码如下：

```
class Person {
    public enum Gender {
        MALE,
        FEMALE
    }
}
public class test{
    public static void main(String[] args){
        Person.Gender m = Person.Gender.MALE;
        Person.Gender f = Person.Gender.FEMALE;
        System.out.println(m);
        System.out.println(f);
    }
}
```

运行结果如下：

```
MALE
FEMALE
```

19.4　枚举中的常用方法

前已述及，所有枚举都继承自 java.lang.Enum 类。该类的常用方法如表 19.1 所示。

表 19.1　java.lang.Enum类的常用方法

方　法　名	功　　能
ordinal()	返回枚举常量在枚举中的顺序。这个顺序根据枚举常量声明的顺序而定
values()	返回枚举实例的数组，而且该数组中的元素严格保持在枚举中声明时的顺序
name()	返回实例名
getDeclaringClass()	返回实例所属的枚举类型
equals()	判断是否为同一个对象
compareTo()	将此枚举与指定的对象进行比较以进行排序
toString()	返回声明中包含的此枚举常量的名称

【示例 19-11】下面将调用 valueOf()方法获取枚举的一个成员，再调用 compareTo()方法进行比较，并输出结果。代码如下：

```
enum Color{
    RED,
    YELLOW,
    PINK,
    BLUE,
    GREEN
}
public class test{
    public static void compare(Color c) {
        for(int i = 0;i < Color.values().length;i++) {
            System.out.println(c + "与" + Color.values()[i] + "的比较结果是" + c.compareTo(Color.values()[i]));
        }
    }
    public static void main(String[] args){
        compare(Color.valueOf("PINK"));
    }
}
```

运行结果如下：

PINK 与 RED 的比较结果是 2

PINK 与 YELLOW 的比较结果是 1

PINK 与 PINK 的比较结果是 0

PINK 与 BLUE 的比较结果是-1

PINK 与 GREEN 的比较结果是-2

注意： 在枚举中可以实现对方法的覆盖，如以下代码就实现了对 toString()方法的覆盖。

```
enum Color {
    RED("红色", 1),
    GREEN("绿色", 2),
    WHITE("白色", 3),
    YELLOW("黄色", 4);
    private String name;
    private int index;
    private Color(String name, int index) {
        this.name = name;
        this.index = index;
    }
    public String toString() {
        return this.index+"_"+this.name;
    }
}
public class test{
    public static void main(String[] args){
        Color[] colors=Color.values();
        for(Color c:colors){
            System.out.println(c.toString());
        }
    }
}
```

运行结果如下：

1_红色
2_绿色
3_白色
4_黄色

19.5　操作枚举的工具类

Java 提供了两个操作枚举的工具类，分别是 EnumSet 和 EnumMap。本节将依次讲解这两个类。

19.5.1　EnumSet

EnumSet 是一个专为枚举设计的集合类，其中的所有元素都必须是指定枚举类型的枚举值。该类的常用方法如表 19.2 所示。

表 19.2　EnumSet类的常用方法

方 法 名	功　　能
allOf()	创建一个包含指定枚举里所有枚举值的 EnumSet 集合
complementOf()	创建一个其元素类型与指定 EnumSet 里元素类型相同的 EnumSet 集合，新 EnumSet 集合包含原 EnumSet 集合所不包含的、此类枚举类剩下的枚举值
copyOf()	使用一个普通集合来创建 EnumSet 集合
noneOf()	创建一个元素类型为指定枚举类型的空 EnumSet
of()	创建一个包含一个或多个枚举值的 EnumSet 集合，传入的多个枚举值必须属于同一个枚举
range()	创建一个包含从 from 枚举值到 to 枚举值范围内所有枚举值的 EnumSet 集合

【示例 19-12】下面是对 EnumSet 类的使用。代码如下：

```
import java.util.EnumSet;
import java.util.Collection;
import java.util.HashSet;
enum Day{
    MONDAY,
    TUESDAY,
    WEDNESDAY,
    THURSDAY,
    FRIDAY,
    SATURDAY,
    SUNDAY
}
public class test{
    public static void main(String[] args){
        //创建一个 EnumSet 集合，集合元素就是 Season 枚举类的全部枚举值
```

```
        EnumSet es1 = EnumSet.allOf(Day.class);
        System.out.println(es1);
        //创建一个 EnumSet 空集合，指定其集合元素是 Season 类的枚举值
        EnumSet es2 = EnumSet.noneOf(Day.class);
        System.out.println(es2);
        //手动添加两个元素
        es2.add(Day.WEDNESDAY);
        es2.add(Day.SATURDAY);
        System.out.println(es2);
        //以指定枚举值创建 EnumSet 集合
        EnumSet es3 = EnumSet.of(Day.MONDAY);
        System.out.println(es3);
        //创建一个包含两个枚举值范围内所有枚举值的 EnumSet 集合
        EnumSet es4 = EnumSet.range(Day.THURSDAY, Day.SATURDAY);
        System.out.println(es4);
        //新创建的 EnumSet 集合元素和 es4 集合元素有相同的类型
        //es5 集合元素 + es4 集合元素=Day 枚举类的全部枚举值
        EnumSet es5 = EnumSet.complementOf(es4);
        System.out.println(es5);
    }
}
```

运行结果如下：

```
[MONDAY, TUESDAY, WEDNESDAY, THURSDAY, FRIDAY, SATURDAY, SUNDAY]
[]
[WEDNESDAY, SATURDAY]
[MONDAY]
[THURSDAY, FRIDAY, SATURDAY]
[MONDAY, TUESDAY, WEDNESDAY, SUNDAY]
```

19.5.2　EnumMap

EnumMap 是专门为枚举类型量身定做的 Map 实现。该类的常用方法如表 19.3 所示。

表 19.3　EnumMap类的常用方法

方 法 名	功 能
clear()	从此映射中删除所有映射
clone()	返回此枚举映射的副本
containsKey()	如果此映射包含指定键的映射，则返回 true
containsValue()	如果此映射将一个或多个键映射到指定值，则返回 true
entrySet()	返回此映射中包含的映射的 Set 视图
equals()	将指定对象与此映射进行相等性比较
get()	返回指定键映射到的值
keySet()	返回此映射中包含的键的 Set 视图
put()	将指定的值与此映射中的指定键相关联

方　法　名	功　　能
putAll()	将指定映射中的所有映射复制到此映射中
remove()	从此映射中删除此键的映射
size()	返回此映射中键—值映射的数量
values()	返回此映射中包含的值的 Collection 视图

【示例 19-13】下面是对 EnumMap 类的使用。代码如下：

```java
import java.util.*;
enum StateType{
    OK,
    BAD_REQUEST,
    UNAUTHORIZED,
    FORBIDDEN,
    NOT_FOUND
}
public class test{
    public static void main(String[] args){
        EnumMap<StateType,String>states=new EnumMap<StateType,String>(StateType.class);
        states.put(StateType.OK,"200");
        states.put(StateType.BAD_REQUEST,"400");
        states.put(StateType.UNAUTHORIZED,"401");
        states.put(StateType.FORBIDDEN,"403");
        states.put(StateType.NOT_FOUND,"404");
        for(Map.Entry<StateType,String> entry:states.entrySet())
        {
            System.out.println(entry.getKey()+":"+entry.getValue());
        }
    }
}
```

运行结果如下：

```
OK:200
BAD_REQUEST:400
UNAUTHORIZED:401
FORBIDDEN:403
NOT_FOUND:404
```

19.6　小　　结

通过对本章的学习，读者需要知道以下内容。

□ 枚举是 Java 5 中增加的内容。它可以用来定义数据集，其中保存的数据是有限的，具有相关性，且在程序中是稳定的。

□ 枚举需要使用 enum 关键字进行定义。

□ 枚举的 6 个特性分别为不能使用=、枚举与 switch 语句一起使用、迭代枚举元素、不能继承、实现接口和嵌套枚举。

❑ EnumSet 是一个专为枚举设计的集合类，其中的所有元素都必须是指定枚举类型的枚举值。

❑ EnumMap 是专门为枚举类型量身定做的 Map 实现。

19.7 习　　题

一、填空题

1．枚举是_____中增加的内容。

2．枚举需要使用_____关键字进行定义。

3．所有枚举都继承自_____类。

二、选择题

1．要在 Java 中定义一个颜色的枚举类型 Color，下列语句正确的是（　　）。

    A．public enum Color{red,green,yellow,blue;}

    B．public enum Color{1:red ,2:green,3:yellow,4:blue;}

    C．public enum Color{1:red;2:green;3:yellow;4:blue;}

    D．public enum Color{String red,String green,String yellow,String blue;}

2．Java 中，枚举类的构造方法默认是（　　）。

    A．public   B．protected   C．private   D．都可以

三、找错题

请指出以下代码中的两处错误。

```
enum Color {
    RED=1,
    BLUE
}
enum OtherColor extends Color{
    PINK,
    YELLOW
}
```

第 20 章　计　算　器

计算器可以实现数学运算，如加法运算、减法运算等，可广泛应用于商业交易中，是必备的办公用品之一。本章将讲解如何使用 Java 实现计算器功能。

20.1　设　计　界　面

本章将实现一个简单的计算器，它由 0～9、+、−、*、/、.等构成，可以实现加法、减法、乘法和除法运算。其界面布局如图 20.1 所示。

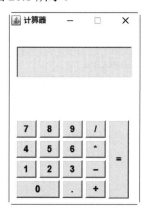

图 20.1　计算器界面布局

20.2　添加显示界面

将计算器中上方的灰色区域称为显示界面，用来显示按下的按键代表的数字及运算结果。通过 TextArea 为计算器添加显示界面。代码如下：

```java
import java.awt.*;
import java.awt.event.*;
import javax.swing.*;
class MyCalculator extends Frame{
    private TextArea ta;
    private void SetTextAreas() {
        ta = new TextArea("0",8,52,3);
        ta.setEditable(false);                              //禁止编辑文本输入区
        ta.setSize(190, 50);                                //设置尺寸
```

```
        ta.setFont(new Font("宋体", Font.BOLD, 15));          //设置字体
        ta.setLocation(20,60);                              //设置位置
        ta.setText("");                                     //设置显示文本
        this.add(ta);
    }
}
```

20.3　实现按键功能

在显示界面下方的是各种按键，这些按键分为 3 种，分别为数字按键（0～9）、运算按键（+、−、*、/、=）及点按键（.），此时实现按键功能。代码如下：

```
class MyCalculator extends Frame{
    double m,n;
    String k;
    boolean flag =true;
    boolean flag2 =false;
    …
    private void addButton(String string, int i, int j,int x,int y) {
        final Button b = new Button(string);                //实例化按钮
        b.setLocation(x, y);                                //设置位置
        b.setSize(i, j);                                    //设置尺寸
        b.setFont(new Font("宋体", Font.BOLD, 15));          //设置字体
        //添加鼠标监听
        b.addMouseListener(new MouseAdapter() {
            //在组件上按下鼠标按键时调用
            public void mousePressed(MouseEvent e) {
                counts();
            }
            //实现计算
            private void counts() {
                if(ta.getText().equals("")&&(b.getActionCommand().equals("+")||
                                        b.getActionCommand().equals("-")||
                                        b.getActionCommand().equals("*")||
                                        b.getActionCommand().equals("/")||
                                        b.getActionCommand().equals("="))) {
                }else if(ta.getText().equals(".")&&(b.getActionCommand().equals("+")||
                                        b.getActionCommand().equals("-")||
                                        b.getActionCommand().equals("*")||
                                        b.getActionCommand().equals("/")||
                                        b.getActionCommand().equals("="))){
                }else {
                    if(
                        b.getActionCommand().equals("+")||
                        b.getActionCommand().equals("-")||
                        b.getActionCommand().equals("*")||
                        b.getActionCommand().equals("/")){
                            if(flag2 = true) {
                                flag2 = false;
```

```
                        }
                    if(flag) {
                        n = new Double(ta.getText()).doubleValue();
                        flag = false;
                    }else {
                        if(k=="="){
                        }else {
                            m = new Double(ta.getText()).doubleValue();
                            if(k == "-") {
                                if(n==0)
                                    n = m;
                                else
                                    n=n-m;
                            }else if(k == "+") {
                                if(n==0)
                                    n = m;
                                else
                                    n=n+m;
                            }else if(k == "*") {
                                if(n==0)
                                    n = m;
                                else
                                    n=n*m;
                            }else if(k == "/") {
                                if(n==0)
                                    n = m;
                                else
                                    n=n/m;
                            }
                        }
                    }
                    k = b.getActionCommand();
                    ta.setText("");
                }else if(b.getActionCommand().equals("=")) {
                    m = new Double(ta.getText()).doubleValue();
                    if(k == "+") {
                        ta.setText("");
                        ta.append(n+"+"+m);
                        ta.append(System.getProperty("line.separator"));
                        n = n+m;
                        ta.append("="+n);
                    }else if(k == "-") {
                        ta.setText("");
                        ta.append(n+"-"+m);
                        ta.append(System.getProperty("line.separator"));
                        n = n-m;
                        ta.append("="+n);
                    }else if(k == "*") {
                        ta.setText("");
                        ta.append(n+"*"+m);
```

```
                    ta.append(System.getProperty("line.separator"));
                    n = n*m;
                    ta.append("="+n);
                }else if(k == "/") {
                    ta.setText("");
                    ta.append(n+"/"+m);
                    ta.append(System.getProperty("line.separator"));
                    n= n/m;
                    ta.append("="+n);
                }
                k="=";
                flag2 = true;
                }else {
                    if(flag2) {
                            flag = true;
                            flag2 = false;
                            ta.setText("");
                            m = n =0;
                    }
                    ta.append(b.getActionCommand());
                }
            }
        }
    });
    this.add(b);
    }
}
```

20.4　添　加　按　键

实现了按键的功能后，就需要将按键添加到计算器中。代码如下：

```
void LayoutButton (){
    addButton("7",33,28,20,178);
    addButton("8",33,28,58,178);
    addButton("9",33,28,96,178);
    addButton("/",33,28,134,178);
    addButton("4",33,28,20,210);
    addButton("5",33,28,58,210);
    addButton("6",33,28,96,210);
    addButton("*",33,28,134,210);
    addButton("1",33,28,20,242);
    addButton("2",33,28,58,242);
    addButton("3",33,28,96,242);
    addButton("-",33,28,134,242);
    addButton("0",71,28,20,274);
    addButton(".",33,28,96,274);
    addButton("+",33,28,134,274);
    addButton("=",33,125,172,178);
}
```

20.5　实现辅助功能

以上操作基本实现了一个计算器。本节将讲解一些其他功能，如设置主界面、创建构造方法、显示计算器等。

20.5.1　设置主界面

可对主界面的尺寸、位置、是否可见、是否可由用户调整大小等进行设置。代码如下：

```
class MyCalculator extends Frame{
    …
    private void SetMainLayout() {
        this.setLayout(null);
        this.setSize(220,310);                              //设置尺寸
        this.setVisible(true);                              //设置是否可见
        this.setLocation(310, 340);                         //设置位置
        this.setResizable(false);                           //设置是否可由用户调整大小
        this.addWindowListener(new WindowAdapter() {
                public void windowClosing(WindowEvent e) {
                    System.exit(0);
                }
            });
    }
}
```

20.5.2　创建构造方法

为 MyCalculator 类创建一个具有一个参数的构造方法。在该方法中需要调用在上文中提到的所有方法。代码如下：

```
class MyCalculator extends Frame{
    …
    public MyCalculator(String title){
        super(title);
        SetTextAreas();
        LayoutButton();
        SetMainLayout();
    }
}
```

20.5.3　显示计算器

在主函数中实例化 MyCalculator 类，实现对计算器的显示。代码如下：

```
public class test{
    public static void main(String[] args){
```

```
        new MyCalculator("计算器");
    }
}
```

运行程序，初始运行结果如图 20.2 所示。使用按键输入 2+3 后，按下=键，会看到运算后的结果，如图 20.3 所示。

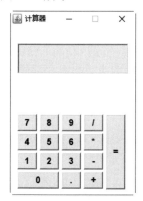

图 20.2　计算器未运算

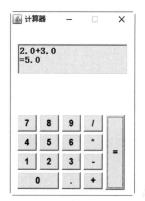

图 20.3　计算器运算后

华

欢迎登录 **免费** 获取优质教学资源
http://www.hxedu.com.cn

零基础学 Java 程序设计

配套视频讲解，学习方便高效

作者专门录制了大量的配套多媒体语音教学视频，以便让读者更加轻松、直观地学习本书内容，提高学习效率。

知识全面系统，案例丰富实用

本书涵盖Java语言的各个知识点，同时，书中添加了200多个案例，让你快速掌握Java的核心技术和编程技巧。

内容由浅入深，讲解循序渐进

本书从Java的基础知识开始讲解，让你一步一步进入Java的编程世界，循序渐进的教学方式，让你快速具备编程思维，领略编程的乐趣。

上架建议：计算机/Java

ISBN 978-7-121-42230-0

9 787121 422300 >

定价：89.80元

责任编辑：雷洪勤

封面设计：李 玲

PHEI